宁夏大学生态学丛书　全球变化生态学研究系列

本书受宁夏自然科学基金（2022AAC02012）、国家自然科学基金（32371632、32160277、31760144）资助。特此感谢！

降水量变化及氮添加下荒漠草原碳源汇特征研究

黄菊莹　余海龙　等　著

科　学　出　版　社

北　京

内 容 简 介

本书从西北荒漠草原生态系统植物生长的主要限制因子入手，以全球变化中降水格局改变和大气酸沉降增加为背景，以宁夏荒漠草原为研究对象，基于 2014 年设立的降水量变化（极端减少、适度减少、自然、适度增加、极端增加）单因素及 2017 年设立的降水量变化（极端减少、适度减少、自然、适度增加、极端增加）和氮添加（0 和 5g·m^{-2}·a^{-1}）两因素交互作用的野外模拟试验平台，通过长期的野外观测和室内分析，定位监测了研究区植物生物量、土壤有机碳及其组成、土壤呼吸等，系统分析了植被生产力时间动态、土壤有机碳稳定性、土壤呼吸时间动态，并结合植物多样性、植被–土壤系统 C∶N∶P 生态化学计量特征和关键土壤性质（物理、化学及生物学）的变化特点，综合分析了植被–土壤系统碳源汇特征及其影响因素，深入探讨了降水量变化及氮添加下西北荒漠草原植被–土壤系统关键碳循环过程及其调控机制，以期为深入揭示降水格局改变和氮沉降增加下草原生态系统稳定性的维持机制和碳源汇的响应机制提供科学依据，并为助力实现我国"碳达峰"和"碳中和"目标提供数据支撑。

本书可供生态学、环境科学、自然地理学等相关专业的教学科研人员、研究生和本科生参考阅读。

图书在版编目（CIP）数据

降水量变化及氮添加下荒漠草原碳源汇特征研究 /黄菊莹等著. —北京：科学出版社，2023.11

（宁夏大学生态学丛书. 全球变化生态学研究系列）

ISBN 978-7-03-076959-6

Ⅰ.①降…　Ⅱ.①黄…　Ⅲ.①荒漠–生态系统–碳循环–研究–中国 ②草原生态系统–碳循环–研究–中国　Ⅳ.①P941.73②S812

中国国家版本馆 CIP 数据核字（2023）第 216017 号

责任编辑：刘　超 / 责任校对：樊雅琼

责任印制：赵　博 / 封面设计：无极书装

科学出版社 出版

北京东黄城根北街 16 号

邮政编码：100717

http://www.sciencep.com

北京建宏印刷有限公司印刷

科学出版社发行　各地新华书店经销

*

2023 年 11 月第 一 版　开本：787×1092　1/16

2024 年 3 月第二次印刷　印张：14 1/4

字数：340 000

定价：170.00 元

（如有印装质量问题，我社负责调换）

《降水量变化及氮添加下荒漠草原碳源汇特征研究》撰写人员名单

主　　　　笔　黄菊莹　宁夏大学生态环境学院

副　主　笔　余海龙　宁夏大学地理科学与规划学院

其他参与撰写人员　李　冰　宁夏大学林业与草业学院

王晓悦　宁夏大学林业与草业学院

韩　翠　宁夏大学林业与草业学院

马煦晗　宁夏大学生态环境学院

黄浦江　宁夏大学林业与草业学院

前　言

作为全球变化的主要方面，降水格局改变和大气氮沉降增加通过调控土壤水分和养分有效性，影响着植物生长和微生物活性，改变了生态系统碳固定和释放过程，从而直接作用于生态系统碳源/汇功能。降水和氮素是干旱半干旱区生态系统的主要限制因子。碳循环过程是解释生态系统碳源/汇功能的重要指标。因而，在干旱半干旱区开展降水量变化及氮沉降增加下生态系统碳源/汇特征的研究，对于科学评估全球变化背景下脆弱生态系统碳收支平衡、助力实现我国"双碳"目标都具有重要的现实意义。草原是陆地生态系统中一个巨大的碳库。草原生态系统在全球变化下既可作为净碳源或净碳汇，也可以在碳汇和碳源之间波动，这将会导致陆地碳汇的变化。宁夏荒漠草原地处毛乌素沙地西南缘，是区域重要的生态屏障，也是我国西北干旱半干旱区主要的草原生态系统类型之一。该生态系统降水量少、蒸发量大，氮沉降临界负荷低，可接受的氮沉降量仅为 $1 \sim 2g \cdot m^{-2} \cdot a^{-1}$，对环境变化反应敏感，然而其碳源/汇功能如何响应降水量格局改变和氮沉降增加尚缺乏深入的分析。

在国家自然科学基金（32160277、31760144）和宁夏自然科学基金（2022AAC02012）等省部级以上项目的资助下，本书以宁夏荒漠草原为研究对象、以 2014 年设立的降水量变化的单因素野外观测试验和 2017 年设立的降水量变化及氮添加交互作用的两因素野外观测试验为研究平台，通过长期的野外调研和室内分析，研究了植物生物量、土壤有机碳及其组成、土壤呼吸的时间分布格局，并依据研究区低氮、高 pH 的土壤特点，监测了与植物群落组成、土壤养分有效性、植物-微生物-土壤系统 C：N：P 平衡特征密切相关的指标，从生态化学计量学角度深入分析了植被-土壤系统碳源汇的影响因素，初步阐明了降水格局改变和氮沉降增加下荒漠草原关键碳循环过程的调控机制，深入探讨了降水格局改变和氮沉降增加下荒漠草原固碳潜力，为系统分析全球变化背景下干旱半干旱区草原生态系统碳汇功能提供新思路，并为科学评估脆弱生态系统碳收支平衡、助力实现我国"碳达峰"和"碳中和"目标提供基础数据支撑。

本书整理汇总的研究成果，不仅促进了宁夏大学乃至全国其他相关高等院校和科研单位生态学、草业科学、环境科学和自然地理学等相关学科的发展，而且是积极推动脆弱生态系统保护、助力实现现阶段我国"碳达峰"和"碳中和"长远目标的有益实践，因此具有高的社会效益和生态效应。此外，本书在降水量变化的单因素模拟试验设计、降水量变化及氮添加交互作用的两因素试验设计、野外试验样地处理和维护、植被群落调查与多样性计算、植被和微生物元素内稳性的判定、土壤有机碳及其组分测定、土壤呼吸监测、生态系统碳交换监测、数据统计分析等方面都有详细的文字说明。这些内容可为读者朋友们在荒漠草原区降水格局改变和氮沉降增加野外试验布设、植物样品收集与测定、土壤样品收集与测定、植被–土壤系统关键碳循环过程确定与监测等方面提供理论支撑和实践经验。

黄菊莹

2022 年 11 月 18 日

于宁夏银川

目　　录

第1章 总 论

1.1 研 究 意 义

降水格局改变和大气氮沉降增加是全球变化的两个主要方面。全球变暖加速了水循环，导致降水量在全球范围内呈增加趋势，同时表现出时空分配不均以及极端事件频发等特点（IPCC，2021）。研究发现，我国西北地区西部生态区降水量呈增加趋势，而西北地区东部（如宁夏）降水量有所降低（Yang et al.，2020；高继卿等，2015；黄小燕等，2015；李明等，2021）。另外由于人类活动产生了大量含氮化合物，导致全球氮沉降增加。在我国，虽然自 2010 年以来氮沉降速率在许多发达省市有所下降，但在宁夏等欠发达地区呈增加趋势（Yu et al.，2019a）。降水通过改变土壤水分和养分有效性，调控着植物光合作用和微生物呼吸，因此其格局的改变直接影响着生态系统碳循环（王杰等，2014；杨青霄等，2017）。氮沉降使土壤有效氮增多，可以缓解植物氮限制，从而促进植物光合作用、提高植被生产力和碳储存（Wang et al.，2018）。降水和氮是干旱半干旱区植物生长和微生物活动的限制因子。在干旱半干旱区开展降水量变化及氮沉降增加下生态系统碳源/汇特征的研究，对于科学评估全球变化背景下脆弱生态系统碳收支平衡、助力实现我国"双碳"目标都具有重要的现实意义。

碳源/汇是解释生态系统碳循环过程的重要指标。联合国气候变化框架公约将温室气体"源"定义为任何向大气释放产生温室气体、气溶胶或其前体的过程、活动或机制；将温室气体"汇"定义为从大气中清除温室气体、气溶胶或前体的过程、活动或机制（IPCC，2013）。全球碳循环研究发现，目前已知的碳源与碳汇不能达到平衡，碳循环机制的研究有助于找到解决碳收支失衡的有效手段。CO_2 作为主要的温室气体，其在陆地生态系统的释放过程对全球碳循环有着重要意义。在过去的 200 年里大气 CO_2 浓度明显增加，主要原因是碳收支失衡，即碳排放量大于碳固定量。陆地生态系统作为一个大型碳汇，吸收了约 30% 的人为碳排放（Le Quéré et al.，2016）。近年来，很多关于碳汇的研究结果都有力地支持了北半球中纬度地区存在陆地碳汇的结论。其中，干旱半干旱区在全球陆地生态系统碳循环尤其是碳汇过程中扮演着重要的角色。因此，在干旱半干旱区开展降水量变化及氮沉降增加下植被–土壤系统碳循环研究，对于深入理解生态系统碳源/汇特征如何响应全球变化、充分认识区域乃至全球尺度碳收支平衡都具有重要的科学意义。

草原生态系统是陆地生态系统中一个巨大的碳库（Dai et al.，2016）。草原生态系统在全球变化下既可作为净碳源或净碳汇，也可以在碳汇和碳源之间波动，这将会导致陆地碳汇的变化（Biederman et al.，2017；Zhao et al.，2019）。宁夏荒漠草原地处毛乌素沙地西南缘，是区域重要的生态屏障，也是我国西北干旱半干旱区主要的草原生态系统类型之一。该生态系统降水量少、蒸发量大，氮沉降临界负荷低，可接受的氮沉降总量仅为 $0.13×10^6 t \cdot a^{-1}$（段雷等，2002）。因此，降水格局改变和氮沉降增加对该生态系统的效应值得关注。那么，降水量和氮沉降及其交互作用如何影响荒漠草原生态系统碳源/汇特征？植物群落特征与土壤性质能否解释其变化等问题都值得我们进行深入探讨。为此，本书以宁夏荒漠草原为研究对象，通过设置降水量变化（极端和适量增减）和氮添加的野外试验，研究植物-土壤碳库、土壤呼吸、生态系统碳交换的时间动态及其驱动因素，以期为深入揭示降水格局改变和氮沉降增加下草原生态系统碳源/汇的响应机制提供科学依据，并为全球变化背景下生态系统碳循环的全球联网试验提供数据支持。

1.2　国内外研究现状分析

全球变化正不断影响着陆地生态系统。一方面，气候变暖影响了全球水文循环，导致降水时空分配格局改变（IPCC，2021）。有研究发现，我国年平均降水量呈现出微弱且不显著的下降趋势，但西北地区总降水量年均值和季均值呈现明显增加趋势（Su et al.，2020a）。另一方面，化石燃料燃烧、农田化肥不合理施用和畜牧业集约化发展等，使得大气向陆地生态系统输入的氮素增加（秦淑琦等，2022），导致氮沉降量在全球范围内迅速增加（Sullivan et al.，2018；Ackerman et al.，2019）。在我国，继经济结构合理改善以及环保措施积极落实后，氮沉降速率在南方大部分地区已从快速增长转变为逐渐趋于稳定（Yu et al.，2019a），但在西北地区呈逐年增加的趋势（顾峰雪等，2016）。降水和氮素作为陆地生态系统一些关键过程的重要环境因子（张晓琳等，2018），二者的变化势必会改变土壤水分和养分有效性，从而对植物生长及其微生物活动产生影响，进而影响生态系统碳循环（Bai et al.，2010；Payne et al.，2017；付伟等，2020）。在我国西北干旱半干旱区，降水量和土壤氮含量均较低，极大地限制着区域初级生产力。在该区域开展降水量改变和氮沉降增加下植被-土壤系统碳循环研究，可为综合评价全球变化背景下脆弱生态系统固碳潜力提供数据支撑。

1.2.1　降水格局改变

降水格局改变影响着陆地生态系统结构和功能，尤其是受降水限制的生态系统。自工业革命以来，气溶胶、温室气体（CO_2、CH_4和N_2O等）和水蒸气的过量排放，导致过去130年间全球地表平均温度大约升高了0.85℃（IPCC，2013）。全球变暖加速了地球系统的水循环，使全球和区域降水格局的时空分布发生变化，从而对水资源、生态系统状况和社会经济发展等产生深刻的影响（陈琳等，2020）。作为全球气候变化的敏感区域，在过去几十年间，我国平均年降水量总体呈增加趋势，且表现出显著的区域分异特征（刘凯等，2020；李明等，2021）。例如与 1961 ~ 1980 年相比，1981 ~ 2010 年西北地区干旱区面积减少，东北地区半湿润区面积减少（高继卿等，2015；黄小燕等，2015）。在干旱半干旱区，降水调控着土壤水分及养分有效性，其格局的改变将直接作用于植物生长和生物地球化学循环等关键过程，从而对生态系统结构、功能和稳定性产生深远影响（邹慧等，2016）。因此，降水格局改变及其效应已成为国内外生态学和其他相关学科研究的重点。目前，国内已有较多研究分析了降水量变化的生态效应，但相关研究多为适度增减降水量，缺乏针对极端增减降水量的探讨。

1.2.1.1 全球趋势

在气溶胶、温室气体、水蒸气的大量排放和气候内部变率的综合作用下，全球气温上升和大气环流发生改变（Held & Soden，2006），引起大气持水能力增加、水循环加速，导致全球陆地平均降水量增加、大多数地区极端降水事件频发（Fischer et al.，2013；Li et al.，2013；Sillmann et al.，2013；IPCC，2021；Kazemzadeh et al.，2021）。研究预测，全球平均降水量呈增加趋势，并且呈纬向分布，北半球中高纬度地区年降水量总体呈增加趋势；同时，降水事件之间的间隔期将延长，洪涝以及干旱等极端降水事件大幅增加，而低纬度区域的降水量呈减少趋势（Westra et al.，2014）。降水格局呈纬向分布是自然因素和人为因素共同作用的结果（Liu et al.，2013a）。一方面，温度升高使水循环加速改变降水分配；同时，大气环流模式的变化导致多雨区和亚热带干燥区向两极迁移，使热带区域加宽（Westra et al.，2014），进而影响降水格局的纬向分布。另一方面，人为因素（主要是人类活动）是导致降水格局改变的重要原因之一。据估测，人类活动对于北半球中纬度区域带状降水量增加、北半球热带与亚热带区干旱、南半球热带与亚热带区域湿润具有明显的影响（Marvel & Bonfils，2013）。

降水格局改变已成为全球性事件，但不同地区降水格局不同（IPCC，2013；Stocker et al.，2013）。如不同地区降水量增减趋势不同，极端降水事件频发，降水格局年内变异和年际变异均显著增加（周培等，2011）。近几十年，全球大部分地区的降水频率呈显著增加趋势，但在东亚东部湿区降水频率下降而干区降水频率增加（Ma et al.，2015；Liu et al.，2021；Lu et al.，2021b）。Majid 等（2021）对全球范围内陆地和海洋降水趋势进行了 19 年观测，发现 1998 ~ 2017 年降水呈线性趋势的主要覆盖欧洲和北美地区。Duan 等（2019）对德国年降水趋势的研究发现，1951 ~ 2013 年降水量在德国北部和东部呈增加趋势，且随着时间的推移逐渐增加。Dollan 等（2022）对美国大西洋中南部地区降水的时空格局进行了研究，发现其东北部降水量显著增加。也有研究发现，全球平均降水量的走势在过去 100 年间并不分明，其降水峰值的变化呈空间异质性：北半球中纬度地域年降水量整体增加，其他纬度地域年降水量变化趋势为正或负（孔锋等，2017）。

全球变化背景下，除了降水总量发生改变外，降水的不确定性增大和极端性增强、时间分配变得更加波动（Spinoni et al., 2018）。据报道，全球总降水量在过去 100 年有增加趋势，但在干旱与半干旱地区减少，同时干旱和洪涝等极端降水事件增加（Folland et al., 2001；Spinoni et al., 2018）。研究表明，强降水事件的发生频率可能会随着全球变暖的程度而翻倍增长，这种极端降水变化比全球平均降水变化更加频繁（Myhre et al., 2019）。Chou 等（2007）发现，20 世纪早期到后期的极端降水走势变化较为明显，尤其是中高纬度地区极端降水增加显著；进入 21 世纪后，世界上多数地区的强降雨事件大概率将会增多；未来近百年，南北半球降水差异和降水季节波动或许会加重，呈现出旱季更旱、雨季更湿的季节特征。Yao 等（2020）对中亚地区总降水和极端降水变化趋势研究发现，极端降水相关指数（除连续干旱日外）在 1936～2005 年均呈上升趋势，并预计 21 世纪后期（2071～2100 年）极端降水和轻微干旱将显著增加。

1.2.1.2 全国趋势

中国位于东亚季风区，降水对气候变化的反应较为强烈。近年来，我国降水量、降水频次及极端降水情况等的变化具有较强的区域性和时间性（Zhang et al., 2013b；Wu et al., 2021b；Zhang & Zhao, 2022；翟盘茂和潘晓华, 2003；李聪等, 2012；刘向培等, 2021）。目前，不少学者采用模型模拟的方法研究我国未来降水格局变化及其对生态系统的影响（Luo & Guo, 2021）。Zhang 等（2007）采用 14 种气候模型模拟降水变化的研究发现，该模型模拟的结果与 20 世纪陆地部分沿纬度方向的降水量变化实测值相比较，模型模拟的估测值低于实测值，并且降水变化已经对脆弱敏感区域的生态系统、农业生产以及人类健康等产生了一定影响。

在总降水量的趋势上，丁一汇（2016）发现近半个世纪以来，我国平均年降水量的趋势性变化并不明显，但是在空间分配上差异显著。其中，华北、西北东部、东北南部和西南部分地区降水量减少，西部大部分地区降水量增加；任国玉等（2015）亦发现我国年均降水量未呈现显著的趋势性变化，然而其区域降水量走势分明。华北、东北南部、西北东部以及西南局部地区雨量降低，而西部多数区域雨量增多。但也有研究得出不同的结论。例如近期的发现，近几十年来我国表现出年均降水总量增加、极端降水事件增多的趋势（Zhang et al., 2013b；卢珊等, 2020），且区域差异明显（杜懿等, 2020；刘凯, 2020）；据 CMIP5 和 CMIP6 未来预测，到 21 世纪末我国降水的年总量和年变化幅度急剧增加（Piao et al., 2021）；Su 等（2020a）观察到我国年平均降水量呈现出微弱的下降趋势，但西北地区总降水量年均值和季均值均明显增加。在降水的空间分布上，IPCC（2013）气候模型预测，在我国北方地区，未来降水量将呈增加态势，年降水量增加大约 10% ～ 20%；Chang 等（2020）研究发现，西北、华东、华南、西南和华中地区呈增加趋势，华北、东北和西南北部地区则呈下降趋势；此外，王澄海等（2021）发现 1961～2018 年西北地区 92% 站点的年降水量呈增加趋势。

我国极端降水事件亦具有明显的空间性。例如，有研究发现西北、华东、华南、西南和华中地区极端降水事件呈增加趋势，华北、东北和西南北部地区则呈下降趋势（Chang et al.，2020）；我国东部地区强降水频率增加、西南地区所有类别的降水频率均呈下降趋势、西北地区中强降水的降水量和频率均显著增加、华北和东北地区除了轻降水数量和频率显著减少之外，其他降水类别无显著变化（Ma et al.，2015）；我国极端降水的平均强度与降水极值呈上升趋势，特别是在中国的西北部和东南部。极端强降水频次呈上升趋势也趋于增多，且极端降水量增加使得国内总降水量上升（孙军和张福青，2017）；我国北方地区极端降水事件的发生频率和范围具有明显的增加趋势，且具有空间差异性，其中华北和东北地区尤为显著（任国玉等，2010），表现为东北西部地区有上升趋势，东北东部至华北地区则有降低趋势（翟盘茂和潘晓华，2003）；20世纪50年代以来，西北地区、长江中下游地区和东南地区的强度极端降水事件增加，而华北、东北中南部和西南部分地区则有减弱趋势（任国玉等，2015）。

1.2.1.3　宁夏趋势

我国西北地区降水格局同样受到气候变化的影响。黄小燕等（2015）发现西北地区降水量整体呈微弱增加趋势，但不同生态区存在差异：与1961～1980年相比，1981～2010年间西部生态区降水量呈增加趋势，而其中包括宁夏内的东部生态区降水量呈降低趋势。张学珍等（2017）的研究表明，1960年以来西北全区年平均降水量为276.1mm，并呈微弱上升趋势，平均每年上升0.17mm；西北东部地区降水量表现出下降趋势，西部地区则表现为上升趋势。Han等（2021）通过整理气象站的观测资料及CMIP6-MME情景发现，我国西部地区1991～2020年比1961～1990年雨天频率和雨天降水量均有所增加，而在限水地区全年雨天和雨天降水量的时间分布不均匀。Li等（2021）采用Mann-Kendall趋势检验分析我国东南至西北的降水时空变化，发现东南部和中部地区强降水事件增加，西北地区弱降水事件增加。研究表明，西北地区的年总降水量有所增加（Sui et al.，2013），极端降水和短时对流降水事件增多是该区域降水量增加的主要形式（王澄海等，2021），且其东部降水量增加速率超过同时期的西部（姚旭阳等，2022）。预计2016～2100年，在季节变化上，西北地区以暖季变干为主，且干旱化趋势将更为明显（刘珂和姜大膀，2015；张学珍等，2017）。西北地区水资源匮乏，干旱严重，生态脆弱区分布广泛，生态环境高度依赖降水（Wang et al.，2014a）。因此，该区域降水格局改变的生态效应不容忽视。

宁夏地处西北地区东部，是半湿润区、半干旱区向干旱区的过渡地带，其降水量和降水强度均有较大幅度的改变。自20世纪60年代以来，总降水量自南向北递减，降水量呈下降趋势；年降水量的增加主要发生在北部平原，南部山区年降水量下降。中部干旱区域降水量表现为东部上升而西部下降的走势。低强度降水有增加趋势，高强度降水有减少趋势；不同类型极端降水的贡献随季节而变化。春季降水的变化趋势与年降水趋势相似。区域降雨量增加主要是强降水增加造成的，区域降水量的下降主要是弱降水减少所致。夏、秋两季的降水量呈减少趋势，秋季降水量减少的程度强于夏季。区域降水量的增强以弱降水的增加为主，而区域降水量的减少则受强降水减少的控制。在冬季，整个地区的降雨量增加。弱降水的增加对冬季降水的增加有很大贡献（杨蓉和赵多平，2018）。Yang 等（2020）对宁夏总降水及降水量变化趋势研究发现，在 1961～2018 年总降水由南向北递减，且降水量呈下降趋势。近 50 年来，极端降水的频率变化较小，总体呈现"降低—升高—降低"的趋势，且北部地区极端降水的频率有升高趋势，南部地区呈反之。预测结果显示，极端降水事件的发生频率在未来可能会有降低的趋势（张冰等，2018）。

1.2.2　大气氮沉降增加

氮是自然界中必不可少的一种基本元素，也是生态系统中有机体生长所必需一种重要元素（王伟和刘学军，2018）。研究发现，随着工业化进程的加快、经济发展速度的提高和人口数量的扩大，化石燃料燃烧、农业化肥施用和畜牧业集约式发展产生了大量 NO_x，改变了地球活性氮循环，导致全球氮沉降增加（Ackerman et al.，2019；Decina et al.，2020）。近十年来，我国氮沉降速率趋于稳定甚至亦有所降低（Zheng et al.，2018；Yu et al.，2019a；Wen et al.，2020）。然而，煤炭行业的快速发展使得西北地区氮沉降速率加快（顾峰雪等，2016）。研究表明，西北地区普遍可接受 1.0～2.0g · m^{-2} · a^{-1} 的氮沉降（段雷等，2002）。尽管估测的氮沉降量低于全国水平，但较低的氮沉降临界负荷以及氮沉降的时间累积性（Phoenix et al.，2012），使得该区域氮沉降效应同样不容忽视。长期氮沉降增加不但会引起土壤酸化和氮富集（Lu et al.，2014）、淡水水体富营养化（Zhan et al.，2017），而且可能造成 C：N：P 失衡和磷限制增加（Deng et al.，2017；Wright et al.，2018），严重威胁着生物多样性和生态系统服务功能（Steven et al.，2018；Midolo et al.，2019；Han et al.，2021）。一些专家认为，在未来一个世纪内，氮沉降都将是仅次于土地利用和气候变化导致全球范围内生物多样性丧失的第三大驱动力（Bobbink et al.，2010；Payne et al.，2017）。因此，有必要针对敏感生态系统开展氮沉降效应研究。

1.2.2.1　全球趋势

氮沉降是全球氮循环的组成部分（Galloway et al.，2004；Liu et al.，2011）。农业和工业革命后，人类对食物和能源的需求导致化肥施用，化石燃料排放的增加，活性氮以 NO_x（$NO+NO_2$）、NH_3 等形式排放到大气中，大气沉降开始作为主要来源，推动全球氮循环变化（Bobbink et al.，2010）。1909 年德国化学家弗里茨·哈伯利用 N_2 和氢气合成了 NH_4^+-N以后，人类开始大量合成活性氮用以工农业发展（Erisman et al.，2008）。但人类活动也大大增加了排放到大气和沉降到地表的活性氮数量，进一步改变了氮的生物地球化学循环（Gruber & Galloway，2008；Kanakidou et al.，2016）。从 20 世纪 70 年代起，部分发达国家便着手于构建氮沉降监测网络，如欧洲的 EMEP、美国的 NADP、日本的东亚酸沉降网

EANET 以及加拿大的空气和降水监测网络 CAPMON 等（Zhang et al.，2021a）。将相关氮沉降模型与上述网络的实测数据相结合，可对不同国家干湿氮沉降输入进行广泛评估。

全球范围看，过去 200 年来，陆地和海洋生态系统的氮沉降量可分别达到 43.47 和 27Tg·a^{-1}（Galloway & Cowling，2002）；20 世纪 90 年代，全球氮沉降量约为 103Tg·a^{-1}，预计到 2050 年将翻一番。在多数发达国家，大气中生物活性氮（Nr）的沉降比例是工业化之前的 2~7 倍（Galloway et al.，2004）；1860~2005 年，人类活动固定的 Nr 由 15Tg N·a^{-1} 上升至 187Tg N·a^{-1}，预计在未来 25 年内将翻一番（Zhao et al.，2009；Bobbink et al.，2010）；1974~2016 年全球无机氮沉降增加了 8%（Daniel et al.，2019）；2000~2010 年全球土地累积的氮沉降已超过 50kg·hm^{-2}（Peñuelas et al.，2013）。受自然和人为因素影响，氮沉降在全球范围内的空间分布格局复杂且不均匀（Stephen et al.，2020）。非洲大部分地区处于氮缺乏状态（Grimm et al.，2008），北美、欧洲和亚洲的氮沉降量均较高（Galloway et al.，2008b）。Worrall 等（2009）在英国的大不列颠岛进行长期（31 年）观测，结果发现每年总溶解氮通量显著增加 6.3kt N·a^{-1}。

欧美等国家早在 19 世纪 50 年代就开始了氮沉降的监测工作，发现氮沉降通量在不同区域存在较大差异。Goulding 等（1998）在英国的洛桑试验站进行了长达 154 年的观测，发现 1843~1997 年氮沉降量增加了 35kg·hm^{-2}·a^{-1}。Russow 等（2001）在德国的中部地区，通过 ^{15}N 同位素稀释法进行观测，发现 1994~2000 年氮沉降量高达 64±11kg·hm^{-2}·a^{-1}。Zheng 等（2002）估算了亚洲区域氮沉降量，发现 1861~2000 年各生态系统的沉降总量增加了 16.50Tg·a^{-1}，预计到 2030 年该区域氮沉降总量将会达到 37.80Tg·a^{-1}。Schaap 等（2017）采用新定量方法（包括干、湿及隐匿沉降通量）对德国陆地生态系统的氮沉降进行了观测，发现平均氮沉降通量约为 1057eq·hm^{-2}·a^{-1}。Li 等（2013）在亚洲中部半干旱地区监测了无机氮的干湿沉降，发现总氮沉降量平均高达 45.8kg N·hm^{-2}·a^{-1}，且氮干沉降是亚洲中部干旱地区的总氮沉降的主要部分。近年来，随着大气污染物控制措施的实施和社会经济结构的转型，氮沉降速率在发达国家有所减缓（Du，2016；Engardt et al.，2017；Tan et al.，2018），但在发展中国家仍呈上升趋势（Vet et al.，2014）。例如气候模式表明，全球氮沉降在近期内仍将会增加 2~3 倍，尤其是东亚和南亚地区（Wang et al.，2017）；Han 等（2019）对全球和区域人为氮净输入估算发现，1961~2009 年欧洲和加勒比地区的氮输入先升后降，而其他地区的氮输入则一直上升；在美国东北部、欧洲和印度太平洋中部等地区氮沉降量正在下降（Daniel et al.，2019）。

1.2.2.2　全国趋势

由于人为氮排放的急剧增加，我国已经成为仅次于北美、欧洲的第三大氮沉降带（Galloway et al.，2004；Dentener et al.，2006）。据报道，从 1980~2000 年，我国平均总氮沉降量增加了约 8kg·hm^{-2}·a^{-1}，增幅高达 60%；2050 年我国许多地区氮沉降率将达到 50kg N·hm^{-2}·a^{-1}（Liu et al.，2013b）。我国 2010 年总氮沉降量约为 7635.3Gg，全国平均氮沉降通量为 7.9kg·hm^{-2}·a^{-1}，其中 NH_4^+ 沉降占 68%，NO_3^- 沉降占 32%，且以干沉降的形式约占 62%（郑丹楠等，2014）。自"十三五"规划实施以来，中国的 NO_x 排放总量得到了有效控制。2011~2018 年，西北地区总氮浓度（27.7μg N·m^{-3}）呈现出 10% 的年增长率，而硝酸浓度（0.6μg N·m^{-3}）呈现出显著下降趋势（Fu et al.，2020；贾彦龙等，2021）。但由于人口增长、粮食需求和工业发展，预计未来几十年我国 Nr 排放和沉降仍将继续增加（Richter et al.，2005；Dentener et al.，2006；Galloway et al.，2008a）。排放到大气中的 Nr 通过大气传输后沉积到地球表面，约有 20%~25% 的氮素沉降在土壤中（Kanakidou et al.，2016），使土壤肥沃、刺激植物生长、增加大气碳吸收、缓解气候变化（Pregitzer et al.，2008；Quinn et al.，2010）。但也会因土壤酸化和过量营养物质的积累对环境产生负面影响（Driscoll et al.，2003）。因此，减少氮沉降对生态系统的负面影响刻不容缓。

我国氮沉降监测研究始于 20 世纪 30 年代，系统的监测研究始于 20 世纪 70 年代，且主要集中在湿沉降的相关监测研究。目前，我国主要有中国农业大学建立的全国氮沉降监测网络（NNDMN）（Xu et al.，2015；Xu et al.，2019）和中国科学院地理科学与资源研究所建立的中国生态系统研究网（CERN）（Zhu et al.，2015）两大氮沉降（主要为湿沉降）监测网络。然而，受网络化监测覆盖范围和研究手段的限制，监测研究分布仍然不均匀，①华北、东南、东北、西南等区域的氮沉降监测研究较为全面，而西北等区域的动态监测研究还有待加强；②包含了工业污染源，但主要为混合污染源，相对缺乏对单一排放源的监测；③涉及了主要生态系统类型，但集中在远离主要排放源的农田和森林，相对缺乏对工业排放源周边荒漠的监测（Zhu et al.，2015；Lu et al.，2018）。段雷等（2002）对我国不同区域酸沉降临界负荷进行区划研究时发现，氮沉降临界负荷的分布呈现自东向西逐渐降低的格局；氮沉降临界负荷最低（<1.0g·m^{-2}·a^{-1}）的区域主要分布在青藏高原的西部区域以及阿拉善高原，而氮沉降临界负荷最高（>4.0g·m^{-2}·a^{-1}）的区域包括东北平原、华北平原、长江中下游平原以及四川盆地等。

目前，我国氮沉降通量分布不均，各区域差异显著，且氮沉降的站点监测和空间评估主要集中在湿沉降（贾彦龙等，2019）。空间上，氮沉降速率从东南到西北逐渐降低：华北、华中和西南地区东北部氮沉降量最大，一般变化范围为 1.77~3.18g·m^{-2}·a^{-1}；华南、西南西部和南部地区的氮沉降量次之，一般变化范围为 0.74~2.25g·m^{-2}·a^{-1}；西北、西藏、内蒙古、新疆地区的氮沉降量最低，一般变化范围为 0.02~0.73g·m^{-2}·a^{-1}（顾峰雪等，2016）。Gao 等（2020）对我国氮沉降通量的时空变化研究发现，我国氮沉降通量普遍北低南高，由西北向东南逐渐增加。姚梦雅等（2021）对我国长江流域人为氮输入进行 35 年观测，发现 1980~2015 年长江流域氮输入增加了 4405kg·km^{-2}·a^{-1}。近年来，随着经济结构的调整和大气污染限排措施的实施，我国氮沉降总量及沉降模式也表现出了新的变化趋势，2011~2018 年氮沉降量有所下降（Wen et al.，2020），而一些欠发达地区（如西北地区）由于煤炭等工业的发展导致氮沉降速率有所加快（Yu et al.，2017）；

总体表现为沉降速率趋于稳定、NO_x/NH_y 趋于升高（Wen et al.，2020；Zhu et al.，2021），尽管如此，全国氮沉降量总体上仍处于较高水平，因此仍然需要高度关注（Zhu et al.，2020；付伟等，2020）。

1.2.2.3 宁夏趋势

相对于中部、南部等发达地区，我国西北地区氮沉降量一直处于较低水平，但增长趋势明显。Qiao 等（2021）发现 2015 年我国西部雨区总无机氮湿沉降通量高于其临界负荷。Fu 等（2020）对我国西北农村地区氮沉降进行了 8 年的观测，发现 2011～2018 年活性氮沉降增长率为 10%，且主要以干沉降为主。20 世纪 90 年代至 21 世纪初，包括宁夏、内蒙古、甘肃、青海、新疆和西藏等地区的氮沉降通量要小于 $14kg\ N \cdot hm^{-2} \cdot a^{-1}$（Lü & Tian，2007）；1990～2003 年，宁夏干、湿和总沉降速率的变化范围分别为 3.10～9.89kg $N \cdot hm^{-2} \cdot a^{-1}$、1.35～4.89kg $N \cdot hm^{-2} \cdot a^{-1}$ 和 4.14～14.11kg $N \cdot hm^{-2} \cdot a^{-1}$；平均干、湿和总沉降速率分别约为 5.48kg $N \cdot hm^{-2} \cdot a^{-1}$、3.92kg $N \cdot hm^{-2} \cdot a^{-1}$ 和 9.33kg $N \cdot hm^{-2} \cdot a^{-1}$。Zhao 等（2009）对我国土壤酸化进行多尺度空气质量模型模拟结果发现，2005～2020 年期间宁夏大部分地区氮沉降量明显增加。近年来，我国氮沉降已从湿沉降占主导地位转变为干、湿沉降的贡献几乎相等，但宁夏地区湿沉降仍然占主导地位，且氮沉降速率变化较小。氮沉降对人类健康、动植物生存和工农业生产等均有影响（贾彦龙等，2019）。因此，有效控制氮沉降对宁夏生态环境的影响至关重要。

1.2.3 草原生态系统碳循环过程

草原生态系统覆盖了我国大约 40% 的土地，主要分布在温带、暖温带和热带地区（Li et al.，2015；Muqier et al.，2021；Da et al.，2021）。草原是畜牧业的重要生产基地，在减缓气候变化、防风固沙、水土保持、生物多样性维持等方面发挥着重要的生态功能（Milcu et al.，2014；白永飞等，2014；方精云等，2018）。草原广阔的面积和地下碳储存能力也使其成为陆地生态系统潜在的碳汇（Dai et al.，2016）。我国草原仅占世界草原总面积的 6%～8%，碳含量却占世界草原总量的 9%～16%（Ni，2002）。干旱半干旱区草原在全球陆地生态系统碳循环尤其是碳汇过程中扮演着重要的角色（Janssens et al.，2010；李博文等，2021）。我国干旱半干旱区荒漠草原是生态脆弱区，对环境变化十分敏感（孙良杰等，2012；Xu et al.，2021b）。

全球变化背景下，草原生态系统既可作为净碳源或净碳汇，也可以在碳汇和碳源之间波动，这将会导致陆地碳汇的变化（Biederman et al.，2017；Zhao et al.，2019）。荒漠草原是干旱半干旱区主要的草地生态系统类型之一，生态系统脆弱且不稳定，易受降水格局改变及氮沉降增加等全球变化影响。故此，研究荒漠草原碳循环对降水格局改变和氮沉降的响应尤为重要。目前国内有不少关于降水量和氮添加对草原生态系统碳固定与释放特征影响的研究（Wang et al.，2015；Jia et al.，2016；张晓琳等，2019），但针对荒漠草原的相关研究还相对短缺，尤其是宁夏荒漠草原。为此，本书以设立于宁夏荒漠草原的降水量变化和氮添加及其交互作用的野外模拟试验为研究平台，探讨荒漠草原碳库与碳排放对二者及其交互作用的响应，为深入理解全球变化背景下草原生态系统碳循环提供实践参考。

1.2.3.1 植被-土壤碳库

揭示草原生态系统碳库与碳排放功能，对于提高草原生态系统碳管理水平和了解草原生态系统碳循环都有重要意义。草原生态系统是陆地最主要的碳储库之一，其通过光合作用固定大气 CO_2，蓄藏于植物-土壤碳库（李学斌等，2014），在全球碳汇中扮演着重要角色。植物碳库可划分为地上和地下碳库。地上生物量即植物活体和枯落物（凋落物及立枯物），决定着地上植物碳库储量。地下植物碳库则为植被地表以下根系生物量中所含碳的总量。土壤碳库包含有机碳库和无机碳库，其中土壤有机碳库（组分和稳定性）是全球碳循环的重要流通途径，是地表最活跃的碳库。目前大多数研究也是通过土壤有机碳库的变化趋势来表征草原土壤碳库及其动态变化。对于土壤有机碳库，Parton 等（1987）将土壤有机碳划分为缓效性、活性和惰性碳库。作为土壤活性碳库中较活跃且易变化的部分，微生物量碳在土壤总碳中只占了很少一部分，但它是土壤有机碳和养分转化循环的主要驱动因子，直接参与有机碳的分解与转化，是土壤元素储备库和植物生长所需元素的主要来源（曹丛丛等，2014）。

1.2.3.2 土壤呼吸

土壤呼吸是指植物地下部分自养呼吸和微生物异养呼吸（Kuzyakov，2006；熊莉等，2015）。作为生态系统呼吸的一部分，土壤呼吸不仅是土壤有机质输出的主要形式，也是土壤碳库向大气释放 CO_2 的重要途径，在调节大气 CO_2 浓度和气候方面起着至关重要的作用（Davidson et al.，2002）。CO_2 从陆地生态系统进入大气的主要方式为生态系统呼吸，其中植物释放的很大部分 CO_2 因被其自身光合作用利用而被忽略，且土壤呼吸约占生态系统呼吸的 $60\% \sim 90\%$（Kuzyakov，2002；Hagedorn & Joos，2014）。因此，土壤呼吸的动态变化影响着土壤有机碳输出，是影响全球气候变化的关键生态学过程之一，对区域和全球尺度的碳循环具有重要调节作用（马志良等，2017）。

土壤呼吸排放的 CO_2 是决定陆地生态系统碳平衡的主要因子（Valentini et al.，2000）。土壤呼吸速率会影响土壤碳的累积量以及大气 CO_2 浓度，进而对陆地生态系统的碳循环过程产生影响，对全球变化具有正反馈作用（王铭等，2014）。已有研究表明，土壤呼吸容易受到生物因子（土壤微生物、植物根系等）和非生物因子（土壤理化性质等）的共同影响（Vargas et al.，2012；Wilcox et al.，2016）。对于受水分和氮限制的干旱半干旱区生态系统来说，土壤呼吸是土壤碳释放的主要途径之一（王新源等，2012），能够反映生态系统对环境变化的敏感程度。在这些生态系统，土壤呼吸速率对降水格局改变和氮沉降增加的响应尤为重要，甚至会进一步影响全球变化的进程。

1.2.3.3 生态系统碳交换

生态系统碳交换过程及其与碳固定、碳释放间的动态平衡是定量评估碳源/汇功能的科学依据。同时，生态系统碳循环及收支平衡是由碳吸收与碳释放两个主要过程共同决定的。因此，碳交换过程的动态变化决定了生态系统碳收支平衡状况。生态系统碳交换包括输入和输出两个过程。碳输入指植物光合作用吸收大气 CO_2 合成有机物质，而碳输出指通过植物自养呼吸和微生物异养呼吸所释放的碳（李岩等，2019）。生态系统碳平衡通过植被–土壤两者不断吸收和释放 CO_2 维持。生态系统碳交换包含净生态系统碳交换（net ecosystem carbon exchange，NEE）、生态系统呼吸（ecosystem respiration，ER）以及总生态系统生产力（gross ecosystem productivity，GEP）（游成铭等，2016）。其中，NEE 是评估碳收支平衡的重要指标，由 ER 和 GEP 两个重要过程共同决定。NEE 呈现正值，表明生态系统净碳释放，即为碳源。而 NEE 呈现负值，则表明生态系统净碳吸收，即为碳汇（Niu et al.，2010；Tian et al.，2016a）。

国外围绕碳交换研究主要集中于北极高纬度苔原（Nobrega & Grogan，2008；Christiansen et al.，2012；Prager et al.，2017；Virkkala et al.，2018）、寒带泥炭地或湿地（Bubier et al.，2007；Clay et al.，2015；Levy & Gray，2015；Strachan et al.，2016）、温带草地（Flanagan et al.，2002；Huff et al.，2015；Kübert et al.，2019）、地中海型草原（Potts et al.，2012；Nogueira et al.，2019）、热带稀树草原（Tagesson et al.，2016；Ondier et al.，2021）以及热带森林（Greco & Baldocchi，1996；Vourlitis et al.，2001；Wolf et al.，2011）等生态系统。国内相关研究主要集中在青藏高原草甸草原（Zhang et al.，2021b；陈骥，2015；李文宇等，2021；王子欣等，2021）、内蒙古草甸草原、典型草原和荒漠草原（Zhang et al.，2015；Liu et al.，2018a；Hasi et al.，2021；Shi et al.，2021；孟倩，2019；敖小蔓，2021）、黄土高原典型草原（文海燕等，2019；钟泽坤，2021）、东北松嫩草甸草原（Jiang et al.，2012；王赟博，2016）、三江源湿地（张丽华等，2006）以及森林和农田（Fang et al.，2020；Taibanganba et al.，2020；Wang et al.，2020a；赵辉等，2021；舒子情等，2021）等生态系统。国内在荒漠草原碳交换方面也已开展了一定的研究工作，但相关研究多集中于内蒙古荒漠草原（Wu et al.，2021a；王珍，2012；靳宇曦等，2018）、新疆荒漠草原（李香云等，2020；郭文章等，2021）、甘肃荒漠草原（Gao et al.，2012），尚缺乏针对宁夏荒漠草原的相关研究工作。

1.2.3.4 生态系统碳源/汇

碳源汇是解释地球大气碳循环过程的重要指标。当生态系统碳排放量超过其碳固定量时，就称该系统为大气 CO_2 的源，简称碳源，反之则为碳汇（方精云等，2007）。探究降水量变化及氮添加下生态系统碳固定与释放特征，对于深入理解碳循环如何响应全球变化具有深远含义。全球碳循环研究发现，现今所知的碳源和碳汇无法达到平衡，碳循环机制的研究有益于找寻到解决碳收支失衡的有效途径。陆地生态系统作为一个庞大的碳汇，吸取了近十分之三的人为碳排放量（Le Quéré et al., 2016），其碳循环对于限制自然界 CO_2 浓度增长以及温度攀升层面发挥着举足轻重的效应（朴世龙等，2019）。近年来，很多关于碳汇的研究结果都有力地支持了北半球中纬度地区存在陆地碳汇的结论（Sarmiento et al., 2010；Pan et al., 2011）。以往研究结果显示，中国陆地生态系统 CO_2 吸收量约占据了陆地总碳汇的十分之一（Piao et al., 2009），是地球上陆地碳汇不可或缺的一部分（Piao et al., 2009；方精云等，2007）。其中，干旱半干旱区草原生态系统在全球陆地生态系统碳循环尤其是碳汇过程中起着重要作用。故而，在干旱半干旱区开展碳库与碳排放特征的动态研究，对充分认识区域乃至全球尺度碳循环都有重要的科学意义。

1.2.4　环境变化下草原生态系统碳循环过程的响应格局

降水和氮沉降与我国西北干旱半干旱区植物地下部分和微生物新陈代谢密切相关（Liu et al., 2016；Bai et al., 2021；吕超群等，2007），其格局的改变势必会导致土壤资源（水分和养分）有效性发生变化（陈琳等，2020），从而改变土壤-植物养分动态、植物生长（杨崇曜等，2017；Stevens et al. 2015）、微生物活动以及其他关键生态过程，直接影响着植物-土壤碳库、土壤呼吸和生态系统碳交换过程，从而会对区域生态系统碳循环产生影响（Bai et al., 2010；Reichstein et al., 2013；Reichmann & Sala, 2014；游成铭等，2016）、导致生态系统碳源/汇功能发生变化，对草原生态系统的影响尤为明显（Elser et al., 2010）。探讨降水量变化和氮添加下草原生态系统关键碳循环过程研究，对于科学评估全球变化下干旱半干旱区脆弱生态系统碳汇功能具有重要的现实意义。

已有大量国内学者针对草原生态系统研究了降水量、氮添加及其交互作用对植物-土壤碳库（Fang et al., 2014；Ren et al., 2018；Zhang et el., 2018）、土壤呼吸（Shi et al., 2014；Zhou et al., 2014；Fang et al., 2018）、生态系统碳交换（Niu et al., 2008；Moinet et al., 2016；Hao et al., 2019；哈斯木其尔等，2018）的影响，发现降水量和氮添加均会不同程度地改变碳释放和碳固定过程。由于生态系统碳源/汇取决于碳固定与碳释放之间的动态平衡，因而，降水量变化、氮添加以及二者交互作用下草原生态系统碳源/汇的变化趋势还存在很大的不确定性。此外，各生态系统所处的气候条件、土壤养分状况及植物群落结构的差异，增加了各碳循环参数响应格局的不确定性。因此，这些不确定性决定了针对多种类型草原生态系统开展降水量、氮添加及其交互作用的野外模拟试验的必要性，尤其是对降水格局改变和氮沉降增加极其敏感的荒漠草原。然而，通过梳理近年来国内针对草原生态系统碳源/汇特征的研究成果，发现相关研究主要集中在草甸草原和典型草原，尚缺乏针对荒漠草原的研究，尤其缺乏极端降水量变化及其与氮添加交互作用的相关探讨。

1.2.4.1　降水格局改变

（1）植物碳库

研究表明，降水格局改变会影响草地生态系统碳储量变化及其调节机制。其中，净初级生产力与净生态系统生产力能够很好地反映气候变化对草原的影响，为定量分析碳源/汇提供了科学依据（戴尔阜等，2016）。作为草原植被净初级生产力最有力的影响因素之一，降水格局改变通过作用于植物生理生态特征，影响植物生长进程，从而控制碳素由植被输入生态系统（Zhou et al.，2009；Luo & Weng，2011）。马文红等（2010）的研究结果显示，中国北方荒漠草原和典型草原降水量少、年际间波动大，降水量变化调控着土壤水分供给，从而影响植物生长和碳储量，植物地上生物量的变化主要受 1~7 月降水量年际变化的影响。枯落物分解是植物碳库向土壤碳库输送碳的重要途径（戴尔阜等，2016）。一方面，降水量改变能够调节土壤微环境，从而影响土壤生物种类、数量、活力以及枯落物分解过程，进而调控草原碳固持；另一方面，降水不仅在枯落物淋溶阶段起着重要作用，而且其变化使得土壤发生干湿交替有利于枯落物分解（李强等，2014）。

（2）土壤碳库

土壤有机碳是腐殖质和动植物残体经微生物作用形成的含碳有机物（杜雪和王海燕，2022）及其稳定性由多因素综合作用，能随土壤环境改变（Rattan，2018），在稳定全球碳循环及调节气候方面扮演着重要的角色（李成等，2021）。有机碳分为活性有机碳和惰性有机碳（王娇等，2023）。其中，活性有机碳组分稳定性差、易分解（Pang et al.，2019），包括颗粒有机碳、易氧化有机碳、微生物量碳和溶解性有机碳等组分，是生物可利用碳源（Li et al.，2018a）和反映土壤质量的敏感性指标（Geisen et al.，2020；闫丽娟等，2019）。有研究表明，当土壤有机碳稳定性较低时，其可以在多变的环境条件下通过矿化和分解释放到大气中，最终影响碳循环和全球气候（蒿廉伊，2022）。

草原生态系统土壤有机碳输入的主要途径是植物碳库经凋落物碳库进入土壤碳库。因此，降水量变化可使土壤水分含量发生改变，并对凋落物输入过程产生影响，从而影响微生物活动和土壤呼吸速率，改变草原土壤有机碳储量。例如，增加降水量通过刺激土壤生物进行生命活动而对土壤呼吸产生正效应，加速土壤有机碳排放，制约草原土壤有机碳储量及其动态平衡（杨红飞等，2012）。通常认为，微生物量碳与降水量和土壤湿度正相关。可能是由于干旱会抑制土壤有效含水量，降低物质运移，从而减少分解者底物供给，导致土壤微生物量下降（Ren et al.，2018；Zhang et al.，2018a）。

（3）土壤呼吸

土壤碳库每年通过土壤呼吸向大气释放的碳量高达 68×10^{15} g（侯琳等，2006）。土壤呼吸是土壤碳库输出和 CO_2 从陆地生态系统进入大气的主要途径（Li et al.，2018b），其微小的变化对土壤碳汇和大气 CO_2 浓度产生重要影响（Kato et al.，2006；葛怡情等，2019）。土壤排放 CO_2 的速率远大于吸收 CO_2 的速率，所以一般情况下，土壤呼吸主要指土壤净释

放的 CO_2（刘立新等，2004）。土壤呼吸是整个陆地生态系统呼吸的重要生态过程，对调控全球气候变化下陆地生态系统碳循环有关键作用（Davidson et al.，2002）。因此对土壤呼吸作用过程进行研究，对认识全球碳循环具有重要的科学意义。

降水量变化作为全球气候变化研究的重要内容之一，其对土壤呼吸速率的影响已得到了广泛关注，特别是在极端干旱或者湿润地区（Wu et al.，2011）。降水作为土壤水分的主要来源，对地下生物化学过程具有重要的调控作用（Austin et al.，2004；向元彬等，2017）。研究发现，降水对土壤呼吸的促进作用引起的碳排放增量可以达到土壤呼吸碳排放总量的 16% ~ 21%（Lee et al.，2002）。降水量变化通过直接改变土壤含水量以及间接影响植物根系和土壤微生物的代谢活动（Wang et al.，2021；鲍芳和周广胜，2010），影响土壤呼吸组分和总呼吸速率（Liu et al.，2016；陈骥等，2013；郭文章等，2021），从而对区域生态系统碳循环产生影响（Reichmann & Sala，2014）。如研究发现，降水量变化下土壤呼吸速率与地上植物生物量呈正相关，但与土壤总碳含量呈负相关（Zhang et al.，2019a）。

在极端降水模式下，降水事件对土壤呼吸速率的影响主要由降水量和土壤本底水分条件决定（Zhao et al.，2021）。增加降水量可以有效改善土壤水分有效性，进而有利于植物地下部分生长、刺激微生物活动（Wan et al.，2001），从而增强土壤呼吸作用（Zhang et al.，2021c；王兴等，2022）。但当土壤水分达到一定阈值后，过度增加降水量可能会造成土壤透气性下降（Knapp et al.，2008）及养分淋溶流失（Schuur，2003；杨青霄等，2017），导致土壤呼吸速率下降。也有研究结果显示，不同降水处理下荒漠草原土壤呼吸速率的月动态在 7 月会达到峰值（崔海和张亚红，2016；王忠武等，2020）。这是因为荒漠草原 7 月降水较其他月份充足，而且气温也适宜植物生物量的积累，植物根系生长旺盛，土壤含水量的增多可能会增强土壤酶活性和微生物活性，导致植物根系呼吸和土壤微生物呼吸释放的 CO_2 增加，从而促进了土壤呼吸作用（王祥等，2017）。

一些研究总结了土壤呼吸对降水量改变的响应规律，认为增加降水对土壤呼吸有促进作用，减少降水量则会对土壤呼吸有负效应（Zhou et al.，2016；刘涛等，2012；管超等，2017），并且土壤呼吸速率在增加降水量处理下的提高量高于在减少降水量处理下的降低量（杨青霄等，2017），但极端增加降水量则可能会抑制土壤呼吸。例如，王旭等（2013）对呼伦贝尔草甸草原的研究表明，增加降水量可能导致土壤呼吸速率出现降低趋势。一方面可能是由于降水增加土壤水分的可利用性，土壤水分影响土壤呼吸对温度的敏感性（李寅龙等，2015）。另一方面水分的大量增加会引起土壤孔隙通透性变差，土壤中 CO_2 向空气释放的通道受到阻碍，导致土壤呼吸速率呈现降低趋势（张丽华等，2009；王忠武等，2020）。Holt 等（1990）在澳大利亚昆士兰季节性热带干旱草原的研究也取得了类似的结果。由此可知，土壤含水量对土壤呼吸作用的影响存在阈值。干旱半干旱环境下，短期内增加降水量，刺激了植物和微生物对水分的利用，植物根系和微生物呼吸作用增强，进而促进土壤呼吸作用；长期增水条件下，土壤透气性降低，进而抑制土壤呼吸作用（李新鸽等，2019）。

（4）生态系统碳交换

降水量调控着植物光合作用及微生物活性，因此与植被生产力和生态系统碳储量密切相关，其格局的改变将影响陆地生态系统碳循环和碳收支平衡。降水量通过影响 ER 与 GEP 两个过程改变 NEE。研究发现，降水量减少时，在部分生态系统中 ER 与 GEP 均呈现出降低的趋势，且 ER 的降低幅度小于 GEP 的降低幅度，最终生态系统碳交换表现为净碳排放（Ballantyne et al.，2012）。反之，降水量减少对生态系统碳交换无影响或者表现为净碳吸收（Griffis et al.，2004）。在干旱半干旱生态系统，短期适度增加降水量对 GEP 与 ER 具有促进作用，且 GEP 的增加幅度高于 ER，故呈现净生态系统碳吸收（Niu et al.，2008）。

降水量变化下，土壤含水量通过直接影响植物根系与微生物生理过程、间接影响底物供应与气体扩散来影响土壤呼吸作用（Liu et al.，2016），且土壤呼吸作用对水分的依赖性会随着环境水热限制因子的变化而改变。土壤呼吸作用的变化会直接导致 ER 的改变，进一步影响到 NEE。已有研究发现，降水量的增减对生态系统碳交换各组分的影响不一致，这可能是由于研究区域气候类型及土壤质地存在差异（Yan et al.，2010；Yan et al.，2011）。此外，不同植物种对水分利用能力以及适应土壤含水量变化范围存在差异，导致植物群落优势物种组成发生改变，加剧了降水量变化对 NEE 影响的不确定性（Niu et al.，2008；Koerner et al.，2014）。

1.2.4.2 大气氮沉降增加

大量研究强调了环境变化对陆地关键碳循环的重要性。特别是对于氮受限的生态系统。人为氮沉降在刺激植物生长、影响植物物种多样性、改变土壤呼吸、决定碳分配和不同生态系统相应的碳储存模式方面起着关键作用（Vitousek & Howarth，1991；Christensen et al.，2004；Liu et al.，2010a；Liu et al.，2010b）。尽管由于不同的地理条件，得出的结论不同，甚至有争议（Jiang et al.，2004；Fang et al.，2008；Niu et al.，2010），但这些研究为深刻理解氮沉降对关键碳循环过程的影响提供了有力的数据支撑。为揭示草地生态系统结构和功能对外源氮输入的响应及其机制，生态学家在全球草地生态系统开展了大量氮添加控制实验。然而，早期的实验大多仅设置氮添加和对照两个处理（Neff et al.，2002）。事实上，持续氮输入会使生态系统经历从"氮限制"到"氮饱和"再到"氮过量"的过程，进而可能导致生态系统结构和功能呈非线性变化（吕超群等，2007；Niu et al.，2016；Peng et al.，2020）。

氮沉降对陆地关键碳循环过程的影响主要体现在对光合固碳过程和呼吸释碳过程的影响。氮添加使土壤中可利用性氮增加，缓解植物普遍承受的氮限制，提高细胞中叶绿素含量，刺激植物光合作用，增加植被生产力，促进植物对大气 CO_2 的固定和转化（Stevens et al.，2015），从而缓解气候变化（Pregitzer et al.，2008；Quinn et al.，2010）。例如有研究表明，1981～2000 年氮诱导的碳封存可以补偿中国 25% 左右的化石燃料 CO_2 排放（Fang et al.，2007）；氮添加也可以通过刺激植物生长促进生态系统呼吸，影响植物叶片 CO_2 交换（LeBauer & Treseder，2008；Li et al.，2015；杨晓霞等，2014）。此外，添加氮会抑制土壤分解速率、根系呼吸（Bowden et al.，2000；Ambus & Robertson，2006）、微生物量和微生物活性（Schneider et al.，2004；Chen et al.，2016a），由此抑制土壤向大气释放 CO_2。因此，氮添加通常会提高陆地生态系统的净初级生产（CO_2 吸收）速率。一般来说，如果一个生态系统固定的碳比它释放的碳多，那么这个生态系统将充当大气 CO_2 的汇，或者"碳汇"。相反，当其排放量超过其吸收量时，它充当"碳源"（Fang et al.，2007）。碳源汇作为解释地球大气碳循环过程的重要指标，对于深入理解碳循环如何响应全球变化具有重要意义。氮循环和碳循环相互依存，共同构成生物地球化学循环和能量流的基础（Cleveland & Liptzin，2007），氮沉降升高会改变全球碳循环（Chapin et al.，2009）。

（1）植物碳库

植被生产力是草原生态系统功能的核心与基础（Migliavacca et al.，2021；Yan et al.，2023）。早期的研究表明，大多数草原初级生产力在一定程度上受到氮供应的限制（Vitousek & Howarth，1991），因此氮沉降增加深刻影响着草原植物生长、碳固持乃至生态系统碳循环（Lü et al.，2012a；肖胜生等，2019）。虽然已有大量的研究报道了氮沉降增加对草原碳动态的影响，但由于复杂的地理条件和多样的施氮方法，关于植物碳库对氮添加的响应机制仍存在广泛争议。研究表明，氮添加对草原植物生物量增加具有显著的促进作用（Harpole et al.，2008；Luo & Weng，2011），对提高草原生态系统碳汇具有积极作用。原因主要是氮添加减轻了植物生长过程中的氮限制，使得植物叶片中氮浓度攀升，光合作用随之增强、生物量随之提高（Wang 等，2019a）。氮添加可使植物群落结构发生改变，引起凋落物质量变化（即氮添加有利于高品质低木质素含量凋落物分解，而抑制低品质高木质素含量凋落物分解），影响凋落物分解过程，从而影响土壤碳循环（贾丙瑞，2019）。

氮沉降影响草原生态系统生产力的强弱不仅取决于氮输入的持续时间、总量、形式，还与植物敏感程度和非生物条件密切相关（Guo et al.，2016；Tian et al.，2016a；Yue et al.，2016）。在受氮限制的草原生态系统，氮沉降增加会通过刺激植物生长，提高植物生产力（Xiao et al.，2018；Song et al.，2019）。Stevens 等（2015）使用国际多尺度数据集显示，氮沉降与草原生态系统中 $1m^2$ 水平上观察到的地上净初级生产力正相关。氮输入持续时间会对生态系统初级生产力产生显著影响。氮饱和假说认为，低氮情境下净初级生产力随氮输入量增加呈增加趋势，并在氮输入达到氮饱和点时出现峰值；当氮输入超过氮饱和点之后净初级生产力下降（Aber et al.，1989；Aber et al.，1998）。和氮饱和假说一致，来自氮添加控制实验的观测证据显示草地生态系统净初级生产力随氮输入量增加整体呈现"先上升后饱和"的变化趋势（Bai et al.，2010；Tian et al.，2016a）。高氮引起的磷限制会导致氮对生产力的促进效应减弱。比如，在青藏高原高寒草原，随着氮添加量增加植物磷限制加剧是导致净初级生产力下降的主要原因（Peng et al., 2017 b）。

氮沉降增加正在改变全球陆地生态系统生物多样性（Galloway et al., 2008b；Bobbink et al., 2010），影响凋落物分解过程，从而影响植物碳输入。特别是在草原生态系统中，长期氮沉降导致植物物种丰富度显著降低和生态系统功能明显改变（Ma et al., 2021；Yang et al., 2022a；Zhao et al., 2022）。生态学家们已经提出了几种机制来解释植物物种随着氮沉降增加而减少（Harpole & Tilman, 2007；Hautier et al., 2009；Borer et al., 2014）。对资源的竞争，特别是对光、空间和土壤资源的竞争，导致的竞争排斥常常被认为是植物物种丰富度下降的原因之一（Hautier et al., 2009；Band et al., 2022；张世虎等, 2022）。除了资源竞争排除，施氮引起的土壤酸化也是导致草原植物物种多样性降低的重要原因（Tian & Niu, 2015；DeMalach, 2018；Tian et al., 2022）。氮诱导的植物物种丰富度丧失反过来会对植物碳输入、凋落物分解碳释放、生态系统生产力（Tilman et al., 1996；Hector et al., 1999）和稳定性（Pfisterer & Schmid, 2002；Bai et al., 2004；Tilman et al., 2006）产生显著影响。

（2）土壤碳库

土壤碳库是陆地生态系统最大的碳汇。理解氮沉降增加下土壤碳库及其稳定性的响应格局，对于准确预测生态系统碳循环及未来气候变化至关重要（杨元合等, 2022）。土壤碳库包括有机和无机碳库，其中有机碳库及其组分是全球碳循环中重要的流通途径，是地表最具活性的碳库，目前大多数研究也是通过有机碳库的变化趋势表征草原土壤碳库的动态变化。然而，在全球范围内，氮添加对草原土壤有机碳的影响仍存在不确定性（Chen et al., 2021；贺云龙等, 2018a）。相关研究中，氮添加下草原土壤有机碳有增加（Riggs et al., 2015）、减少（Fang et al., 2014）或无变化（Lu et al., 2011a）等 3 种表现。还有部分研究表明，只要将氮添加量控制在草原氮载荷以内，所有施氮措施均有可能增加土壤有机碳（Fang et al., 2014）。为了定量评价外界环境变化下土壤有机碳库的稳定性，早期国内外学者提出了碳库活度、活度指数、碳库指数和碳库管理指数等来表征土壤碳库稳定性大小（Blair et al., 1995）。近年来，许多研究使用轻组有机碳、颗粒有机碳、可溶性有机碳、易氧化有机碳和微生物量碳来表征土壤活性有机碳变化（Ramesh et al., 2019）。

目前，有关氮沉降是否抑制土壤碳封存仍存在广泛争议。在一些生态系统中，氮肥显著刺激了土壤碳积累（Deng et al., 2018；Lu et al., 2021a；Xu et al., 2021a）。但在其他生态系统中，氮添加导致土壤碳损失（Neff et al., 2002；Mack et al., 2004；Khan et al., 2007）。研究表明，氮添加使植物地上、地下和凋落物碳库分别增加了 35.7%、23.0% 和 20.9%（Lu et al., 2011b）。氮添加促进植物地下部分生长（Tilman & Wedin, 1991），增加凋落物和根系残体输入（Chen et al., 2018；Ye et al., 2018；凌小莉等, 2021），使得植物碳输入增加，进而引起土壤总有机碳库积累（Ziter & MacDougall, 2013；Ye et al., 2018）。另外，氮添加引起土壤酸化、铝毒和碱性盐基离子的丧失，导致微生物量下降

（Ye et al.，2017），进而抑制微生物对土壤颗粒态有机碳的降解（Song et al.，2014）。此外，氮添加会降低真菌生物量和氧化酶活性分泌（Lu et al.，2021a；贺云龙等，2018a），导致降解难分解化合物的微生物比例及活性下降，最终造成土壤总有机碳积累（Fornara & Tilman，2012）。

相反，来自印度高寒草甸的结果显示，施用 2 年氮肥后，根系生物量下降（Ram et al.，1991）。Zeng 等（2010）在科尔沁沙地开展的长期研究表明，氮添加对生态系统碳库整体无显著影响，这主要因为氮添加后地上植被碳库的增加被地下根系碳库的减少所抵消。氮添加时间长度也会对土壤碳库变化产生不同影响。例如，多梯度氮添加实验显示，中短期氮添加（小于 10 年）通常难以观察到土壤有机碳库的显著变化（Song et al.，2014；Chen et al.，2021），而超过 10 年以上施氮处理的研究则发现土壤碳库随氮添加梯度呈现"先增加后饱和"的响应规律（Fornara & Tilman，2012；Ye et al.，2018）。土壤碳库及其组分的变化取决于氮添加引起的植物生长介导的碳输入增加和微生物分解介导的碳输出下降之间的平衡（Davidson & Janssens，2006）。氮沉降可以通过缓解氮限制来促进温带土壤中微生物的生长（Zhou et al.，2017），从而加速土壤碳消耗。由于各种竞争过程的复杂相互作用和高度时空变异性，氮诱导的土壤固碳变化有着不一样的研究结果。

作为土壤有机碳中较活跃且易变化的一部分，微生物量碳对氮添加水平和年限响应不同，进而影响土壤有机碳储量对氮添加的响应。贺云龙等（2018a）发现随着氮沉降的增加，微生物量碳呈现先增加后降低的变化趋势。特别是在较长施肥年限的试验中，延长施氮年限反而不利于微生物量碳累积。一方面，土壤可利用氮的增加阻碍了植物光合产物向根系分配。另一方面，土壤活性氮的累积引起微生物碳限制和碳需求增加。此外，土壤氮素累积过量导致土壤酸化，对微生物生长及其活性产生毒害作用。微生物碳利用效率指微生物将从土壤有机质中获取的碳转化为生物量碳的效率。长期氮输入可能会使生态系统养分限制类型发生转变（Peñuelas et al.，2013），从而影响微生物碳利用效率。多梯度的氮添加实验一致表明，微生物碳利用效率沿施氮梯度呈线性增加趋势（Liu et al.，2018c；Yuan et al.，2019；Feng et al.，2022）。氮添加引起的土壤碳氮可利用性增加可能会提高微生物碳利用效率（Manzoni et al.，2012）。根据生态化学计量内稳性理论，微生物会通过提高碳利用效率来增加体内碳浓度，进而在高氮环境中维持体内的碳氮平衡（Sterner & Elser，2002；Manzoni et al.，2017）。同时，氮输入背景下土壤碳可获取性会随着矿物保护作用的减弱而增加，进而会导致微生物碳利用效率增加（Feng et al.，2022）。此外，微生物可能会增加耗能代谢途径以克服氮输入引起的环境胁迫（如土壤酸化、铵毒、铝毒、营养性盐基离子缺乏等）（Treseder，2008），进而导致碳利用效率下降（Jones et al.，2019；Horn et al.，2021）。

目前国内外研究学者针对土壤有机碳组分已开展了大量研究工作，这些研究工作目前主要集中于研究不同植被恢复方式（Liu et al.，2020；乔磊磊等，2019；王兴等，2023）、施肥方式（Muhammad et al.，2021；徐曼等，2021；张久明等，2021）、森林管理方式

（Lewandowski et al.，2019；Song et al.，2021）、土地利用类型（Guimarães et al.，2013；Ajami et al.，2016）、冻融（Zhang et al.，2018b；Xiao et al.，2019；董闯等，2018；李富等，2019）、放牧（Coonan et al.，2019；刘丝雨等，2021）以及增温（Liu et al.，2018b；奚晶阳等，2019；王兴等，2023）等对土壤有机碳组分的影响研究。然而，土壤有机碳及其组分对这些全球变化因子的响应规律和影响机制还缺乏深入的理解，相关研究还存在一定争议（Ramesh et al.，2019）。例如，Grandy等（2013）对美国中西部农田生态系统研究发现，施氮肥对土壤总有机碳、轻组有机碳和易氧化有机碳含量无显著影响；而Chen等（2020）发现氮添加对亚热带森林土壤颗粒有机碳和矿质结合态有机碳存在相反的影响，即氮添加显著降低了微生物量碳和矿质结合态有机碳，增加了土壤颗粒有机碳含量，但对土壤总有机碳无显著影响；祁瑜等（2015）对内蒙古克氏针茅研究发现，短期低氮添加可以促进土壤颗粒有机碳和有机碳矿化速率，而高氮添加则会降低土壤颗粒有机碳含量、抑制有机碳矿化潜势，而整体对土壤矿质结合态有机碳和总有机碳无显著影响；总的来讲，目前土壤有机碳组分研究大多集中于森林和农田生态系统，对于草原生态系统涉及较少。土壤有机碳组分对不同氮输入响应规律不一，以及有关氮添加对草原土壤机碳组分的长期研究较少。

（3）土壤呼吸

作为陆地生态系统碳循环最关键的组分之一，土壤呼吸对氮沉降的响应会影响生态系统碳循环和大气 CO_2 浓度，从而对全球变化产生反馈作用。然而相关研究结果报道不一。例如，Bowden等（2000）认为氮添加对土壤呼吸的影响主要表现在延缓土壤有机质矿化、降低土壤呼吸 CO_2 损失等方面；Jiang等（2010）则发现，氮沉降倾向于减少青藏高原高寒草甸的 CO_2 排放，但氮沉降引起的所有差异均不显著；Brumme和Beese（1992）观察到，随着氮输入量的增加，土壤呼吸略有增加。施氮有促进土壤 CO_2 外流的趋势，且这种效应随施氮水平的增加而增加，之后 CO_2 的流出量保持不变（LeBauer & Treseder，2008）。综合来看，氮添加下土壤呼吸由生物因素（植被类型、光合作用、根系生物量以及凋落物质量和产量）和非生物因素（土壤水热条件和其他理化性质）共同调控（李耸耸等，2018）。

氮沉降通过改变植物生长、土壤化学元素组成（Chen et al.，2017），对土壤呼吸和陆地生态系统碳循环过程产生影响（杨泽等，2020）。目前，国内外学者在草原土壤呼吸响应氮沉降增加方面已积累了丰富的研究成果，但不同生态系统土壤呼吸的响应格局不同。在内蒙古羊草草原的氮添加试验表明，适量的氮添加对土壤呼吸速率具有显著正效应（Li et al.，2021）。Zhou等（2014）对54个草原氮添加试验进行了综合分析，发现氮添加明显促进了土壤呼吸速率，使其平均提高了7.8%。在内蒙古典型草原，历经10年氮添加处理后，土壤呼吸速率随着氮添加的增加而显著降低（杨泽等，2020）。这可能是由于在试验初期氮添加明显促进了植物生长，使得外界输入土壤的碳量增多，一定程度上刺激了土壤自养呼吸，从而提高了土壤总呼吸速率（Fang et al.，2018）。但长期施用氮肥会通过影响土壤酸碱度及其他因素改变微生物群落结构，进一步抑制土壤异养呼吸（Kosonen et al.，2019）。还有研究认为氮添加对土壤呼吸速率没有影响（Allison et al.，2008；珊丹等，2009）。这与氮添加下自养呼吸组分和异养呼吸组分响应格局有关。例如，研究表明氮添加刺激了半干旱草原自养呼吸或异养呼吸，从而提高了土壤总呼吸速率（Zhou et al.，2021；Zhang et al.，2022）；其他研究则发现氮添加抑制了自养呼吸（Yang et al.，2022b）或异养呼吸（Wilcots et al.，2022），进而降低了总呼吸速率。

氮沉降对草原土壤呼吸的影响程度依赖于氮处理强度。研究认为，氮添加对土壤呼吸速率的影响存在一定阈值，过低或过高的土壤氮含量可能会抑制土壤呼吸速率（Li et al.，2021；杨泽等，2020）。进一步文献梳理显示，氮添加梯度下，土壤呼吸大致可分为单调递增（Luo et al.，2016）、单调递减（Ward et al.，2017；Wang et al.，2019b）、单峰（Peng et al.，2017a；Wang et al.，2020b）、U 形（Picek et al.，2008）和无显著关系（Raposo et al.，2020）。这种不一致的一个潜在原因是其两个成分对氮输入的不同反应。其中，自养呼吸沿氮梯度一般呈单峰趋势（Peng et al.，2017a）。这一趋势主要与植物光合作用沿着氮梯度的变化趋势有关。当氮充足时，低水平氮添加会缓解植物氮限制，促进植物光合作用（LeBauer & Treseder，2008；Peng et al.，2020），减少植物地下碳的分配，抑制根系呼吸（Phillips & Fahey，2007；Janssens et al.，2010），最终导致自养呼吸速率下降。相比之下，在高度氮限制的环境中，土壤氮有效性的增加会增加地下碳的分配，从而提高根系呼吸（Xia & Wan，2008；Liu & Greaver，2010）。在不同草原生态系统中，均观察到异养呼吸沿氮梯度的下降趋势（Peng et al.，2017a；Yang et al.，2019；Wang et al.，2020b）。高氮输入可能增加微生物碳利用效率（Riggs & Hobbie，2016）和碳限制（Ning et al.，2021）、降低微生物量（Zhang et al.，2018c）和多样性（Zhang et al.，2021d）、抑制酚氧化酶活性（Riggs & Hobbie，2016），从而降低异养呼吸。但也有研究表明施氮对异养呼吸没有影响（Chen et al.，2017）。

（4）生态系统碳交换

氮沉降增加导致草原植物多样性降低（Johansson et al.，2012；Tang et al.，2017；沈芳芳等，2019；王攀等，2019）、物种组成发生改变（杨倩等，2018）以及其他元素限制性加剧（Elser et al.，2009）。因此，氮沉降增加对生态系统碳交换的影响将可能依赖于植被结构以及土壤养分条件等环境因子。目前，已有较多国内外研究学者探讨了氮添加如何影响生态系统碳交换。然而，不同地区所处气候环境、土壤状况、植被组成存在差异，导致氮添加对生态系统碳交换的影响有着截然不同的结果（Jiang et al.，2012；Kivimäki et al.，2013；Zhang et al.，2013a；Tian et al.，2016a；Moinet et al.，2016）。一些研究学者指出氮添加会不同程度地影响植物功能性状（Xia et al.，2009），从而增加生态系统碳吸收（Niu et al.，2009；Xia et al.，2009），刺激生态系统碳交换过程（Cheng et al.，2009；Luo et al.，2017；Shi et al.，2018；Wu et al.，2021a），而另外部分学者认为氮添加对碳交换组分没有显著影响甚至是负面影响（Bubier et al.，2007；Jiang et al.，2013；Zhang et al.，2015；Su et al. 2020b）。

生态系统碳循环及碳收支平衡是由碳吸收与释放两个主要过程共同决定的，即通过植物的光合作用（GEP）吸收大气中的 CO_2 并通过呼吸作用（ER）返回到大气中的过程（哈斯木其尔等，2018）。因此，生态系统碳交换的动态变化决定了生态系统碳收支平衡状况。目前，较多学者对草原 ER 与 GEP 这两个过程如何响应氮添加进行了一系列的模拟研究，发现氮添加对生态系统碳交换的影响存在阈值，过低或者过高的土壤氮含量可能会抑制生态系统碳交换各组分（齐玉春等，2015；游成铭等，2016；文海燕等，2019；孙学凯等，2019）。同时，部分研究利用模型预测（Pepper et al.，2005）和样带研究等方法间接估算了氮添加对 NEE、ER 与 GEP 的影响。然而，生态系统碳交换各组分如何响应氮添加并没有得到一致的结论。例如，在内蒙古草甸草原（哈斯木其尔等，2018）和黄土高原典型草原（文海燕等，2019）的氮添加试验表明，一定剂量氮添加对 NEE 有显著正效应；而在内蒙古羊草草原（翟占伟等，2017）的研究发现，过量氮添加会抑制植物的净光合速率，对 NEE 存在负效应；还有一些研究认为氮添加对 NEE 无影响（Harpole et al.，2007；Bubier et al.，2007）。

1.2.4.3　降水格局改变和大气氮沉降增加的交互作用

（1）植物碳库

降水介导着氮素效应，尤其在干旱半干旱区（Lü et al.，2012b）。因此，降水和氮沉降的交互作用对草原生态系统碳库与碳排放有着极其重要的影响。一般而言，降水量及氮添加的交互作用能显著提高植物地上群落生物量和总生物量（Gao et al.，2011）。可能是因为土壤在干旱条件下会限制养分的迁移和传输，随着降水量增多，土壤养分限制逐渐得到缓解，土壤养分有效性得到提高，促进了土壤向植物运输养分，最终提高了生态系统生产力（Niu et al.，2009；刁励玮等，2018）。但也有研究表明，不同植被类型的生物量对于降水量和氮添加交互作用的响应存在差异，呈增加、减少或先增加后减少的趋势（Ren et al.，2017；李文娇等，2015）。此外，降水量、氮添加及其交互作用对生态系统碳循环的影响还表现在其对凋落物分解的影响上。二者及其交互作用，一方面，改变凋落物分解时微生物生命活动以及生化反应速率而直接作用于凋落物分解；另一方面，通过改变植物形态、化学成分以及生理构造对凋落物分解过程产生间接影响。

（2）土壤碳库

在降水量和氮添加交互作用的影响下，土壤含水量和元素含量均会发生改变，进而影响土壤微环境，导致土壤有机碳发生变化。研究表明，土壤中较低的矿质态有效氮和较高的 C：N 可使土壤有机碳分解速率减缓（Li et al.，2010），从而导致土壤有机碳积累；而降水量变化和氮添加会对土壤碳矿化产生一定影响，从而改变土壤碳动态。例如，土壤湿度升高有利于土壤氮矿化、提高植物氮利用效率（Xia & Wan，2008），从而控制土壤有机碳分解速率，影响土壤有机碳含量。在水分和土壤氮含量受限制区域，适当的降水和氮添加会减缓这种限制，提高土壤微生物活性及其含量，从而促进土壤微生物量积累（朱灵等，2020）。张玉革等（2021）在我国干旱半干旱草原生态系统进行的降水和氮添加试验表明，二者交互作用下研究区土壤微生物量显著高于氮添加处理，这说明降水能有效减缓氮添加对微生物生长的负面影响。

（3）土壤呼吸

降水量和氮添加是影响土壤呼吸速率的重要因素（Yan et al.，2020），且氮素对土壤呼吸速率的影响强烈依赖于降水（Wang et al.，2019c），但土壤呼吸速率对两者交互作用的响应存在不确定性。降水量的增减和氮添加能够改变土壤水分含量、通透性和养分含量，影响植物与微生物对水分和养分的竞争利用，从而影响土壤呼吸速率（Chen et al.，2017；Wang et al.，2021）。目前，国内外学者关于土壤呼吸对降水量和氮添加的响应机制已有一定的研究积累（Han et al.，2017；Wang et al.，2019c；秦淑琦等，2022），然而相关研究尚未得到统一的结论。开展荒漠草原土壤呼吸对降水量及氮添加的响应机制研究，探究荒漠草原土壤呼吸动态变化及其规律，对于深入理解干旱半干旱区草原生态系统碳循环如何响应全球变化具有重要意义。

有研究发现，降水和氮添加交互作用下不同区域对土壤呼吸速率的影响存在差异：干旱地区氮添加能够促进土壤呼吸速率（Zhu et al.，2016）；但在较湿润地区，水分的限制程度低，降水量增加对土壤呼吸速率的影响较弱，而氮添加会提高植被地上净初级生产力，降低土壤水分含量，从而抑制土壤呼吸速率（陶冬雪等，2022）。对内蒙古短花针茅草原整个生长季的研究表明，相同降水量条件下氮添加处理的平均土壤呼吸速率相对较低，说明氮添加对土壤呼吸速率有抑制作用；但在降水量减少时期，氮添加可作为土壤呼吸速率的主要影响因子，且对土壤呼吸速率变化具有一定的促进作用；增加土壤湿度与提高土壤氮含量改善了土壤性质和生物生境，驱动着土壤呼吸的变化（李寅龙等，2015）。综合来看，降水量和氮添加会改变植物生物量和多样性以及土壤性质，从而间接影响土壤呼吸速率，但二者交互作用的相关研究较为缺乏，尤其是在极端降水量变化下。因此有必要开展相关研究，以便进一步深入探讨草原生态系统碳循环过程对降水格局改变和氮沉降增加的响应。

（4）生态系统碳交换

降水量和氮添加对草原生态系统植物生物量、植物多样性以及土壤性质的影响会间接改变生态系统碳交换过程，但相关研究还非常缺乏，尤其极端降水量变化下。氮添加产生的效应一般会依赖于水分条件，但二者的交互作用受到时间累积效应的影响（白春利等，2013）。由于不同植物种的光合策略以及对水分和养分响应的敏感性存在差异，干旱和养分限制能够引起植物群落结构的改变，因此降水量变化和氮添加能够导致土壤中水分、通透性和养分含量的改变，进而影响植物群落组成（沈芳芳等，2019），最终引起植物群落光合固碳能力发生改变。同时，降水量增减和氮添加能够影响植物与微生物对水分和养分的竞争利用以及土壤呼吸作用，最终导致 ER 改变（Knapp et al.，2015）。对内蒙古典型草原的研究表明，氮添加对生态系统碳交换各组分的影响依赖于降水量的变化，且 NEE 的改变程度取决于 ER 以及 GEP 的改变程度（Yan et al.，2011）。

1.2.5　环境变化下草原生态系统碳循环过程的影响机制

1.2.5.1　植物生物量和多样性

植被生产力、多样性及其内在联系一直是生态学和相关学科聚焦的话题之一。广泛认为，植物多样性在生产力相对低下时与其正相关，在生产力相对较高时与其负相关（Adler et al.，2011；Sello et al.，2019）。草原生态系统受降水和土壤氮限制（Bai et al.，2010；陈敏玲等，2016），植物种类少、群落结构简单，生态系统稳定性差。降水量变化及氮添加均会影响草原植物对养分的利用策略，改变植物生物量、多样性和结构（郭永盛，2011；孙晓芳等，2013；赵新风等，2014；王斌等，2016）以及生态系统稳定性（王军锋等，2020），进而直接影响植被–土壤系统碳动态（贾丙瑞等，2005）。因此，深入分析降水量变化和氮添加下植物生物量的动态变化，系统揭示植物生物量与多样性的内在联系，是准确评估全球变化背景下草原生态系统碳源汇功能的基础（方精云等，2010）。

然而，植物群落结构对降水量改变和氮沉降的响应具有不确定性。不同植物种对水分和养分的吸收利用策略、适应土壤含水量和养分变化范围的能力不同，导致植物群落优势物种组成间的差异，从而加剧了降水格局改变和氮沉降增加对植物群落结构乃至生态系统碳循环影响的不确定性（Koerner et al.，2014）。一方面，植物对水分和氮素的吸收利用率决定其生长状况和叶片固氮能力（贺云龙等，2018a；沈豪等，2019），间接影响植物叶片光合能力和植物呼吸作用，进而改变生态系统碳交换能力；另一方面，降水量和氮添加通过改变土壤含水量和养分含量，增强植物和微生物之间的资源竞争（王楠楠等，2013），影响微生物活性，改变微生物呼吸作用（沈豪等，2019），进而影响 ER。一些研究认为，适当的水分和氮添加可以缓解植物生长所受到的水分和氮限制，对植物地上部分生长起到促进作用（王晶等，2016；杜忠毓等，2021）；但过量水分和氮添加导致土壤通透性降低，引起氮富集，间接影响微生物活性，从而对植物群落结构和多样性产生抑制作用（Niu et al.，2018；苗百岭等，2019）。

与降水格局改变（如生长季降水频率和平均单次降水量大小）相比，降水量的改变对植物多样性的影响较弱（Harpole et al.，2007），但也不同程度地改变了植物多样性（李长斌等，2016；何远政等，2021）。降水越丰沛的地带，植物物种丰富度越高，因此年降水量作用重大（Li et al.，2012；李瑞新，2017）。植物地上净初级生产力代表植物光合作用积累有机物的能力。降水量的增加，一方面，增强了植物养分有效性，促进植物生长和光合作用，直接增强植物根系活动，促使凋落物积累量增加，从而促进植物地下部分呼吸（Wang et al.，2019a）；另一方面，促进凋落物进入土壤，微生物活动需要的底物增加，进而可以促进土壤呼吸作用、提高土壤呼吸速率（孙岩等，2017）。有研究显示，植物都有最适宜自身活动的群落结构和土壤养分含量。物种的群落组成也是影响土壤呼吸的一个重要因素，但其对土壤呼吸的影响存在阈值，当植物多样性指数与土壤理化性质越接近适宜范围，植物的根系活动就越旺盛，越有利于刺激土壤呼吸作用、加速土壤碳释放（Wang et al.，2019c）。

氮添加是调控植物群落特征变化的高效手段。施氮肥可通过提高土壤资源有效性、增加土壤肥力等途径，加大植物内部竞争力度，改变植物群落结构（郭永盛等，2011），进一步引起植物地上生产力变化（Payne et al.，2017；张燕等，2007）。Elser 等（2007）和 Harpole 等（2011）分析了大量已发表数据，发现陆地生态系统植物生物量对氮添加的协同反应。Steudler 等（1991）针对潮湿森林开展的模拟氮沉降增加的短期结果表明，初始氮输入提高了森林生产力，增加了凋落物生物量及其分解率，提高了土壤碳释放。Magill 等（1997）指出施用氮肥增加了温带森林土壤呼吸，并认为这与施肥地块中植物地上生物量、凋落物生物量和立根生物量的增加有关。相关分析表明，氮添加通过提高植被地上净初级生产力，增强植物对土壤水分的消耗，从而抑制土壤呼吸作用（陶冬雪等，2022）。由此可见，植物地上生物量、根系生物量、凋落物质量及产量，这些环境因子与氮沉降的交互作用通常会对生态系统碳循环产生复杂的影响（Jiang et al.，2021；李耸耸等，2018）。

1.2.5.2 植物 C∶N∶P 生态化学计量特征

碳是组成植物细胞的结构性元素，氮和磷是植物生长的限制性养分元素。植物 C∶N∶P 生态化学计量特征在一定程度上能够表征生态系统碳元素积累特征和氮、磷养分限制情况（Bell et al.，2014）。植物 C∶N∶P 生态化学计量特征不仅可以反映土壤碳、氮、磷的供应情况，而且可以影响凋落物分解，从而决定了微生物活动底物的供应情况，最终对土壤呼吸产生调控作用。降水量变化和氮添加下，植物 C∶N∶P 生态化学计量特征的变化会改变植物地下部分生长和微生物活动（Enriquez et al.，1993；Yuan et al.，2015），进而影响土壤呼吸速率。

在大多数草原生态系统，水分是限制植物生长的重要因子之一。降水量通过改变土壤水分有效性，影响植物养分利用策略，从而直接改变植物 C∶N∶P 生态化学计量特征。土壤中氮、磷等养分的可利用性在干旱条件下会降低，植物对氮、磷等养分的吸收受到限制。随着降水量的持续增加，土壤淋溶作用增强，土壤中氮、磷损失增加（尤其氮），也会导致土壤氮和磷受限性增强，使得植物对氮、磷等养分的摄取能力降低，从而影响植物生物量和多样性（朱湾湾等，2020）。因此，探讨植物 C∶N∶P 生态化学计量特征对降水量变化和氮添加的响应格局、分析植物 C∶N∶P 生态化学计量特征与植被−土壤系统碳循环关键过程的关系，将有助于深入探究生态系统碳循环过程对降水格局改变和氮沉降增加的响应机制。

1.2.5.3　土壤 C：N：P 生态化学计量特征

土壤 C：N：P 生态化学计量特征是全球变化生态学的重要研究内容，反映了土壤有机碳水平与养分供给状况（Tian et al.，2010），体现了生态系统功能的变异特征，可以作为确定土壤碳、氮、磷循环及其耦合特征的重要指标（王绍强和于贵瑞，2008）。土壤 C：N：P生态化学计量特征取决于养分需求和养分供应间的动态平衡。一般来说土壤 C：N：P生态化学计量特征具有相对内稳性，其平衡特征对维持生态系统结构及功能具有重要意义。然而，近年来随着全球变化进程的加快，这种平衡关系可能会逐渐趋于解耦，进而对生态系统产生负效应（Peñuelas et al.，2012；Yang et al.，2014）。因此，探讨土壤 C：N：P生态化学计量平衡对降水量变化和氮添加的响应，有助于揭示生态系统C：N：P生态化学计量平衡的内在机制（王绍强和于贵瑞，2008）。

近期研究表明，通过分析碳与土壤碳、氮、磷平衡关系的变化规律，可为深入揭示降水格局改变和氮沉降增加下草原生态系统碳排放和固持的响应机制提供新视角（朱湾湾等，2021a；李冰等，2023）。降水量和氮沉降可改变土壤有机质分解和养分迁移转化等过程，从而影响土壤 C：N：P 生态化学计量特征（朱湾湾等，2019）。有研究发现，土壤 C：N：P生态化学计量特征是判断土壤质量和养分供应能力的重要指标（赫凤彩等，2019），降水量变化和氮沉降增加直接影响土壤环境和生态系统碳、氮、磷等物质的循环过程（Tian et al.，2016b；尉剑飞等，2022）。另外，降水量变化和氮添加下土壤C：N：P平衡关系的改变也会通过影响植物根系和微生物养分摄取、改变植物根系和微生物活性来改变土壤呼吸作用（秦淑琦等，2022）。

在全球变化背景下，土壤 C：N：P 生态化学计量特征能够直接影响植物的生长发育，因此趋于解耦的土壤元素平衡关系最终会直接作用于植物群落结构，进而影响植物的光合固碳能力，改变生态系统碳交换。另外，土壤 C：N：P 平衡关系能够引起微生物调整自身 C：N：P 平衡特征（Mooshammer et al.，2014），即改变微生物养分利用状况以及微生物生理活动，影响微生物呼吸作用，进而间接改变生态系统碳交换能力。此外，降水量变化和氮添加下土壤 C：N：P 平衡关系的改变也会影响植物和微生物之间的资源竞争，影响植物根系和微生物活性，改变植物根系呼吸和微生物呼吸作用，进而改变 ER（王楠楠等，2013）。因此，探讨降水量变化和氮添加下土壤 C：N：P 元素平衡特征对于生态系统碳交换组分的相对作用大小，有助于从土壤元素生态化学计量平衡角度揭示降水格局改变和氮沉降增加对荒漠草原关键碳循环过程的影响机制。

1.2.5.4　微生物量 C：N：P 生态化学计量特征

作为植物生长过程中养分循环的重要调控者，土壤微生物可表征陆地生态系统土壤质量变化、指示土壤发育状况和植被演替。微生物量 C：N：P 生态化学计量特征对于外界环境的变化较为敏感，是衡量生态系统稳定性的主要指标之一（Mooshammer et al.，

2014）。微生物量既是土壤有机质转化和循环的动力，也是土壤养分的储存库。在土壤全碳、全氮和全磷中，微生物量所占比例极少，但微生物具有较高的养分转化能力，是影响土壤肥力以及植物营养的重要参数（闫钟清等，2017a）。同时，微生物直接或间接地参与了绝大部分的土壤生物化学过程，对生态系统物质循环和能量流动有着重要贡献。微生物量取决于土壤养分供给以及养分需求间的动态平衡。多数研究表明，微生物量 C∶N∶P 生态化学计量特征亦具有相对的内稳性（Yang et al.，2014）。然而随着全球变化（如降水格局改变和氮沉降增加）的加剧，这种平衡关系可能会逐渐趋于解耦，进而对关键生态系统过程产生负面影响（Li et al.，2017）。微生物作为元素转换的中间介导者，在植被–土壤系统元素循环中起着重要的桥梁作用。因此，探讨微生物量 C∶N∶P 生态化学计量平衡对降水量变化和氮添加的响应，有助于揭示生态系统元素平衡关系的内在机制（王绍强和于贵瑞，2008）。

降水量和氮添加能够直接改变草原土壤水分含量、养分含量以及土壤透气性，刺激微生物生理活动（闫钟清等，2017a），从而改变土壤呼吸速率。短期内，增加降水量会刺激微生物对于水分的利用，促进微生物呼吸作用；长期增加降水量可能导致土壤透气性和温度降低，抑制微生物呼吸作用（李新鸽等，2019）。较低的氮添加水平会增加微生物氮吸收和固持，减少植物与微生物之间的氮素竞争，导致微生物量增加（岳泽伟等，2020）。适度氮添加能够促进微生物对养分的吸收利用，刺激微生物活性（生理生态过程），增强微生物呼吸作用（王泽西等，2019），进而影响 ER 和土壤呼吸速率（杨泽等，2020）。但过量的氮添加会改变土壤微环境，抑制微生物生长和活性，造成微生物量降低（He et al.，2011）。因此，探讨降水量变化和氮添加下微生物量 C∶N∶P 元素平衡特征对于生态系统碳交换组分的相对作用大小，有助于从微生物元素生态化学计量平衡角度深入揭示降水格局改变和氮沉降增加对荒漠草原生态系统碳循环的影响机制。

1.2.5.5　土壤基础性质

（1）土壤物理性质

降水量制约着土壤湿度，从而对生态系统碳循环产生影响（Bernacchi & Vanloocke，2015；穆少杰等，2014）。降水量变化通过影响土壤含水量、植物水分利用效率、植物地上/地下生物量分配、土壤碳输入，显著改变植物群落结构、微生物活动和土壤呼吸作用（Chapin et al.，2011；Vicca et al.，2014；刘涛等，2012）。研究发现，较低的土壤水分会导致植物生长和微生物活性受到限制，且微生物呼吸的有机底物减少，植物根系呼吸和微生物呼吸减弱（Yoon et al.，2014；Hu et al.，2016），使得土壤呼吸作用受到抑制（陈荣荣等，2016）。当土壤水分含量升高，植物根系活动和微生物活性增强（Wang et al.，2014b），可供微生物呼吸利用的底物增多（Fissore et al.，2008），土壤呼吸受水分的抑制作用减弱。当土壤含水量大于田间持水量、土壤达到饱和或积水状态，土壤通透性降低，微生物和植物根系呼吸减弱（Liu et al.，2014）。同时，植物和微生物呼吸作用产生的 CO_2

在土壤中释放时受阻（陈亮等，2016），土壤呼吸进一步受到抑制，且这种抑制作用随着土壤水分含量的升高而增大（杜珊珊等，2016）。

增加降水量可以降低土壤温度（Yan et al., 2011），有利于植物生长和根系生物量增加，从而显著影响土壤呼吸作用（刘涛等，2012）。降水量变化下，土壤温度上升可加速土壤有机质降解、提高微生物活性，有利于土壤 CO_2 排放，进而提高土壤呼吸速率；土壤温度下降，则不利于土壤有机质降解、微生物活性增强、土壤 CO_2 排放，最终阻碍土壤呼吸作用速率（徐淑新等，2010）。有研究证实，降水格局改变背景下，降水量的增加对高温导致的土壤水分散失有一定程度的缓解作用，但土壤呼吸作用并不一定会受到显著影响，而不同降水量减少处理条件下土壤呼吸速率差异显著（杨青霄等，2017）。

一般来说，氮添加主要通过改变土壤温度、土壤水分等环境因子，直接或间接调控土壤碳库及其组分变化。例如，Feng 等（2018）对中国草地的研究表明，土壤温度和水分的组合因子可以更好地预测干旱半干旱地区土壤呼吸。此外，许多研究证明土壤温度和含水量同样也是影响生态系统碳交换组分的重要环境因子（Huff et al. 2015；Hasi et al. 2021）。生态系统碳交换组分对养分添加的响应程度和敏感性也取决于生态系统水热条件，只有在水分和温度超过一定阈值时，养分添加才能对生态系统碳交换组分产生显著影响（Zhang et al. 2015；Hasi et al. 2021）。

（2）土壤化学性质

降水量变化和氮添加引起的土壤化学性质不同程度的改变会直接或间接影响到土壤元素循环，进而影响到土壤碳库与碳排放。土壤 pH 通过对微生物酶的调控作用影响土壤呼吸。如果土壤 pH 大于 7，pH 升高会抑制 CO_2 形成。如果土壤 pH 低于 7，pH 升高则会对 CO_2 的产生有正向作用（Curtin et al., 2020）。多数研究证明，土壤呼吸速率会随着土壤有机碳含量的增加而增加；并且土壤有机质作为土壤微生物活动的基础，同时也会对土壤其他化学性质产生影响。土壤氮、磷等养分含量与植物生长和微生物活动等生物化学过程也有一定联系，与土壤呼吸强弱密切相关（王楠楠等，2013）。有研究结果显示，增加降水量条件下，土壤 pH、速效磷、全氮和 C∶N 呈升高趋势；除 pH 之外，其他各项指标受降水量影响显著（闫钟清等，2017a）。此外，氮添加会增加草原生态系统土壤有效氮浓度，使土壤 pH 下降；土壤磷主要来自于有机质分解。氮添加通过影响凋落物分解间接地影响土壤有效磷浓度（王肖已等，2020）。

氮添加下土壤有机碳库的稳定机制主要包括：①金属氧化物、无机氮离子和黏土矿物/有机碳的结合。例如 NH_4^+ 和 NO_3^- 能够结合到有机质骨架中，生成微生物难以降解的化合物（杂环氮化合物），或者通过氮键生成酚聚合物，进而促进土壤有机碳的积累；②土壤有机质的化学稳定性。土壤有机质通常由多种复杂的有机分子单体和化合物组成。不同组分的化学结构差异导致土壤有机质化学稳定性千差万别（方华军等，2019）。例如，Feng 等（2010）利用 1H-NMR 波谱和 PLFA 技术研究发现，施氮降低美国杜克森林矿质层土壤真菌/细菌比和革兰氏阴性/阳性细菌（G−/G+）比，增加木质素酚中酸/醛比，提高矿质层土壤木质素的降解；同时，施氮促进木质素、脂肪类有机质的微生物降解，导致植物源难分解结构（如烷基碳）在土壤中富集。类似地，Pisani 等（2015）也发现氮素富集增加北美哈佛森林凋落物层植物源碳输入，提高木质素氧化程度，导致矿质层土壤植物源烷基碳和微生物源有机质富集。然而，Cusack 等（2010）发现施氮增加低海拔热带森林土壤革兰氏阴性细菌丰度，导致活性的烷氧基碳显著下降；Xu 等（2017）发现氮添加下亚热带马尾松林土壤 CO_2 排放增加与烷氧基碳的损失有关，长期氮沉降会增加凋落物残体的耐分解性和植物残体碳积累。

（3）土壤生物学性质

作为土壤生态系统的组分之一，土壤酶与物质循环和能量流动密不可分。土壤水分通过直接参与土壤生化反应或影响微生物与植物根系活动作用于土壤酶活性。除此之外，土壤含水量还牵动着土壤含氧量及其淋溶作用等，从而改变酶活性。比如，增加降水量可能降低土壤含氧量，从而对酶活性产生负效应。因此，良好通气条件下的酶活性通常高于厌氧与干湿交替时的酶活性（闫钟清等，2017b）。土壤酶活性通常会受到土壤理化性质的影响。氮添加则会直接或间接作用于土壤理化性质，从而改变酶活性。郭永盛等（2011）在新疆荒漠草原进行的研究表明，氮添加提高了土壤脲酶、蛋白酶、蔗糖酶以及碱性磷酸酶活性。而且，不同水平和类型的氮添加对土壤酶活性的影响有所差别，一般低氮比中、高氮处理更能促进酶活性增加。

添加氮通常会降低微生物量和微生物活性（Treseder，2008），并抑制酶反应（Waldrop et al.，2004）。Treseder（2008）关于氮添加的一项 Meta 分析指出，氮添加可以减少大多数生态系统微生物量，引起土壤碳排放量下降、总有机碳库积累。氮沉降对微生物生长的负面影响有利于植物源碳的固持（Chen et al.，2018）。同时，微生物生长的变化也影响微生物源碳在有机碳中积累（He et al.，2011）。作为微生物合成代谢的副产品，微生物残留物可以通过吸附到矿物表面或封闭在聚集体中而选择性地保留在土壤中（Liang et al.，2017）。

（4）土壤性质的综合影响

草原生态系统土壤呼吸受多种土壤因素的影响。一方面，降水量变化下土壤含水量直接影响植物对土壤水分的利用效率（Zhang et al.，2019b），改变植物生物量（Ye t al.，2016），从而影响土壤呼吸速率（Zhang et al.，2021c）。另一方面，土壤含水量能够改变土壤透气性以及微生物活性等，间接影响土壤呼吸速率（向元彬等，2017）。氮沉降促使土壤中积累的有效性氮浓度增多。土壤 NH_4^+-N 浓度增加会促进硝化作用、降低土壤 pH（Li et al.，2021）。土壤酸碱环境的改变会影响微生物生命活动、胞外酶活性及植物根系生长等，直接和间接改变土壤呼吸速率（贾丙瑞等，2005；秦淑琦等，2022）。在干旱半干旱环境中，降水量和氮添加会通过改变土壤含水量以及元素平衡关系，刺激土壤酶分泌（王忠武等，2020），影响土壤养分有效性、植物生长和微生物活性（葛怡情等，2019），间接调控生态系统碳循环过程和固碳潜力。

草原生态系统碳交换亦受多种因素的影响（武倩等，2016）。一方面，土壤含水量随降水量变化直接影响植物对水资源的有效利用（Vicca et al.，2014），影响植物生长和呼吸作用（刘涛等，2012），进而影响生态系统碳交换（Bernacchi & Vanloocke，2015）。另一方面，土壤含水量能够改变土壤透气性以及微生物活性等，影响微生物呼吸作用，进而间接影响 ER（Wang et al.，2014b；闫钟清等，2017b）。氮沉降能够导致土壤中有效性氮浓度增多。土壤中 NO_3^--N 浓度的升高导致土壤 pH 降低（Turner & Henry，2009），土壤酸碱环境的改变能够影响植物的生长（王楠楠等，2013），间接影响植物的光合固碳能力和植物根系呼吸作用。另外，土壤氮有效性的变化也会引起植物和微生物之间的养分竞争，影响微生物生理活动，进而影响微生物呼吸作用（闫钟清等，2017a）。在干旱半干旱环境中，降水量和氮沉降量的改变会通过影响土壤含水量以及元素平衡关系，刺激土壤酶的分泌（Burns et al.，2013），影响土壤养分有效性以及植物和微生物养分利用策略（闫钟清等，2017a；张美曼等，2020），间接调控着生态系统固碳能力和植被生产力（Steenbergh et al.，2011）。

综合以上分析，降水量改变和氮添加会对土壤物理（如含水量）和化学（如 pH 和养分有效性）性质有不同程度的改变，进而对草原生态系统碳库与碳排放特征产生影响。另外，降水量及氮添加影响着土壤生物性质（如酶活性），而后者主导着土壤有机质分解与元素循环等过程。因此研究降水量变化和氮添加下土壤物理、化学、生物性质的变化，有助于深入阐明降水格局改变和氮沉降增加下植物-土壤相互作用的碳与氮、磷生态化学计量平衡的响应机理、系统分析全球变化背景下草原生态系统碳源汇关系的转化过程。

1.2.5.6　气象条件

越来越多的学者关注到气象条件等多种因素变化的综合效应。例如，一项在澳大利亚塔斯马尼亚岛东南部温带草原进行的全球变化控制试验发现，氮素有效性受到水分条件的限制，在凉爽、潮湿的季节，大量降水促使养分浸出导致氮限制增，减少甚至阻止了 CO_2 升高对生物量的刺激（Hovenden et al.，2014）。在内蒙古草原进行的一项为期 4 年的研究表明，在干旱条件下，氮对净初级生产力没有影响；但在相对湿润条件下，施用超过 10kg N·hm^{-2}，ANPP 可以提高四倍于该地区平均值（Bai et al.，2010）。Yan 等（2010）对内蒙古草原的研究也强调了水文条件在控制草原土壤呼吸方面的重要性。在未来全球变化日益加剧的情况下，生态系统碳循环过程将受到气象环境、植被特征和土壤性质等多种因素的共同影响，因此在考虑降水量变化和氮沉降对生态系统碳循环的影响时，也应综合考虑气象因子对生态系统关键碳过程的调控作用。

1.3　创　新　性

荒漠草原是草原向荒漠过渡的一类草原生态系统类型（陈林等，2021），也是我国西北干旱半干旱区主要的草原生态系统类型之一。所处区域气候特点为降水量少，蒸发量大，氮沉降临界负荷为 $1.0 \sim 2.0 \mathrm{g} \cdot \mathrm{m}^{-2} \cdot \mathrm{a}^{-1}$，可接受的氮沉降总量仅为 $0.13 \times 10^6 \mathrm{t} \cdot \mathrm{a}^{-1}$（段雷等，2002），因此对降水格局改变和氮沉降增加响应敏感。降水量和氮添加会通过改变土壤性质和植物群落结构（Yan et al.，2011；Kosonen et al.，2019），直接或间接影响植被–土壤系统碳循环。目前，已有国内学者研究了降水量（Hao et al.，2019；Yu et al.，2019b；Wang et al.，2021；贺云龙等，2018b）、氮添加（Du et al.，2019；Wang et al.，2019b；齐玉春等，2015；游成铭等，2016；葛怡情等，2019；杨泽等，2020）及其交互作用（Zhang et al.，2015；Han et al.，2017；董茹月等，2021；陶冬雪等，2022）对草原碳循环关键参数的影响，但相关研究多集中于草甸草原和典型草原，相对缺乏针对荒漠草原的相关研究，尤其是宁夏荒漠草原。

本书以宁夏荒漠草原为研究对象，以 2014 年设立的降水量变化单因素野外试验、2017 年设立的降水量变化及氮添加两因素野外试验为研究平台，研究了降水量变化及氮添加下植被–土壤系统碳循环关键参数的时间动态，并结合植物群落特征、植物–微生物–土壤 C：N：P 生态化学计量特征、其他土壤指标的变化规律，揭示降水量变化及氮添加下荒漠草原碳循环关键参数的驱动因素，以期为深入了解全球变化背景下荒漠草原碳循环的调控机制、科学评估全球变化下草原生态系统碳汇功能提供参考，在以下几个方面具有创新性。

1.3.1　降水量变化和氮添加野外试验的长期监测方面

在全国大部分区域降水量增加、氮沉降速率降低的背景下，宁夏整体上呈现出降水量减少、极端降水事件增多、氮沉降速率加快的趋势。近年来，虽然已有较多国内学者针对草原生态系统开展了降水量变化和氮添加的长期野外定位观测，但相关研究主要集中在草甸草原和典型草原，相对缺乏对荒漠草原的长期监测，尤其宁夏荒漠草原。与短期研究相比，长期定位观测可避免年际气候波动对研究结果的影响。本书依托的两个研究平台分别于 2014 年和 2017 年设立，可在更长的时间尺度上（7 年以上）揭示荒漠草原碳源/汇的响应机制，为全球碳循环联网研究提供基础数据。

1.3.2　降水量和氮添加的交互作用方面

降水和氮素是我国西北干旱半干旱区植物生长和微生物活动的主要限制因子之一。研究证实，降水在介导氮沉降效应方面发挥着重要的作用，尤其是受降水限制的草原生态系统。近年来，虽然国内学者在降水量变化和氮添加下荒漠草原的反应与适应性方面已积累了宝贵的研究成果，但降水量与氮添加的耦合作用如何影响荒漠草原尚缺乏系统的分析，尤其是极端降水量与氮添加的交互作用方面。本书依托的两个野外观测试验，既关注极端增减（增加和减少50%）降水量下荒漠草原的反应，也关注极端降水量与氮添加的交互作用，为现阶段科学评估环境变化下草原生态系统碳汇潜力提供新思路。

1.3.3 生态系统碳源/汇特征及其潜在影响因素方面

植被–土壤碳库、土壤呼吸和生态系统碳交换是影响生态系统碳汇特征的重要指标。通过梳理近年来国内针对草原生态系统碳循环如何响应长期降水量变化和氮添加的研究成果，发现这些研究主要集中在各参数的反应上，相对缺乏对多参数的系统考虑；主要集中在草甸草原和典型草原，相对缺乏针对荒漠草原的研究。本书将植被碳固持、土壤碳及其组分、土壤呼吸、生态系统碳交换视作一个系统，并从生物多样性、土壤磷有效性、C：N：P生态化学计量平衡关系等角度揭示生态系统碳源/汇的主导影响因素，为科学评估全球变化下草原生态系统碳汇潜力及其驱动机制提供新视角。

1.3.4 盐碱草原碳源汇功能的监测方面

受地理位置和人类活动的影响，荒漠草原植被稀少、生产力低下，但仍蕴藏着丰富的特有种和稀有种，在维持区域生物多样性和固碳释氧等方面发挥着不可替代的生态服务功能。西北荒漠草原区土壤 $CaCO_3$ 含量高、盐碱程度重，因此具有高的非生物碳固定潜力和无机碳汇功能，在准确估算国家尺度草原碳汇中扮演着举足轻重的角色。目前，已有较多国内学者进行了草原生态系统碳汇观测，但相关研究主要侧重于酸性和中性草原（如草甸草原和典型草原）。相对酸性和中性土壤，碱性土壤高的碳酸盐含量使得其通常具有强的酸缓冲性能。本书充分考虑了宁夏荒漠草原区氮有效性低而 $CaCO_3$ 含量高的土壤特点，尝试从植物–微生物–土壤 C：N：P 平衡关系和土壤盐基离子动态等角度，揭示盐碱土壤环境下草原生态系统碳循环对环境变化的响应机制，为系统评估不同土壤酸碱条件下环境变化效应提供新思路。

|第 2 章|　　材料与方法

2.1　研究区概况

2.1.1　地理条件

试验样地位于宁夏回族自治区吴忠市盐池县杨寨子村围栏草地内（37.80°N，107.45°E），海拔约为1367m。该区域地势西北低、东南高，属陕、甘、宁、内蒙古四省（自治区）交界地带，北部接壤毛乌素沙地，南邻黄土高原，为典型半干旱区向干旱区过渡带、重要的农牧交界地带。作为我国典型的生态脆弱区，该区域极易受到全球变化和人类活动的影响。

2.1.2　气候特征

试验样地所在的盐池县位于半干旱与干旱气候过渡带，距海较远，且受秦岭山脉阻隔，暖湿气流难以抵达，地表水资源主要补给来源为降水，具有降水少而集中、蒸发强烈、冬寒长、夏热短、温差大、日照长、无霜期短、冬春季风沙天气频繁，属于典型的温带大陆性季风气候：全年日照达2613.9h；多年平均气温为9.3℃，1月和7月平均气温分别为-5.7℃和23.7℃；多年平均蒸发量为2131.8mm；多年平均降水量为289.4mm。降水量年内变化大，季节分配极不均匀，主要集中在5~8月（黄菊莹和余海龙，2016；朱湾湾等，2021b）。2014~2020年，平均气温为9.6℃，平均降水量为337.6mm，平均风速为8.0km·h^{-1}（图2-1~图2-3）。2020~2022年，平均气温为9.8℃，月平均气温最高温出现在7月；平均降水量为256.5mm，月平均降水量分别在8月和9月达到峰值。降水量季节分配不均，多集中在6~8月（图2-4）。

2.1.3　土壤性质

土壤类型主要为灰钙土，质地主要为砂壤土和砂土，具有表土层结构松散（约30cm厚）、有机质含量低、保水保肥能力弱等特点。土壤富含CaCO$_3$，pH高（普遍高于8.3），

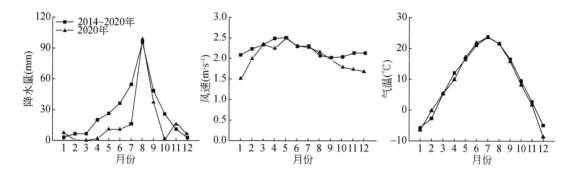

图 2-1　2014~2020 年研究区降水量、气温和风速日动态

注：气象数据来源于中国气象数据网（https://data.cma.cn/）。气象站点为盐池（52723）。下同。

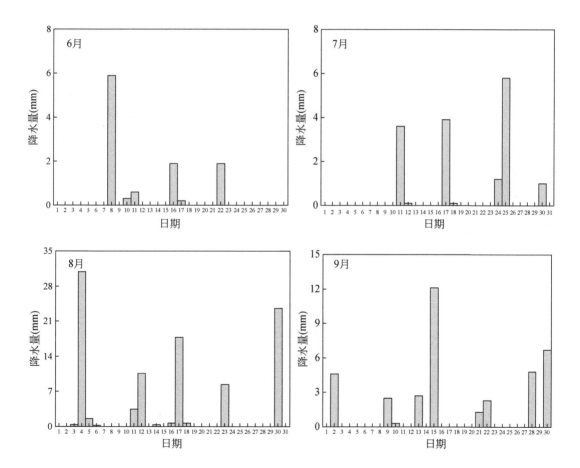

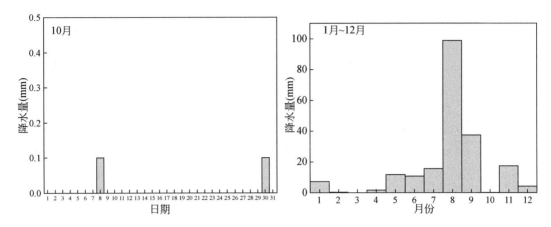

图 2-2 2020 年研究区降水量日动态

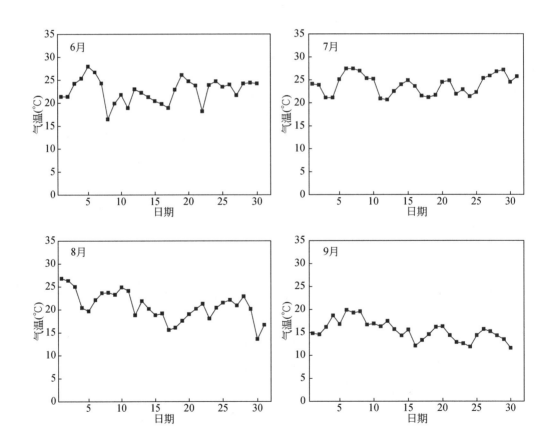

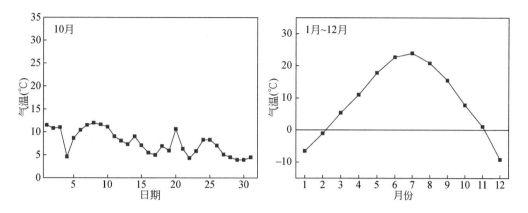

图 2-3 2020 年研究区气温日动态

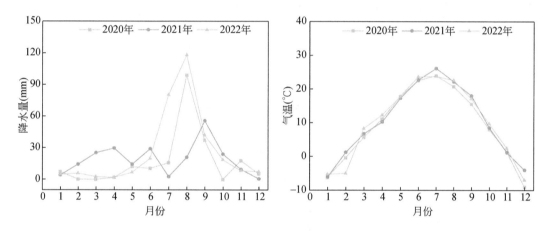

图 2-4 2020～2022 年研究区降水量和气温月动态

为中度盐碱土。土壤贫瘠，有机碳含量约为 3.70±0.11g·kg⁻¹、全氮含量约为 0.48±0.00g·kg⁻¹、全磷含量约为 0.34±0.01g·kg⁻¹、NO_3^--N 浓度约为 9.96±0.59mg·kg⁻¹、NH_4^+-N 浓度约为 1.83±0.07mg·kg⁻¹、速效磷浓度约为 2.55±0.29mg·kg⁻¹（朱湾湾等，2021b）。

2.1.4 植被组成

试验地属宁夏中部草原区过渡地带，植被类型为荒漠草原，群落结构简单，物种组成主要为适应当地干旱生境的草本和少量半灌木（图 2-5）。围栏草地自 1998 年开始封育。经过 25 年围封，围栏内草地较围栏外恢复良好，物种组成以一年生和多年生草本为主，如牛枝子（*Lespedeza potaninii*）、草木樨状黄芪（*Astragalus melilotoides*）、白草（*Pennisetum centrasiaticum*）、针茅（*Stipa capillata*）、糙隐子草（*Cleistogenes squarrosa*）、苦豆子（*Sophora alopecuroides*）、地梢瓜（*Cynanchum thesiodes*）、乳浆大戟（*Euphorbia Esula*）和阿尔泰狗娃花（*Heteropappus altaicus*）等（黄菊莹和余海龙，2016；朱湾湾等，2021a）。

图 2-5　研究区植被状况

2.2　野外试验布设

本书共涉及两个野外原位试验，分别为设立于 2014 年的降水量变化单因素试验和设立于 2017 年的降水量变化及氮添加两因素试验。

2.2.1　降水量变化单因素试验

依据野外实地考察，于 2014 年 1 月在围栏草地内选择地势平坦、植被均匀有代表性的区域作为降水量变化的野外试验样地，采用遮雨棚和喷灌装置相结合的方法，模拟降水量变化处理。降水量增减量设置以近几十年来我国西北地区西部降水量增加而东部减少的趋势为主要依据，即西部生态区（包括新疆在内）降水增加而东部生态区（包括宁夏在内）降水减少（黄小燕等，2015）。降水处理时间设置以研究区降水季节分布特征和植物生长规律为主要依据，即全年降水量主要集中在生长季的 5~8 月，植物 4 月下旬进入返青期、7 月下旬进入旺盛期。降水量处理频度参考中国科学院植物研究所在内蒙古典型草原设置的降水量变化试验而定（Xu et al., 2018），同时兼顾了野外试验的可操作性。采用随机区组设计，设置了 5 个降水量处理：减少 50%（极端减雨 144.7mm，W1）、减少 30%（适度减雨 86.8mm，W2）、自然降水（对照，W3）、增加 30%（适度增雨 86.8mm，W4）、增加 50%（极端增雨 144.7mm，W5）。每个处理 3 次重复，共计 15 个小区。每个小区面积为 8m×8m，小区四周垂直上栽 20cm 宽的彩钢板、下埋 1m 宽的塑料布，小区间留有 2m 宽缓冲带，以防止降水时雨滴溅出/入、减少地表径流和地下渗漏干扰。试验布局见图 2-6。

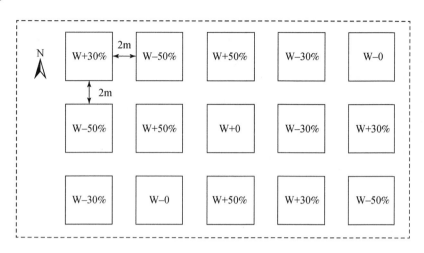

图 2-6　降水量变化单因素试验布局

降水量减少处理中（W1 和 W2），2014～2017 年使用自制的遮雨棚进行人工遮雨。因研究区全年主导风向为西北风，同时为减少遮阴，将遮雨棚设计为南北走向的 U 形结构（最高处离地约 1.6m），在其东西两侧及上方覆盖透光率大于 95% 的聚氯乙烯薄膜，以减少风力对降水的影响。晴天敞开薄膜通风以降低棚内温度，雨天依据遮雨频率敞开或覆盖。试验处理前，对研究区 2008～2013 年 5～8 月降水情况进行了统计，依据分析结果将 W1 处理的遮雨频率初步确定为每 3 次降雨中遮雨 2 次、W2 处理的遮雨频率初步确定为平均每 5 次降雨中遮雨 2 次。实地操作中，密切关注每日天气情况，采用降水降尘收集器（ISC-8）收集、记录每日降水量并统计 5～8 月的总降水量，依据每次的降雨情况和已遮掉的降雨量，对后期遮雨频率进行了微调。2014～2016 年各降水量处理实际改变的降水量和接受的总降水量见表 2-1；2017 年 1 月以来，项目组对降水量减少处理方法进行了改进，即在每个小区安装 1 个 U 形减雨架（最高点距离地面约为 1.8m），在每个减雨架上方搭建瓦面状透明聚氯乙烯板（透光率>95%）实现降水量的全年减少。实地操作时，将 20cm 宽的聚氯乙烯板按照固定间隔放置于减雨架上方，以搭建分别相当于 50% 和 30% 样方面积的遮雨面（图 2-7）。其中，W1 处理每隔 20cm 放置 1 块聚氯乙烯板。W2 处理每隔 46.7cm 放置 1 块聚氯乙烯板。

2014 年以来，采用自制的人工喷灌装置进行降水量增加的模拟处理（W4 和 W5）。于 2014 年 4 月，在增加降水量的每个小区口安装 1 个精度为 0.001m³ 水表和一个三通阀门，以便准确控制每次的喷水量；在每个小区内均匀铺设 3 条孔径为 1.2mm 的微喷带（每隔 2m 铺设 1 条），以保证增加的水量能均匀喷洒在小区内（图 2-8）。喷水时，微喷带的末端用铁丝固定以防移位。喷水结束后，收起微喷带，以避免微喷带对植物生长产生影响。

图 2-7　降水量减少处理装置

表 2-1　2014～2016 年各降水量处理实际改变的降水量和接受的总降水量

（单位：mm）

处理	项目	2014 年	2015 年	2016 年
W1（降水量减少50%）	减少的降水量	149.4	153.6	147.3
	接受的总降水量	196.8	211.9	200.4
W2（降水量减少30%）	减少的降水量	90.6	92.6	89.4
	接受的总降水量	255.6	272.9	257.3
W3（对照）	增加/减少的降水量	0	0	0
	接受的总降水量	346.2	365.5	347.7
W4（降水量增加30%）	增加的降水量	86.9	86.9	86.9
	接受的总降水量	433.1	452.4	434.6
W5（降水量增加50%）	增加的降水量	144.9	144.9	144.9
	接受的总降水量	491.1	510.4	492.6

图 2-8　降水量增加处理装置

依据试验区多年平均降水量 289.4mm，计算每个处理每年需要增加的降水量。然后，依据小区面积，将每个小区每年需要增加的降水量换算成喷水量，分 8 次平均喷入各小区中。喷水时间为每年 5 ~ 8 月，喷水频率为每 2 周 1 次。其中，W4 处理每次喷水 0.696m³（相当于 10.9mm 降水量），W5 处理每次喷水 1.160m³（相当于 18.1mm 降水量）。

2.2.2 降水量变化及氮添加两因素试验

2017 年 9 月，选取围栏草地内地势平坦、植被均匀、且具有代表性的地段作为降水量与氮添加交互作用的野外试验样地。其中，降水增减量以近年来我国西北西部降水量增加而东部减少的趋势为主要依据，同时参考了国内同类研究方法（Wu et al., 2016）。氮肥施用量以 2011 ~ 2013 年设立的氮添加原位试验观测结果为主要依据（黄菊莹和余海龙，2016；朱湾湾等，2021b），同时参考了区域氮沉降水平（顾峰雪等，2016）。试验采用随机区组结合裂区试验设计（朱湾湾，2021），主区为降水量处理，副区为氮添加处理（图2-9）。降水量共计 5 个处理，分别为：减少 50%（极端减少，W1）、减少 30%（适度减少，W2）、自然（对照，W3）、增加 30%（适度增加，W4）和增加 50%（极端增加，W5）。试验共 30 个小区，每个处理 3 次重复。每个主区面积为 8m×8m，各小区之间设置1.5m 的缓冲带。每个副区面积为 8m×4m。各主区的两个副区间周围垂直埋入 1m 深的塑料薄膜、上部插入露出地面 10cm 的彩钢板，以避免地上、地下间干扰（朱湾湾等，2021a）。

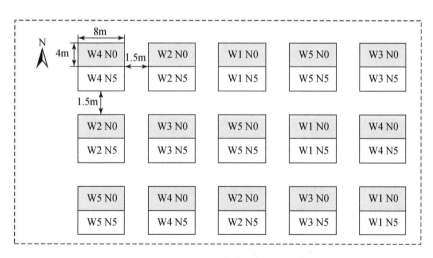

图 2-9　降水量变化及氮添加两因素试验布局

降水量减少处理使用自制减雨架实现（全年遮雨/雪）。减雨架为 U 形，上端最高点距离地面约 1.8m，用宽 15cm 的瓦面状透明聚氯乙烯板搭建分别相当于 50% 和 30% 样方面积的遮雨面，并均匀放置于减雨架上方。降水量增加处理中，在每个小区的人工喷灌装置上安装一个三通阀门和水表，以便精确控制每次的喷水量；在每个小区内每隔 2m 铺设 1 条孔径为 1.2mm 的微喷带。每个小区共铺设 3 条微喷带。喷水时，微喷带的末端用铁丝固定以防移位。喷水结束后，收起微喷带。降水增加量以多年平均降水量 289.4mm 的 30%（86.8mm）和 50%（144.7mm）进行补给。试验期间采用降水降尘收集器收集降水量，统计月降水量和年降水量。由于试验地 80% 以上的降水集中在生长季（5~10月），考虑到野外试验的可操作性，将全年需要补给的降水量分 8 次于每年 5~8 月每月上、中旬均匀喷施到小区内。其中，W4 处理每次喷水 0.696m³，W5 处理每次喷水 1.160m³。氮添加处理设置 2 个水平：0g·m⁻²·a⁻¹（N0）和 5g·m⁻²·a⁻¹（N5），所施氮肥为硝酸铵（NH_4NO_3，含纯 N34%）。施用时，将每个小区每次所需的硝酸铵溶于少许水，于每年 5~8 月每月上旬均匀喷于小区内（与喷水同步）。对照小区喷施等量的水，以避免因水分施用量不同造成的试验误差（朱湾湾等，2021a）。各试验处理在文中的简写见表 2-2。

表 2-2　试验处理及其在文中的简写

试验处理	降水量减少 50%	降水量减少 30%	自然降水量	降水量增加 30%	降水量增加 50%
0g N·m⁻²·a⁻¹	W1N0	W2N0	W3N0	W4N0	W5N0
5g N·m⁻²·a⁻¹	W1N5	W2N5	W3N5	W4N5	W5N5

2.3　样品采集与指标测定

2.3.1　植被-土壤系统关键碳循环参数获取

2.3.1.1　植物群落碳库

于 5~10 月各月上旬，在每个小区随机设置 1 个 1m×1m 小样方，齐平地面剪下样方内所有活的植物组织（图 2-10）。将收集到的地上植物群落样品带回实验室，放入烘箱中烘干（105℃下杀青 30min，然后 65℃下烘干 48h）、称重，以获得地上生物量。以旺盛期获得的地上、地下生物量之和表征净初级生产力。烘干称重后的植物地上部分研磨、粉碎过 40 目标准筛后，采用重铬酸钾容量法-外加热法测定全碳浓度，以计算碳储量（表 2-3）。

表 2-3　植物碳储量和土壤有机碳密度的计算方法

指标	计算方法	备注
植物碳储量（g·m⁻²，Cb）	Cb=αM	M 为群落生物量，α 为群落全碳浓度

指标	计算方法	备注
土壤容重（ρ）	$\rho=（M_干-M_环）/V$	$M_干$为环刀和干土重量（g），$M_环$为环刀重量（g），V为环刀容积（cm³）
土壤总孔隙度（K）	$K=（1-\rho/$土壤比重$）\times100$	ρ为土壤容重，土壤比重为2.65
土壤有机碳储量（SOC_i）	$SOC_i=C_i\times D_i\times E_i\times（1-G_i）/10$	C_i为土壤有机碳含量（g·kg⁻¹），D_i为土壤容重（g·cm⁻³），E_i为土层厚度（cm），G_i为>2mm的石砾所占的体积百分比（%）

图 2-10　植被调查与样品收集

植物地上 C 库的测定。将植物群落地上部分放入烘箱中烘干（105℃，杀青 30min；然后 65℃，烘干 48h）、称重，以获得其生物量。烘干称重后的植物群落地上部分研磨、粉碎过 40 目标准筛后，采用重铬酸钾容量法–外加热法测定植物群落全碳浓度，并计算地上植物碳储量（程积民等，2012）。

2.3.1.2　土壤碳库及其组成

于每年 5～10 月各月上旬，采用土钻法（钻头直径为 5cm）收集每个小区 0～10、10～20、20～30、30～50 和 50～70cm 土层的土壤样品，每层取四钻混匀作为一个样品。每个样品过 2mm 筛后分为两部分：一部分自然风干后，用于测定全碳、有机碳、轻组有机碳、易氧化有机碳、溶解有机碳、颗粒有机碳；另一部分 4℃下冷藏保存，用于测定微生物量碳。土壤无机碳由全碳和有机碳之差估算。

其中，全碳采用 TOC 分析仪法；有机碳和轻组有机碳采用重铬酸钾容量法–硫酸外加热法；易氧化有机碳采用 $KMNO_4$ 氧化法；溶解有机碳采用紫外分光光度法；称取 1 份过 2mm 标准筛的风干土样 20g，把土样放在 100mL $（NaPO_3）_6$（5g·L⁻¹）的水溶液中，手摇 15min 后用震荡器（90r·min⁻¹）震荡 18h。震荡好的土壤悬液过 53μm 标准筛，用蒸馏水冲洗干净后转移至烧杯中，放入65℃烘箱内烘干称量。通过分析烘干样品中有机碳含量，计算颗粒有机质中有机碳含量；微生物量碳的测定采用氯仿熏蒸法。称取过2mm筛的新鲜土样2份，一份进行氯仿熏蒸，一份不进行熏蒸。熏蒸与未熏蒸的土壤样品用0.5mol·L^{-1} K_2SO_4溶液振荡浸提30min。浸提液用中速定量滤纸过滤，并通过0.45μm微孔滤膜，用总有机碳分析仪测定微生物量碳；此外，采用100cm³环刀法测定土壤容重，以计算土壤有机碳储量（表2-2）。

2.3.1.3 土壤呼吸

采用便携式土壤呼吸测定仪（LI-8100A，LI-COR，Nebraska，USA）进行土壤呼吸速率的测定。于2019年4月上旬，将直径20cm、高11cm的PVC环安置于每个小区，嵌入位置为每个小区内靠近中心区域，入土7cm左右，垂直高出地面4cm左右。安装时，尽可能避免破坏周围土壤与环外植物，并用剪刀清除掉环内植物。整个试验期间，土壤呼吸环的位置保持不变。每次测量前一天剪除环内地表活体植物，以避免其对土壤呼吸监测数据产生影响。

于每年5~10月，选择晴朗无云的天气进行土壤呼吸速率日动态的测定（7：00~9：30、9：30~12：00、12：00~14：30、14：30~17：00和17：00~19：30），每10天监测1次，每月测定3次（图2-11）。测量时，将探头垂直于地表插入土壤呼吸环20cm左右的土壤中。每次测量时尽量保持在同一位置点插入。如遇新冠疫情、仪器（多位同学使用一台土壤呼吸仪）、天气（如刮风、下雨）等人力不可控情况的影响，实际测定时间适当提前或延后。分别采用LI-8100附带的土壤热电偶探头（LI-8100-201，LI-COR，Lincoln，USA）和TDR-300（Spectrum Technologies，Plainfield，USA）同步测定表层（0~10cm）土壤温度和含水量。

图2-11 土壤呼吸数据采集

2.3.2 植被-土壤系统碳循环的潜在影响因素

2.3.2.1 植物因素

于每年 8 月上旬，在每个小区随机设置 3 个 1m×1m 的小样方用于植被调查和样品收集，记录小样方内物种组成、数目、高度、密度等。调查结束后，齐平地面剪下样方内所有活的植物组织，清除枯枝落叶等杂质后，按物种归类分装于信封袋中，带回实验室烘干称重（65℃，48h），以获得各物种生物量。群落生物量为各物种生物量之和。参考张金屯（2004）计算物种多样性（表 2-4）。所有烘干植样，按小区混合为一个样，经研磨、粉碎过 40 目标准筛后，采用凯氏定氮法测定全氮浓度、钼锑抗比色法测定全磷浓度。

表 2-4 植物群落多样性和 C∶N∶P 生态化学计量特征的计算方法

指标	计算方法	备注
种 i 重要值（P_i）	P_i =（相对生物量+相对高度+相对密度）/3	
Patrick 丰富度指数（R）	$R=S$	S 为物种数
Shannon-Wiener 多样性指数（H）	$H=-\sum_{i=1}^{s} P_i \ln P_i$	P_i 为种 i 重要值
Pielou 均匀度指数（E）	$E=H/\ln S$	S 为物种数
Simpson 优势度指数（D）	$D=\sum_{i=1}^{s} P_i^2$	P_i 为种 i 重要值
碳储量（g·m^{-2}，Cb）	$Cb=\alpha M$	M 为群落生物量，α 为群落全碳
C∶N∶P 生态化学计量特征	全碳、全氮、全磷、C∶N、C∶P、N∶P	
元素内稳性指数（H）	$[Y]=cX^{1/H}$	Y 和 X 分别是植物和土壤碳、氮、磷及其计量比；c 是常数

2.3.2.2 土壤因素

于 8 月上旬，在每个小区采用 100cm^3 环刀法收集用于测定容重和总孔隙度的土壤样品，采用土钻法收集用于测定其他指标的 0～20cm 土壤样品（图 2-12）。收集时，在各小区内用环刀切割未扰动的自然状态土样，使其充满环刀；在每个小区内用土钻（内径为 5cm）收集各层土壤样品，每层取四钻混匀为一个样品。计算土壤容重和孔隙度时，设环刀重为 W_0、体积为 V，将野外新鲜取样的环刀称湿重 W_1，充分吸水直至饱和后称饱和重 W_2，将土壤中的重力水排出后称重 W_3，烘干至恒重后称干重 W_4，最后通过以下公式计算相关指标：

$$土壤容重 = (W_4 - W_0)/V \tag{1}$$

$$土壤总孔隙度 = (W_2 - W_4)/V \times 100\% \tag{2}$$

$$土壤毛管孔隙度 = (W_3 - W_4)/V \times 100\% \tag{3}$$

$$土壤非毛管孔隙度 = (W_2 - W_3)/V \times 100\% \tag{4}$$

$$土壤毛管孔隙度 = 总孔隙度 - 非毛管孔隙度 \tag{5}$$

图 2-12   土壤样品收集与测定

针对土钻法收集到的新鲜土壤样品，取 10g 左右采用烘干称重法测定含水量；采用沙维诺夫湿筛法测定团聚体（原状土）。剩余部分混匀过 2mm 标准筛后再分为两部分。一部分 4℃下冷藏保存，用于无机氮浓度（NH_4^+-N 和 NO_3^--N）、速效磷浓度、微生物量和酶活性的测定。另一部分自然风干后，用于 pH、电导率、全氮含量和全磷含量的测定。

土壤各指标的测定主要参考鲍士旦（2000）和鲁如坤（2000）。其中，采用梅特勒 S230 电导率仪和梅特勒 S220 多参数测试仪测定 pH 和电导率；采用凯氏定氮法测定全氮含量；采用钼锑抗比色法测定全磷含量；采用连续流动分析仪（Auto Analyzer 3，SEAL Analytical GmbH，Hanau，Germany）测定 NH_4^+-N 和 NO_3^--N 浓度；采用 0.5mol·L^{-1} $NaHCO_3$ 法测定速效磷浓度；参考微生物量碳含量的测定方法，分别采用氯仿熏蒸-K_2SO_4 提取-流动注射氮分析仪器法和氯仿熏蒸-K_2SO_4 提取-Pi 测定-外加 Pi 矫正法测定微生物量氮和磷浓度；采用 3，5 二硝基水杨酸比色法测定蔗糖酶活性；采用苯酚钠-次氯酸钠比色法测定脲酶活性；采用对硝基苯磷酸盐法测定磷酸酶活性；采用微孔板荧光法测定微生物碳获取（β-1,4-葡糖苷酶、纤维素二糖水解酶、α-1,4-葡糖苷酶和 β-1,4-木糖苷酶）、氮获取（β-1,4-N-乙酰葡糖胺糖苷酶和亮氨酸氨基肽酶）和磷获取（碱性磷酸酶）酶活性，多功能酶标仪测定荧光值。以土壤有机碳、全氮和全磷含量计算土壤 C∶N∶P 生态化学计量特征相关指标。以微生物量碳、氮、磷浓度计算微生物量 C∶N∶P 生态化学计量特征相关指标。

2.4　数据处理与分析

2.4.1　降水量变化单因素试验

2.4.1.1　2019 年土壤呼吸速率及其影响因素

采用重复测量方差分析（Repeated-measurement ANOVA）研究降水量、测定时间及其交互作用对土壤呼吸速率、含水量和温度的影响；采用单因素方差分析（One-way ANOVA）研究降水量对土壤呼吸速率、土壤性质和植物特征的影响。分析前，对各指标进行方差齐性检验。若方差为齐性，选用最小显著差异（LSD）法，否则选用 Tamhane's T2 法。采用 Origin 2021 进行图的绘制。在 Origin 中，采用指数回归模型描述土壤呼吸速率与土壤温度的关系，采用线性回归方程模型拟合土壤呼吸速率与土壤含水量的关系（丁金枝等，2011）：

$$SR = ae^{bT} \cdots \tag{6}$$
$$SR = a + bW \cdots \tag{7}$$

式中，SR 为土壤呼吸速率（$\mu mol \cdot m^{-2} \cdot s^{-1}$）；$T$ 为土壤温度（℃）；W 为土壤含水量（%）；a 和 b 为常数。

采用 R 4.1.2 软件中 vegan 包进行数据的方差分解。因环境因子（土壤性质和植物特征）间存在共线性，使用方差膨胀因子（VIF<10）进行变量剔除。为获得各组环境因子对土壤呼吸速率独立的解释力以及组间共同的解释力，将土壤性质分为土壤理化性质（含水量、温度、pH、有机碳、NH_4^+-N、NO_3^--N，命名为 X1）、土壤生物学性质（蔗糖酶活性和微生物量，命名为 X2）以及植物多样性（Shannon-Wiener 多样性指数和 Pielou 均匀度指数，命名为 X3）等 3 组作为解释变量，以土壤呼吸速率作为响应变量，用 var.part 函数进行方差分解。

为了进一步分析降水量变化下环境因子对土壤呼吸速率的直接和间接影响，采用 R 软件中 lavaan 包构建结构方程模型。考虑到土壤因子众多，将其归为土壤物理性质（含水量和温度）、化学性质（pH、电导率、有机碳、全氮、全磷、NH_4^+-N、NO_3^--N、速效磷）和生物学性质（蔗糖酶活性、脲酶活性、磷酸酶活性、微生物量碳、微生物量氮、微生物量磷）3 个潜变量。选取植物生物量和多样性（Shannon-Wiener 多样性指数、Patrick 丰富度指数、Pielou 均匀度指数、Simpson 优势度指数）作为植物因子的观测变量。基于理论知识构建初始模型，使用 R 软件中 plspm 包进行潜变量筛选及数据标准化，剔除标准载荷（loading）小于 0.5 的土壤因子（Lopatin et al.，2022）。依据模型拟合度发现，土壤化学性质中 pH、电导率、有机碳、速效磷的拟合结果最优；土壤生物学性质中，蔗糖酶活性、脲酶活性、磷酸酶活性、微生物量碳的拟合结果最优；植物多样性指标中，Patrick 丰富度指数的拟合结果最优。结构方程采用最大似然估计法，使用卡方（χ^2）检验评估模型的适合度，即以卡方检验 $P > 0.05$、标准化残差均方根（RMSEA）< 0.05、相对配适指数（SRMR）< 0.05 和拟合优度指数（GFI）> 0.95 评估模型拟合程度（Zuo et al.，2016）。

2.4.1.2　2020 年土壤呼吸速率及其影响因素

数据统计分析采用 SPSSAU。其中，采用 K-S 检验进行数据正态分布检验；采用三因素方差分析（Three-way ANOVA）比较降水量、测定时间段、测定月份及其交互作用对土壤呼吸速率的影响；采用单因素方差分析比较土壤呼吸速率、土壤性质、植物特征在不同降水量处理间的差异。若方差为齐性，选用 LSD，否则选用 Games-Howell 法；采用线性回归方程拟合土壤呼吸速率与土壤性质（物理、化学和生物学性质）和植物特征（生物量、多样性和 C∶N∶P 生态化学计量特征）之间的关系。挑选与土壤呼吸速率有显著线性关系的土壤和植物因子进行岭回归分析。采用 Origin 2018 进行图的绘制。

2.4.1.3　2020 年植物生物量和多样性及其影响因素

通过 Excel 2016 软件对数据进行初步整理。运用 IBM SPSS Statistics 26 对数据进行统计分析：采用两因素方差分析（Two-way ANOVA）研究降水量、测定月份及其交互作用对植物群落生物量和多样性的影响；采用单因素方差分析比较植物生物量（群落和种群）和多样性在降水量处理间的差异。如果方差为齐性，采用 LSD 进行多重比较。反之，则采用 Games-Howell 法。通过 OriginPro 2021 绘制各指标柱状图。采用 Canoco5 进行植物生物量和多样性与土壤因子对应关系的冗余分析（RDA）。分析时，先将所有数据用 log（$x+$ 1）转换，分别以植物生物量和多样性为响应变量，以所有土壤因子为解释变量，依据解释变量前项选择，剔除影响力较小的解释变量后进行 RDA，并通过蒙特卡洛置换检验得出每个环境因子的条件效应（朱湾湾等，2021a）。

2.4.2　降水量变化及氮添加两因素试验

2.4.2.1　2019 年生态系统碳交换

数据统计分析采用 SPSS 19.0。首先，采用 K-S 检验进行数据正态分布检验；其次，采用裂区设计方差分析比较降水量、氮添加及其交互作用对生态系统碳交换各指标、植物生物量、植物多样性、土壤和微生物量 C∶N∶P 生态化学计量特征的影响；采用三因素方差分析比较降水量、氮添加、测定月份及其交互作用对植物生物量、植物多样性、土壤以及微生物量 C∶N∶P 生态化学计量特征的影响；采用单因素方差分析，分别对相同氮添加水平下各指标在不同降水量处理间、相同降水量下各指标在不同氮添加处理间的差异性分析。若方差为齐性，选用 LSD，否则选用 Games-Howell 法；采用线性回归方程进行生态系统碳交换指标与植物生物量、多样性以及微生物量 C∶N∶P 生态化学计量特征之间关系的拟合。采用 Sigmaplot 12.0 进行图的绘制。采用 Canoco 5.0 进行生态系统碳交换指标与土壤因子对应关系的 RDA。分析前，先对数据进行 Log 转换，以减少数据间差异。以全部土壤因子为解释变量，以生态系统碳交换指标为响应变量，依据解释变量前项选择，剔除影响力较小的解释变量后进行 RDA。

2.4.2.2　2021 年植物碳库、土壤碳排放及其影响因素

数据统计分析在 SPSS 28.0 中完成。采用裂区设计方差分析比较降水量、氮添加及其交互作用对植物群落全碳和地上植物碳储量、土壤有机碳及其组分、土壤呼吸速率的影响。采用单因素方差分析比较各指标在降水量处理间和氮添加处理间的差异。分析前，对数据进行方差齐性检验。若方差为齐性，选用 LSD 法，否则选用 Games-Howell 法。采用 R 4.1.3 构建结构方程模型。构建前，先通过 Pearson 相关系数检验法探究植物地上碳库、土壤有机碳库和土壤呼吸速率与植物群落特征和土壤性质的相关性，然后挑选与植物地上碳库、土壤有机碳库和土壤呼吸速率有显著相关性的环境因子构建结构方程模型，综合分析这些因子对植物地上碳库、土壤有机碳库和土壤呼吸速率的直接影响和间接影响。采用 Origin 2018 和 Origin 2021 对分析结果作图。

2.4.2.3　2022 年土壤呼吸速率及其影响因素

采用 SPSS 26.0 进行数据统计分析。其中，采用两因素方差分析研究降水量和氮添加及其交互作用对土壤呼吸速率的影响；采用单因素方差分析降水量及氮添加对土壤呼吸速率、土壤性质和植物群落特征的影响。分析前，对各指标进行方差齐性检验。若方差为齐性，选用 LSD 法，否则选用 Games-Howell 法。采用 Pearson 相关性分析土壤呼吸速率与植物群落特征和土壤性质的关系，并用 Origin 2021 进行图表绘制。

采用 R 4.2.2 软件中 vegan 包 var. part 函数对数据进行方差分解。为获得植物群落特征、土壤性质和微生物量 C∶N∶P 生态化学计量特征对土壤呼吸速率独立的解释力以及组间共同的解释力，使用方差膨胀因子（VIF<10）剔除各环境因子间的共线性变量。响应变量为土壤呼吸速率，解释变量为土壤性质（命名为 X1，包括含水量、温度、pH、电导率、NH_4^+-N、NO_3^--N、速效磷、有机碳、全氮、全磷、蔗糖酶活性、脲酶活性、磷酸酶活性）、微生物量 C∶N∶P 生态化学计量特征（命名为 X2）、植物群落特征（命名为 X3，包括生物量、Patrick 丰富度指数、Shannon-Wiener 多样性指数、Simpson 优势度指数、全碳、全氮、全磷、C∶N、N∶P）。

　　为了进一步分析降水量变化和氮添加下环境因子对土壤呼吸速率的直接和间接影响，采用 AMOS（IBM SPSS Amos 21.0）构建结构方程模型。依据 Pearson 相关性分析得到的结果，采用 SPSS 26.0 进行主成分分析（PCA）获得土壤酶活性的第一主成分（PC1）用于随后的结构方程模型，PC1 解释了土壤酶活性变化总方差的 74.81%。基于理论知识构建模型，结构方程采用最大似然估计法进行参数估计，使用卡方（χ^2）检验评估模型的适合度。

第3章 降水量变化及氮添加下植物碳库特征

3.1 降水量及氮添加对植物地上碳库的影响

3.1.1 植物群落全碳

裂区方差分析结果表明（表3-1），降水量对植物群落全碳有极显著影响（$P<0.01$），氮添加对植物群落全碳无显著影响（$P>0.05$），二者的交互作用对植物群落全碳有显著影响（$P<0.05$）。

表3-1 降水量及氮添加对 2021 年植物地上碳库的影响

变异来源	自由度	植物群落全碳	植物群落碳储量
降水量	4	**41. 462**[**]	16. 172[**]
氮添加	1	1. 562	3. 153
降水量×氮添加	4	**5. 115**[*]	9. 227[**]

注：表中数据为 F 值。* 和 ** 分别代表显著性水平小于0.05 和0.01。

降水量和氮添加对植物群落全碳的影响程度不一［图3-1（a）］。$0g \cdot m^{-2} \cdot a^{-1}$ 的氮添加下，与自然降水量相比，减少和增加50%降水量显著降低了植物群落全碳（$P<0.05$）。$5g \cdot m^{-2} \cdot a^{-1}$ 的氮添加下，与自然降水量相比，减少30%和增加降水量均显著提高了植物群落全碳（$P<0.05$）。相同降水量处理下，氮添加在自然降水量时显著降低了植物群落全碳（$P<0.05$）。

3.1.2 植物群落碳储量

裂区方差分析结果表明（表3-1），降水量对植物群落碳储量有极显著影响（$P<0.01$），氮添加对植物群落碳储量无显著影响（$P>0.05$），二者的交互作用对植物群落碳储量有极显著影响（$P<0.01$）。

降水量及氮添加对植物群落碳储量的影响程度不一［图3-1（b）］。$0g \cdot m^{-2} \cdot a^{-1}$ 的氮添加下，增加50%降水量时地上植物碳储量达到最大值23.48g · m^{-2}。与自然降水量相

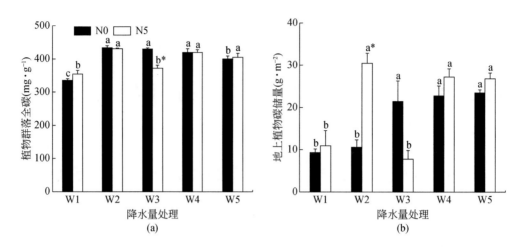

图 3-1　降水量及氮添加对 2021 年植物地上碳库的影响

注：W1、W2、W3、W4 和 W5 分别代表减少 50%、减少 30%、自然、增加 30% 和增加 50% 降水量。N0 和 N5 分别代表 0 和 5g·m^{-2}·a^{-1} 的 N 水平。不同小写字母表示相同氮添加下降水处理间各指标差异显著（$P<0.05$）。* 表示相同降水量条件下氮添加处理间各指标存在差异显著（$P<0.05$）。

比，减少降水量显著降低了植物群落碳储量（$P<0.05$），增加降水量对植物群落碳储量无显著影响（$P>0.05$）。5g·m^{-2}·a^{-1} 的氮添加下，减少 30% 降水量时植物群落碳储量达到最大值 30.49g·m^{-2}。与自然降水量相比，减少 30% 和增加降水量均显著提高了植物群落碳储量（$P<0.05$）。相同降水量处理下，氮添加对在减少 30% 降水量时显著提高了植物群落碳储量（$P<0.05$）。

3.2　降水量及氮添加下植物地上碳库的响应机制

降水量和氮添加可以极大地改变陆地生态系统中植物生长和植被碳库（Quinn et al.，2010；Jia et al.，2016），但仍存在相当大的不确定性。在大多数生态系统中，植物生长通常受到土壤氮有效性的限制（Lu et al.，2011）。本书研究中，降水量及其与氮添加的交互作用显著影响植物群落全碳和碳储量。作为干旱和半干旱生态系统中植物生长的重要限制因素，水分和氮素的变化不仅会引起荒漠草原植物地上生物量的变化，还会影响植物-土壤水平碳循环（Zhao et al.，2009），进而对植物群落全碳和碳储量产生影响。

本章研究中，0g·m^{-2}·a^{-1} 的氮添加下，减少降水量和极端增加降水量降低了植物群落全碳和碳储量，适量增加降水量提高了碳储量。这可能是因为减少降水量降低了土壤水分含量，限制了植物生长并影响植物群落结构和组成（Wu et al.，2011），从而对植物地上碳库产生负效应。适量增加降水量不仅缓解了土壤水分状况，还可以刺激微生物生长繁衍、改善土壤微环境（黄菊莹等，2018），增加植物群落生物量，进而提高植物碳储量。极端增加降水量加速了土壤养分淋溶损失，影响植物生长发育（王霖娇等，2018），从而降低了植物群落全碳和地上植物碳储量。5g·m^{-2}·a^{-1}的氮添加下，与自然降水量相比，减少 30% 和增加降水量均显著增加了植物群落碳储量，且增加降水量的效果更好。一方面，试验地处于半干旱草地生态系统，植物生理生态特征对干旱胁迫具有强的适应性（黄菊莹等，2018）。另一方面，氮添加可以通过增加土壤中氮的可利用性促进植物生长，一定程度上降低了降雨对植物群落库的负效应，从而提高了植物群落碳储量，进一步促进了生态系统碳循环（Zhang et al.，2015；张晓琳等，2018）。增加降水量不仅对植物吸收氮素有一定的促进作用，还可以提高土壤含水量、促进氮矿化（Xia & Wan，2008）。因此，在降水量增加的情况下，氮添加对植物群落碳储量的促进作用更好。

3.3 小　结

本章主要分析了降水量及氮添加对 2021 年 7 月份植物群落地上碳库的影响，主要结果包括：

1）0g·m^{-2}·a^{-1}的氮添加下，与自然降水量相比，减少 50% 降水量显著降低了植物群落全碳和碳储量，减少 30% 降水量显著降低了碳储量，增加 50% 降水量显著降低了全碳；

2）5g·m^{-2}·a^{-1}的氮添加下，减少 30% 和增加（30% 和 50%）降水量均显著提高了植物群落全碳和碳储量；

3）相同降水量条件下，氮添加在减少 30% 降水量时显著提高了植物群落碳储量，在自然降水量时显著降低了植物群落全碳。

总的来说，降水量及其与氮添加的交互作用对植物群落全碳和地上植物碳储量有显著影响，氮添加对植物群落全碳和地上植物碳储量无显著影响。

第4章 降水量变化及氮添加下土壤碳库特征

4.1 降水量及氮添加对土壤有机碳库的影响

4.1.1 土壤有机碳

裂区方差分析结果中（表4-1），降水量、氮添加及其交互作用对土壤有机碳均无显著影响（$P>0.05$）。

表 4-1 降水量及氮添加对 2021 年土壤有机碳及其组分的影响

变异来源	自由度	有机碳	易氧化有机碳	溶解性有机碳	颗粒有机碳	轻组有机碳	微生物量碳
降水量	4	0.907	1.321	1.324	0.637	5.009*	5.799*
氮添加	1	2.210	0.612	0.052	2.731	4.100*	1.337
降水量×氮添加	4	0.803	0.588	0.434	1.191	0.116	1.222

注：表中数据为 F 值。* 代表 $P<0.05$。

降水量及氮添加对不同土层有机碳影响不一（图4-1）。$0g \cdot m^{-2} \cdot a^{-1}$ 的氮添加下，与自然降水量相比，减少 50% 降水量显著降低了 20 ~ 40cm 土层有机碳（$P<0.05$），增加 30% 降水量显著提高了 40 ~ 60cm 土层有机碳（$P<0.05$）。$5g \cdot m^{-2} \cdot a^{-1}$ 的氮添加下，与自然降水量相比，减少和增加降水量对不同土层有机碳无显著影响（$P>0.05$）。相同降水量处理下，氮添加提高了土壤有机碳，但其效应均未达到显著水平（$P>0.05$）。

就 4 个土层而言，$0g \cdot m^{-2} \cdot a^{-1}$ 的氮添加下，减少 30% 降水量时 0 ~ 10cm 土层有机碳达到最大值，为 $4.71g \cdot kg^{-1}$；自然降水量时 10 ~ 20cm 土层有机碳达到最大值，为 $3.84g \cdot kg^{-1}$；减少 30% 降水量时 20 ~ 40cm 土层有机碳达到最大值，为 $4.38g \cdot kg^{-1}$；增加 30% 降水量时 40 ~ 60cm 土层有机碳达到最大值，为 $4.24g \cdot kg^{-1}$。$5g \cdot m^{-2} \cdot a^{-1}$ 的氮添加下，减少 50% 降水量时 0 ~ 10cm 土层有机碳达到最大值，为 $5.28g \cdot kg^{-1}$；减少 30% 降水量时 10 ~ 20cm 土层有机碳达到最大值 $4.04g \cdot kg^{-1}$；增加 30% 降水量时 20 ~ 40cm 土层有机碳达到最大值，为 $3.93g \cdot kg^{-1}$；增加 50% 降水量时 40 ~ 60cm 土层有机碳达到最大值，为 $3.88g \cdot kg^{-1}$。

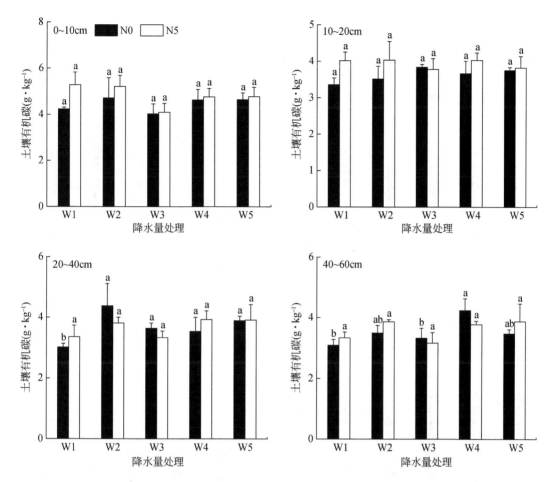

图 4-1　降水量及氮添加对 2021 年 0～60cm 土壤有机碳的影响

注：W1、W2、W3、W4 和 W5 分别代表减少 50%、减少 30%、自然、增加 30% 和增加 50% 降水量。N0 和 N5 分别
　　代表 0 和 5g·m^{-2}·a^{-1} 的氮水平。不同小写字母表示相同氮添加下降水量处理间土壤有机碳差异显著（$P<0.05$）。

4.1.2　土壤易氧化有机碳

裂区方差分析结果中（表 4-1），降水量、氮添加及其交互作用对土壤易氧化有机碳均无显著影响（$P>0.05$）。

降水量和氮添加对不同土层易氧化有机碳均无显著影响（图 4-2，$P>0.05$）。具体而言，0g·m^{-2}·a^{-1} 的氮添加下，增加 30% 降水量时 0～10cm 和 40～60cm 土层易氧化有机碳达到最大值，分别为 0.59g·kg^{-1} 和 0.50g·kg^{-1}；减少 30% 降水量时 10～20cm 和 20～40cm 土层易氧化有机碳达到最大值，分别为 0.52g·kg^{-1} 和 0.56g·kg^{-1}。5g·m^{-2}·a^{-1} 的氮添加下，减少 30% 降水量时 0～10cm 土层易氧化有机碳达到最大值，为 0.63g·kg^{-1}；减少 50% 降水量时 10～20cm 土层易氧化有机碳达到最大值，为 0.47g·kg^{-1}；增加 30% 降水量时 20～40cm 土层易氧化有机碳达到最大值，为 0.41g·kg^{-1}；增加 50% 降水量时40～60cm 土层易氧化有机碳达到最大值，为 1.00g·kg^{-1}。

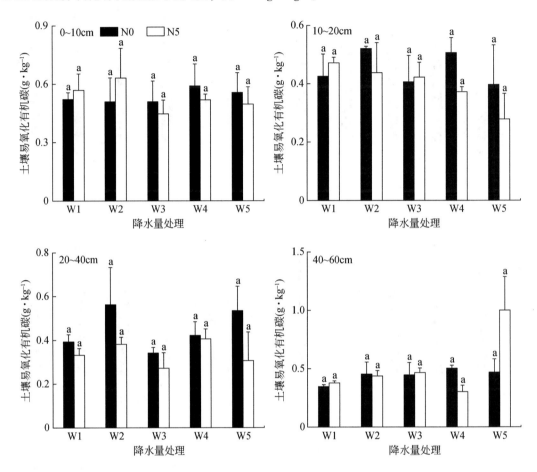

图 4-2　降水量及氮添加对 2021 年 0～60cm 土壤易氧化有机碳的影响

注：W1、W2、W3、W4 和 W5 分别代表减少 50%、减少 30%、自然、增加 30% 和增加 50% 降水量。N0 和 N5 分别代表 0 和 5g·m^{-2}·a^{-1} 的氮水平。不同小写字母表示相同氮添加下降水量处理间土壤易氧化有机碳差异显著（$P<0.05$）。

4.1.3　土壤溶解性有机碳

裁区方差分析结果中（表 4-1），降水量、氮添加及其交互作用对土壤溶解性有机碳均无显著影响（$P>0.05$）。

降水量和氮添加对不同土层溶解性有机碳影响程度不一（图 4-3）。0g·m^{-2}·a^{-1} 的氮添加下，与自然降水量相比，减少和增加降水量对不同土层溶解性有机碳无显著影响（$P>0.05$）。5g·m^{-2}·a^{-1} 的氮添加下，与自然降水量相比，减少降水量显著提高了 0～10cm

土层溶解性有机碳（$P<0.05$），增加30%降水量显著降低了40～60cm土层溶解性有机碳（$P<0.05$）；相同降水量处理下，氮添加在减少30%降水量时显著提高了0～10cm土层溶解性有机碳（$P<0.05$）。

就4个土层而言，$0g \cdot m^{-2} \cdot a^{-1}$的氮添加下，减少50%降水量时0～10cm土层溶解性有机碳达到最大值，为$1.29g \cdot kg^{-1}$；自然降水量时10～20cm土层溶解性有机碳达到最大值，为$1.03g \cdot kg^{-1}$；减少30%降水量时20～40cm和40～60cm土层溶解性有机碳达到最大值，分别为$1.14g \cdot kg^{-1}$和$0.84g \cdot kg^{-1}$。$5g \cdot m^{-2} \cdot a^{-1}$的氮添加下，减少50%降水量时0～10cm和10～20cm土层溶解性有机碳达到最大值，分别为$1.62g \cdot kg^{-1}$和$1.10g \cdot kg^{-1}$；减少30%降水量时20～40cm和40～60cm土层溶解性有机碳达到最大值，均为$0.84g \cdot kg^{-1}$。

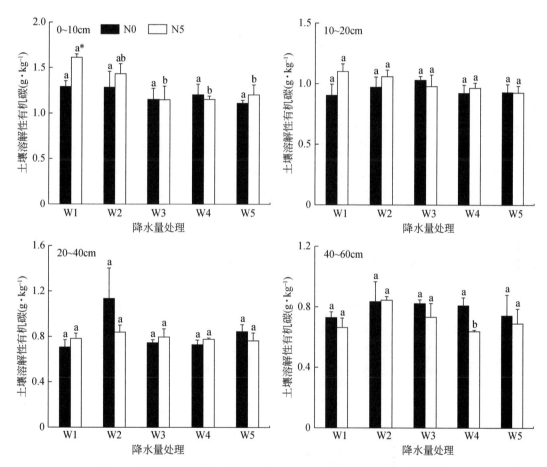

图4-3 降水量及氮添加对2021年0～60cm土壤溶解性有机碳的影响

注：W1、W2、W3、W4和W5分别代表减少50%、减少30%、自然、增加30%和增加50%降水量。N0和N5分别代表0和$5g \cdot m^{-2} \cdot a^{-1}$的氮水平。不同小写字母表示相同氮添加下降水量处理间土壤溶解性有机碳差异显著（$P<0.05$）。

*表示相同降水量条件下氮添加处理间土壤溶解性有机碳差异显著（$P<0.05$）。

4.1.4 土壤颗粒有机碳

裂区方差分析结果中（表4-1），降水量、氮添加及其交互作用对土壤颗粒有机碳均无显著影响（$P>0.05$）。

降水量和氮添加对不同土层颗粒有机碳影响程度不一（图4-4）。0g·m^{-2}·a^{-1}的氮添加下，与自然降水量相比，减少30%降水量显著降低了0～10cm土层颗粒有机碳（$P<0.05$），减少50%降水量显著降低了20～40cm土层颗粒有机碳（$P<0.05$）。5g·m^{-2}·a^{-1}的氮添加下，与自然降水量相比，减少和增加降水量对不同土层颗粒有机碳无显著影响（$P>0.05$）；相同降水量处理下，氮添加在自然降水量时显著降低了0～10cm土层颗粒有机碳（$P<0.05$），在减少50%降水量时显著提高了20～40cm土层颗粒有机碳（$P<0.05$）。

就4个土层而言，0g·m^{-2}·a^{-1}的氮添加下，自然降水量时0～10cm土层颗粒有机碳达到最大值，为1.09g·kg^{-1}；减少30%降水量时10～20cm土层颗粒有机碳达到最大值，为0.67g·kg^{-1}；增加50%降水量时20～40cm和40～60cm土层颗粒有机碳达到最大值，分别为0.82g·kg^{-1}和0.56g·kg^{-1}。5g·m^{-2}·a^{-1}的氮添加下，增加30%降水量时0～10cm土层颗粒有机碳达到最大值，为1.16g·kg^{-1}；自然降水量时10～20cm土层颗粒有机碳达到最大值，为1.08g·kg^{-1}；增加50%降水量时20～40cm土层颗粒有机碳达到最大值，为0.90g·kg^{-1}；减少30%降水量时40～60cm土层颗粒有机碳达到最大值，为0.57g·kg^{-1}。

4.1.5 土壤轻组有机碳

裂区方差分析结果中（表4-1），降水量和氮添加对土壤轻组有机碳有显著影响（$P<0.05$），二者的交互作用对轻组有机碳无显著影响（$P>0.05$）。

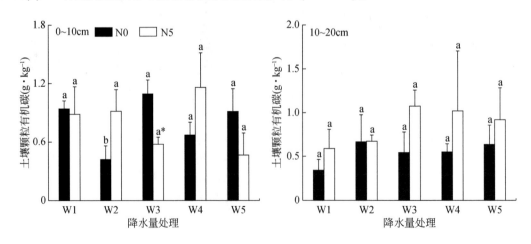

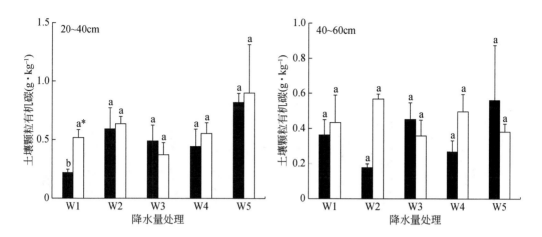

图 4-4 降水量及氮添加对 2021 年 0～60cm 土壤颗粒有机碳的影响

注：W1、W2、W3、W4 和 W5 分别代表减少 50%、减少 30%、自然、增加 30% 和增加 50% 降水量。N0 和 N5 分别代表 0 和 5g·m⁻²·a⁻¹ 的氮水平。不同小写字母表示相同氮添加下降水量处理间土壤颗粒有机碳差异显著（$P<0.05$）。

*表示相同降水量条件下氮添加处理间土壤颗粒有机碳差异显著（$P<0.05$）。

降水量和氮添加对不同土层轻组有机碳影响程度不一（图 4-5）。0g·m⁻²·a⁻¹ 的氮添加下，与自然降水量相比，减少和增加降水量对轻组有机碳无显著影响（$P>0.05$）。5g·m⁻²·a⁻¹ 的氮添加下，增加 50% 降水量显著降低了 40～60cm 土层轻组有机碳（$P<0.05$）。相同降水量处理下，氮添加在减少 30% 降水量时显著降低了 10～20cm 土层轻组有机碳（$P<0.05$）。

就 4 个土层而言，0g·m⁻²·a⁻¹ 的氮添加下，增加 30% 降水量时 0～10cm 和 40～60cm 土层轻组有机碳达到最大值，分别为 0.47g·kg⁻¹ 和 0.25g·kg⁻¹；减少 30% 降水量时 10～20cm 土层轻组有机碳达到最大值，为 0.19g·kg⁻¹；增加 50% 降水量时 20～40cm 土层轻组有机碳达到最大值，为 0.22g·kg⁻¹。5g·m⁻²·a⁻¹ 的氮添加下，增加 30% 降水量时 0～10cm 和 40～60cm 土层轻组有机碳达到最大值，分别为 0.33g·kg⁻¹ 和 0.20g·kg⁻¹；自然

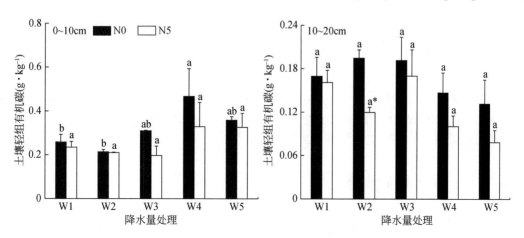

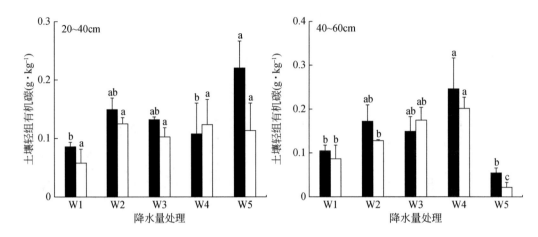

图 4-5　降水量及氮添加对 2021 年 0～60cm 土壤轻组有机碳影响

注：W1、W2、W3、W4 和 W5 分别代表减少 50%、减少 30%、自然、增加 30% 和增加 50% 降水量。N0 和 N5 分别代表 0 和 5g·m⁻²·a⁻¹ 的氮水平。不同小写字母表示相同氮添加下降水处理间土壤轻组有机碳差异显著（$P<0.05$）。

＊表示相同降水量条件下氮添加处理间土壤轻组有机碳差异显著（$P<0.05$）。

降水量时 10～20cm 土层轻组有机碳达到最大值，为 0.17g·kg⁻¹；减少 30% 降水量时 20～40cm 土层轻组有机碳达到最大值，为 0.13g·kg⁻¹。

4.1.6　土壤微生物量碳

裂区方差分析结果中（表 4-1），降水量对土壤微生物量碳有显著影响（$P<0.05$），氮添加及其与降水量的交互作用对微生物量碳无显著影响（$P>0.05$）。

降水量和氮添加对不同土层微生物量碳影响不一（图 4-6）。0g·m⁻²·a⁻¹ 的氮添加下，与自然降水量相比，减少 50% 降水量显著提高了 0～10cm 土层微生物量碳（$P<0.05$），增加 50% 降水量显著降低了 10～20cm 土层微生物量碳（$P<0.05$）。5g·m⁻²·a⁻¹ 的氮添加下，与自然降水量相比，增加 50% 降水量显著降低了 10～20cm 土层微生物量碳（$P<0.05$）。相同降水量处理下，氮添加在减少 50% 降水量时显著降低了各土层微生物量碳（$P<0.05$），在减少 30% 降水量和增加降水量时显著提高了 10～20cm 土层微生物量碳（$P<0.05$）。

就两个土层而言，0g·m⁻²·a⁻¹ 的氮添加下，减少 50% 降水量时两个土层微生物量碳达到最大值，分别为 100.27mg·kg⁻¹ 和 61.11mg·kg⁻¹。5g·m⁻²·a⁻¹ 的氮添加下，减少 30% 降水量时两个土层微生物量碳达到最大值，分别为 85.24mg·kg⁻¹ 和 64.58mg·kg⁻¹。

4.1.7　土壤有机碳储量

如图 4-7 所示，降水量和氮添加对不同土层有机碳储量均无显著影响（$P>0.05$）。

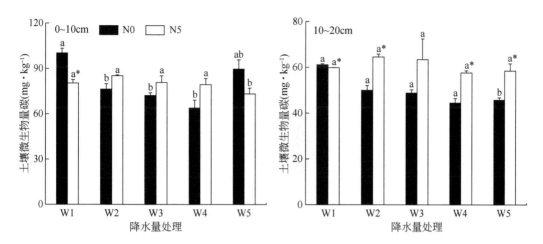

图 4-6　降水量及氮添加对 2021 年 0～20cm 土壤微生物量碳的影响

注：W1、W2、W3、W4 和 W5 分别代表减少 50%、减少 30%、自然、增加 30% 和增加 50% 降水量。N0 和 N5 分别代表 0 和 5g·m⁻²·a⁻¹的氮水平。不同小写字母表示相同氮添加下降水量处理间微生物量碳差异显著（$P<0.05$）。

*表示相同降水量条件下氮添加处理间微生物量碳差异显著（$P<0.05$）。

就三个土层而言，0g·m⁻²·a⁻¹的氮添加下，增加 30% 降水量时 0～20cm 和 40～60cm 土层有机碳储量达到最大，分别为 1.27kg·m⁻²和 1.24kg·m⁻²；减少 30% 降水量时 20～40cm 土层有机碳储量达到最大，为 1.39kg·m⁻²。5g·m⁻²·a⁻¹的氮添加下，减少 30% 降水量时 0～20cm 土层有机碳储量达到最大，为 1.43kg·m⁻²；增加 50% 降水量时 20～40cm 和 40～60cm 土层有机碳储量达到最大，为 1.19kg·m⁻²和 1.22kg·m⁻²。

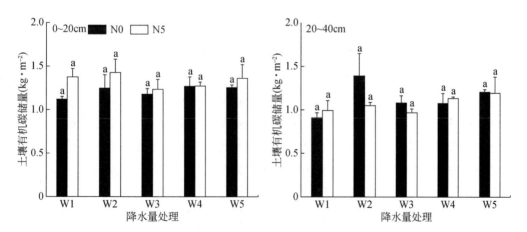

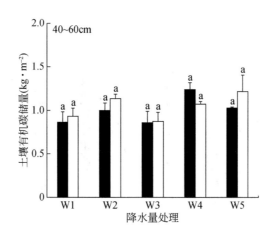

图 4-7　降水量及氮添加对 2021 年 0～60cm 土壤有机碳储量的影响

注：W1、W2、W3、W4 和 W5 分别代表减少 50%、减少 30%、自然、增加 30% 和增加 50% 降水量。N0 和 N5 分别代表 0 和 5g・m⁻²・a⁻¹ 的氮水平。不同小写字母表示相同氮添加下降水量处理间土壤有机碳储量差异显著（$P<0.05$）。

4.2　降水量变化及氮添加下土壤有机碳库的响应机制

土壤有机碳可为植物生长和微生物活动提供养分以及能量，对于维持生态系统的健康和功能具有重要作用（Milne et al.，2015）。土壤有机碳的积累可能在减轻全球变化负面影响方面发挥关键作用（Bossio et al.，2020）。本章研究中，土壤有机碳储量随土层加深呈下降趋势。可能是浅层土壤养分和微生物活性较深层高，枯落物分解较快且易于转化（Lange et al.，2015）。一般情况下，降水量增加对土壤有机碳储量有正效应（王淑平等，2002），氮添加对土壤碳储量的影响不一。本章研究显示，降水量和氮添加对土壤有机碳储量的影响均未达到显著水平。可能是因为短期内降水量和氮添加不足以改变土壤有机碳储量。本章研究中，随土层加深土壤有机碳的变化幅度不明显。可能是因为试验地属荒漠草原，年降水量少且地下水位较低，各土层含水量普遍较低，植物地下生物量少且分布较为均匀（刘伟等，2012），因此土壤各层有机碳变幅不大。本章研究发现，氮添加对土壤有机碳含量的影响较小。这与之前的 META 分析研究的结果类似（Lu et al.，2011；Chen et al.，2015），即氮添加对全球森林和草原有机碳库有轻微影响。降水变化影响土壤湿度及其水文过程，如地表径流、入渗等，调控土壤有机碳循环（Aanderud et al.，2010），最终对土壤有机碳及其动态有一定影响。本章研究中，0g・m⁻²・a⁻¹ 的氮添加下，与自然降水量相比，减少 50% 降水量显著降低了 20～40cm 土层有机碳含量，增加 30% 降水量显著增加了 40～60cm 土层有机碳。可能是减少降水量通过改变土壤含水量降低了地上和地下部分生物量，从而降低土壤有机碳（张晓琳等，2018；Zhang et al.，2017）。降水量增加不仅影响土壤结构和微生物活性，还可以促进有机碳的淋溶与迁移（陈小梅等，2017），进而增加土壤深层有机碳。

土壤有机碳是具有不同分解速率的含碳组分连续体，因此不同的有机碳组分对环境变化的反应不同（Bradford et al.，2008）。土壤有机碳组分的潜在不同响应使得其在如何响应环境变化方面变得很重要。土壤易氧化有机碳具有相对较高的周转率，对管理实践很敏感，可以衡量土壤碳库的稳定性（Chen et al.，2016）。本章研究中，降水量和氮添加对不同土层易氧化有机碳无显著影响。这可能与试验处理年限、氮添加量、植被类型和试验地原本的元素有效性等有密切关系。

土壤溶解性有机碳主要来源于植物根系分泌和植物凋落物分解等（Wang et al.，2016），其在土壤生物地球化学过程中，特别是在养分输送和地下碳循环中的重要性已经得到广泛认可（Veum et al.，2009）。溶解性有机碳与土壤含水量联系较紧密。一般情况下，增加降水量会促进土壤团聚体分散，加速溶出原本吸附于地表的有机质，从而增加溶解性有机碳（张晓雅等，2018）。减少降水量由于降低了土壤含水量，微生物活动受到约束，有机质分解速率下降（陈香碧等，2014），从而降低溶解性有机碳。氮添加对土壤溶解性有机碳的影响有正效应（Zhao et al.，2009；魏春兰等，2013）、负效应（Fang et al.，2015；Wang et al.，2016）或影响不显著（李仪，2020）。本章研究中，$5g \cdot m^{-2} \cdot a^{-1}$的氮添加下，减少降水量显著提高了0～10cm土层溶解性有机碳含量，增加30%降水量显著降低了40～60cm土层溶解性有机碳。可能是降水量处理和氮添加存在一定的交互作用，且不同土壤深度对降水量和氮添加的响应也有所差异。

土壤颗粒有机碳是土壤中与大型团聚体或53～2000μm粒径的砂粒结合的那部分有机碳（郑红，2011），主要来源于真菌菌丝和孢子的微生物、未分解或半分解的植物残体，腐殖化程度低，较容易被微生物利用（杜雪和王海燕，2022）。本章研究中，$0g \cdot m^{-2} \cdot a^{-1}$的氮添加下，减少30%降水量显著降低了0～10cm土层颗粒有机碳，减少50%降水量显著降低了20～40cm土层颗粒有机碳。土壤颗粒有机碳的垂直分布受降水淋溶作用影响，降水量减少会导致雨水淋溶作用减弱，降低颗粒有机碳向下运输能力（陈小梅等，2010），不利于有机碳的深层积累。相同降水量条件下，氮添加在自然降水量时显著降低了0～10cm土层颗粒有机碳。原因可能是氮添加增加了微生物活性，对土壤团聚结构有一定的破坏作用，进而加速了颗粒有机碳分解（刘骅等，2010）。氮添加在减少50%降水量时显著增加了20～40cm土层颗粒有机碳。可能是氮添加和降水量处理存在交互作用。虽然氮添加可能对颗粒有机碳分解有促进作用，但减少降水量一方面不利于表层土壤氮向下淋溶（Huang et al.，2009），另一方面还会导致土壤含水量降低，使得土壤中分解者数量和活性降低，可能会抑制颗粒有机碳分解（Santonja et al.，2019），因而增加了深层颗粒有机碳。

土壤轻组有机碳主要为分解后的有机体残留物以及与土壤矿物颗粒无关的微生物组织中的C（Zhong et al.，2015），其周转和分解速率较高，对环境变化的响应比较敏感（杜雪和王海燕，2022）。短期氮添加会促进轻组有机碳增加，但超过一定量后，这种促进作用可能转为抑制作用（杜雪和王海燕，2022）。本章研究中，$5g \cdot m^{-2} \cdot a^{-1}$ 的氮添加下，增加50%降水量显著降低了 40~60cm 土层轻组有机碳；相同降水量条件下，氮添加在减少30%降水量时显著降低了 10~20cm 土层轻组有机碳。一方面可能是氮添加量过多而导致其对轻组有机碳产生了负效应。另一方面可能是过量增加降水量不仅限制了植物生长，还会导致土壤中溶解氧含量降低（谭向平和申卫军，2021），抑制土壤动植物活动及分解过程，导致土壤碳输入量小于碳输出量（Song et al., 2012），从而降低了轻组有机碳。虽然干旱可以促进轻组有机碳在土壤表层积累，但减少降水量会限制植物生长和土壤微生物活性，降低土壤碳输入量，从而导致轻组有机碳减少。

土壤微生物量碳对环境变化感知较敏锐，可以反映物质循环能力、土壤肥力和植物生产力，常用来指示土壤质量是否发生改变（许华等，2020）。本章研究中，$0g \cdot m^{-2} \cdot a^{-1}$ 的氮添加下，极端减少降水量显著提高了 0~10cm 土层微生物量碳，极端增加降水量显著降低了 10~20cm 土层微生物量碳。以往的研究显示降水对微生物量碳的影响比较复杂，结果有积极（Zhao et al., 2016）、消极影响（Sherman et al., 2012）或影响不显著（Cregger et al., 2014），并无一致的结论。本章研究中微生物量碳在极端减雨时增加、极端增雨时降低，可能是与研究区微生物种群适应性（Ren et al., 2018）、水热条件、养分和植被特征（许华等，2020）等因素有关。$5g \cdot m^{-2} \cdot a^{-1}$ 的氮添加下，增加50%降水量显著降低了 10~20cm 土层微生物量碳。这可能是由于短期内降水量的激增和氮添加促进了植物与微生物对水分和有效养分的竞争，妨碍微生物摄取水分和养分，导致微生物量碳降低（朱湾湾，2021）。

4.3 小　　结

本章主要分析了降水量及氮添加对 2021 年 8 月 0~60cm 土壤有机碳库的影响，主要结果包括：

1) $0g \cdot m^{-2} \cdot a^{-1}$ 的氮添加下，与自然降水量相比，减少降水量不同程度地降低了土壤深层有机碳和颗粒有机碳，提高了微生物量碳。适量增加降水量显著提高了深层有机碳。极端增加降水量显著降低了微生物量碳；

2) $5g \cdot m^{-2} \cdot a^{-1}$ 的氮添加下，与自然降水量相比，减少降水量显著提高了土壤浅层溶解性有机碳。增加降水量不同程度地降低了深层溶解性有机碳、轻组有机碳和微生物量碳；

3) 相同降水量条件下，氮添加在极端减少降水量时显著提高了深层颗粒有机碳，显著降低了微生物量碳。适量减少降水量时显著提高了浅层溶解性有机碳和微生物量碳，显著降低了浅层轻组有机碳。自然降水量时显著降低了浅层颗粒有机碳。

总体来说，降水量对土壤轻组有机碳和微生物量碳有显著影响，氮添加对轻组有机碳有显著影响，二者的交互作用对有机碳及其组分无显著影响。

第5章 降水量变化及氮添加下土壤呼吸特征

5.1 降水量变化及氮添加下土壤呼吸速率的时间动态

5.1.1 降水量变化下

5.1.1.1 日动态

降水量变化下土壤呼吸速率的日变化整体呈现出先增加后降低的动态趋势，并且在7月、8月和9月增加降水量处理下更为明显（图5-1）。其中，6月6日，减少降水量和自然降水量处理下土壤呼吸速率的变化趋势较为一致，增加降水量处理下土壤呼吸速率变化趋势较为一致，且在增加50%降水量时土壤呼吸速率在12：00达到最大值$2.49 \pm 0.34 \mu mol \cdot m^{-2} \cdot s^{-1}$；6月30日，减少降水量和自然降水量处理下土壤呼吸速率的变化趋

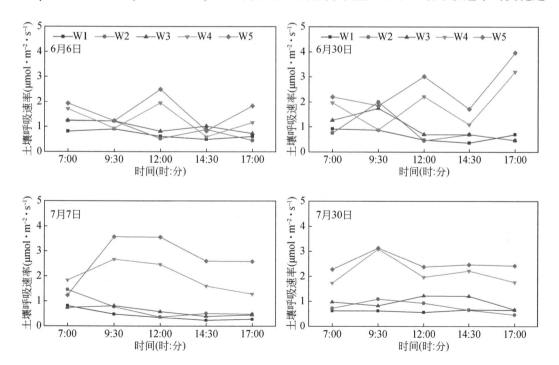

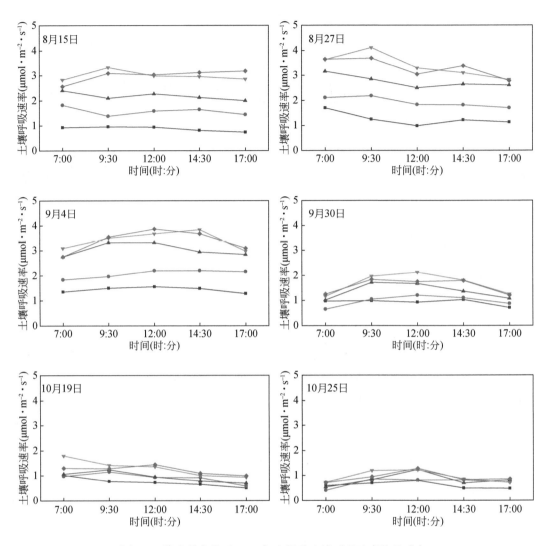

图 5-1　降水量变化下 2020 年生长季土壤呼吸速率的日动态

势较为一致，增加降水量处理下土壤呼吸速率的变化趋势较为一致，最大值出现在增加 50% 降水量下 17：00，为 $3.97\pm0.37\,\mu mol\cdot m^{-2}\cdot s^{-1}$。

　　7 月 7 日，整个时间段减少降水量和自然降水量处理下土壤呼吸速率差异较小，最大值出现在 7：00～9：30。土壤呼吸速率在增加降水量处理下呈现先增加后降低的单峰模式，在增加 50% 降水量处理下 9：30 达到峰值，为 $3.57\pm0.45\,\mu mol\cdot m^{-2}\cdot s^{-1}$；7 月 30 日，减少降水量和自然降水量处理下土壤呼吸速率差异较小，整体变化趋势为单峰模式，最大值出现的时间点各不相同。增加降水量处理下土壤呼吸速率亦呈现出先增加后降低的单峰模式，且均在 9：30 达到峰值，分别为 $3.08\pm0.28\,\mu mol\cdot m^{-2}\cdot s^{-1}$ 和 $3.14\pm0.17\,\mu mol\cdot m^{-2}\cdot s^{-1}$。

8 月 15 日，各降水量处理下土壤呼吸速率整体变化较为平缓，没有呈现出明显的变化趋势，最大值出现在增加 30% 降水量处理下 9：30，为 3.3±0.03μmol·m^{-2}·s^{-1}；8 月 27 日，土壤呼吸速率在减少降水量和自然降水量处理下未呈现明显的变化趋势，最大值出现在 7：00~9：30。土壤呼吸速率在增加 30% 降水量处理下呈单峰模式，峰值出现在 9：30（3.16±0.07μmol·m^{-2}·s^{-1}），也是 8 月最大值；在增加 50% 降水量处理下土壤呼吸速率呈双峰模式，峰值出现在 9：30（3.70±0.10μmol·m^{-2}·s^{-1}）和 14：30（3.38±0.12μmol·m^{-2}·s^{-1}）。

9 月 4 日，在减少 50% 降水量处理下土壤呼吸速率呈单峰模式，峰值出现在 12：00，为 1.56±0.09μmol·m^{-2}·s^{-1}。在减少 30% 降水量处理下，土壤呼吸速率呈单峰模式，峰值出现在 14：30，为 2.20±0.18μmol·m^{-2}·s^{-1}。在增加 30% 降水量处理下土壤呼吸速率呈单峰模式，峰值出现在 14：30，为 3.83±0.56μmol·m^{-2}·s^{-1}。在增加 50% 降水量处理下土壤呼吸速率呈单峰模式，峰值出现在 12：00，为 3.87±0.10μmol·m^{-2}·s^{-1}；9 月 30 日，五个降水量处理下土壤呼吸速率呈先增加后降低的变化趋势，最大值出现在增加 50% 降水量处理下 12：00，为 2.13±0.20μmol·m^{-2}·s^{-1}。

10 月 19 日，五个降水量处理下土壤呼吸速率差异较小，缺乏明显的变化趋势，最大值出现在增加 30% 降水量处理下 7：00，为 1.80±0.16μmol·m^{-2}·s^{-1}；10 月 25 日，五个降水量处理下土壤呼吸速率差异较小，缺乏明显的变化趋势，最大值出现在增加 50% 降水量处理下 12：00，为 1.28±0.10μmol·m^{-2}·s^{-1}。

5.1.1.2　月动态

随着生长季的推移，各降水量处理下土壤呼吸速率在各时间段均表现出先升高后降低的变化趋势（图 5-2）。

其中，7：00~9：30，土壤呼吸速率呈单峰模式，在 8 月 27 日达到峰值。在增加 50% 降水量处理下达到最大值 3.64±0.20μmol·m^{-2}·s^{-1}，在 10 月 25 日减少 30% 降水量处理下出现最小值 0.41±0.11μmol·m^{-2}·s^{-1}。

9：30~12：00，土壤呼吸速率在不同降水量处理下无明显一致的变化趋势。在 8 月 27 日增加 30% 降水量处理下达到最大值，4.11±0.20μmol·m^{-2}·s^{-1}，在 7 月 7 日减少 50% 降水量处理下出现最小值 0.48±0.11μmol·m^{-2}·s^{-1}。

12：00~14：30，土壤呼吸速率呈单峰模式，在 9 月 4 日达到峰值。在 9 月 4 日增加 50% 降水量处理下达到最大值 3.87±0.31μmol·m^{-2}·s^{-1}，在 7 月 7 日减少 50% 降水量处理下出现最小值 0.36±0.18μmol·m^{-2}·s^{-1}。

14：30~17：00，土壤呼吸速率呈单峰模式，在 9 月 4 日达到峰值。在 9 月 4 日增加 30% 降水量处理下达到最大值 3.83±0.56μmol·m^{-2}·s^{-1}，在 7 月 7 日减少 50% 降水量处理下出现最小值 0.23±0.02μmol·m^{-2}·s^{-1}。

17：00~19：30，土壤呼吸速率在不同降水量处理下无明显一致的变化趋势。在 6 月

30 日增加 50% 降水量处理下达到最大值 $3.97 \pm 0.38 \mu mol \cdot m^{-2} \cdot s^{-1}$，在减少 50% 降水量处理下出现最小值 $0.27 \pm 0.06 \mu mol \cdot m^{-2} \cdot s^{-1}$。

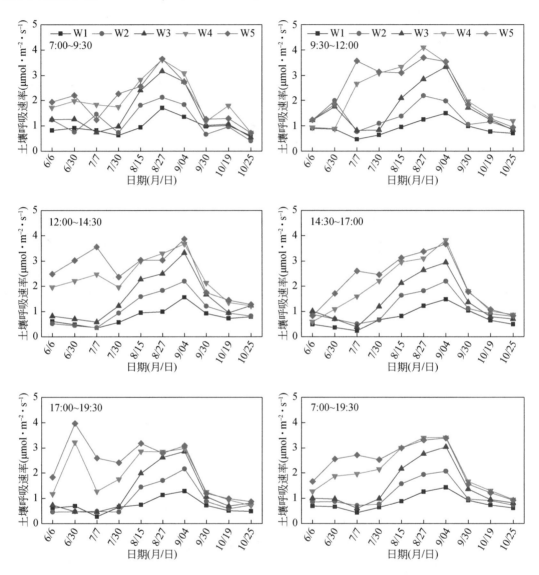

图 5-2 降水量变化下 2020 年生长季土壤呼吸速率的月动态

综合整个生长季，各降水量处理下土壤呼吸速率表现出先升高后降低的变化趋势，呈单峰模式，并在 9 月 4 日达到峰值。土壤呼吸速率在增加 30% 降水量处理下达到最大值 $3.14 \pm 0.17 \mu mol \cdot m^{-2} \cdot s^{-1}$，在减少 50% 降水量处理下出现最小值 $0.43 \pm 0.11 \mu mol \cdot m^{-2} \cdot s^{-1}$。

5.1.2 降水量变化及氮添加下

5.1.2.1 日动态

降水量和氮添加改变了7、8月土壤呼吸速率的日动态峰值（图5-3）。7月，降水量和氮添加下土壤呼吸速率日动态呈先升高后降低趋势。0g·m⁻²·a⁻¹的氮添加下，增加50%降水量时土壤呼吸速率在12：00达到最大值，为2.01±0.50μmol·m⁻²·s⁻¹。5g·m⁻²·a⁻¹的氮添加下，增加50%降水量时土壤呼吸速率在9：30达到最大值，为2.88±0.21μmol·m⁻²·s⁻¹。

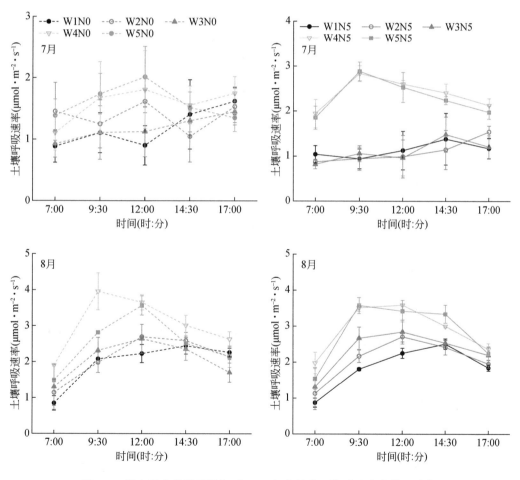

图5-3 降水量变化及氮添加下2021年生长季土壤呼吸速率的日动态

8月，降水量和氮添加下土壤呼吸速率的日动态呈先升高后降低趋势。0g·m⁻²·a⁻¹的氮添加下，增加30%降水量时土壤呼吸速率在9：30达到最大值，为3.96±0.51μmol·

$m^{-2} \cdot s^{-1}$。$5g \cdot m^{-2} \cdot a^{-1}$ 的氮添加下，增加 30% 降水量时土壤呼吸速率在 12：00 达到最大值，为 $3.59 \pm 0.02 \mu mol \cdot m^{-2} \cdot s^{-1}$。

5.1.2.2 月动态

降水量变化及氮添加下土壤呼吸速率的月动态呈波动式变化，分别在 6 月中旬和 8 月下旬达到峰值（图 5-4）。$0g \cdot m^{-2} \cdot a^{-1}$ 的氮添加下，土壤呼吸速率在 6 月 13 日增加 30% 降水量下达到最大值，为 $3.40 \pm 0.37 \mu mol \cdot m^{-2} \cdot s^{-1}$，在 6 月 29 日减少 50% 降水量下出现最小值，为 $0.54 \pm 0.04 \mu mol \cdot m^{-2} \cdot s^{-1}$。$5g \cdot m^{-2} \cdot a^{-1}$ 的氮添加下，土壤呼吸速率在 6 月 13 日增加 30% 降水量下达到最大值，为 $3.52 \pm 0.44 \mu mol \cdot m^{-2} \cdot s^{-1}$，在 9 月 1 日减少 50% 降水量下出现最小值，为 $0.59 \pm 0.05 \mu mol \cdot m^{-2} \cdot s^{-1}$。

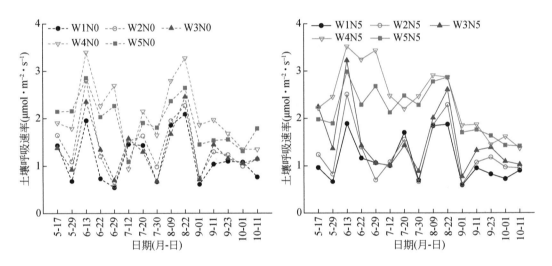

图 5-4　降水量变化及氮添加下 2021 年生长季土壤呼吸速率的月动态

5.2　降水量及氮添加对土壤呼吸速率的影响

5.2.1　降水量变化下

5.2.1.1　2019 年

随着生长季的推移（图 5-5），各处理下土壤呼吸速率均表现出先增加后降低的时间动态，最大值出现在 7 月下旬或 8 月上旬（分别为 $2.79 \mu mol \cdot m^{-2} \cdot s^{-1}$、$3.16 \mu mol \cdot m^{-2} \cdot s^{-1}$、$3.39 \mu mol \cdot m^{-2} \cdot s^{-1}$、$5.31 \mu mol \cdot m^{-2} \cdot s^{-1}$、$5.35 \mu mol \cdot m^{-2} \cdot s^{-1}$）。与自然降水量相比，减少 30% 降水量（W2）对各时期土壤呼吸速率均无显著影响（$P>0.05$），减

少 50%（W1）和增加（W4 和 W5）降水量不同程度地改变了各时期土壤呼吸速率，尤其
6～7 月：8：00～10：00，减少 50% 降水量显著降低了 6 月 18 日、7 月 26 日、8 月 29 日
和 9 月 10 日土壤呼吸速率（$P<0.05$），增加降水量显著提高了 6 月 18 日（W5）、6 月 28
日（W4 和 W5）、7 月 10 日（W4 和 W5）、7 月 26 日（W4 和 W5）土壤呼吸速率（$P<$

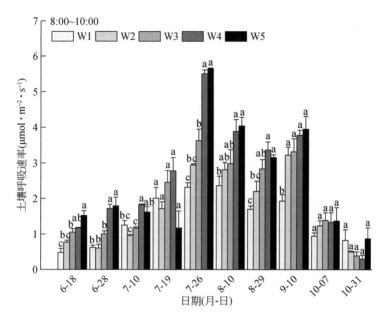

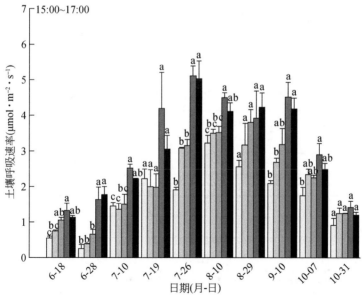

图 5-5 降水量对 2019 年生长季土壤呼吸速率的影响

注：W1、W2、W3、W4、W5 分别代表减少 50%、减少 30%、自然、增加 30% 和增加 50% 降水量。

不同小写字母表示同一测定时间下降水量处理间差异显著（$P<0.05$）。

0.05）；15：00～17：00，减少 50% 降水量显著降低了 6 月 18 日土壤呼吸速率（$P<$ 0.05），增加降水量显著提高了 6 月 28 日（W4 和 W5）、7 月 10 日（W4）、7 月 26 日（W4 和 W5）、8 月 10 日（W4）土壤呼吸速率（$P<0.05$）。

8：00～10：00 和 15：00～17：00（表 5-1），降水量和测定时间均对土壤呼吸速率有极显著影响（$P<0.01$），但二者的交互作用均对土壤呼吸速率无显著影响（$P>0.05$）。

表 5-1　降水量和测定时间对 2019 年土壤呼吸速率的重复测量方差分析

差异来源	自由度	8：00～10：00	15：00～17：00
降水量处理	4	13.198**	37.013**
测定时间	4	24.532**	37.278**
降水量处理×测定时间	16	0.520	0.678

注：表中数据为 F 值。** 代表显著性水平小于 0.01。

5.2.1.2　2020 年

两因素方差分析结果显示（表 5-2）：6 月和 7 月，降水量处理与测定时间段及其交互作用对土壤呼吸速率均有极显著影响（$P<0.01$）；8 月，降水量处理与测定时间段对土壤呼吸速率均有极显著影响（$P<0.01$），但二者对土壤呼吸速率无显著的交互作用（$P>0.05$）；9 月，仅降水量处理对土壤呼吸速率有显著影响（$P<0.01$），测定时间段及其与降水量处理对土壤呼吸速率无显著的交互作用（$P>0.05$）；10 月，降水量处理与测定时间段对土壤呼吸速率均有极显著影响（$P<0.01$），但二者对土壤呼吸速率无显著的交互作用（$P>0.05$）。

表 5-2　降水量及测定时间段对 2020 年生长季土壤呼吸速率的影响

差异来源		自由度	F	P
6 月	W	4	33.292**	<0.001
	T	4	6.466**	<0.001
	W×T	16	4.808**	<0.001
7 月	W	4	171.895**	<0.001
	T	4	10.821**	<0.001
	W×T	16	4.471**	<0.001
8 月	W	4	152.598**	<0.001
	T	4	4.462**	0.002
	W×T	16	0.820	0.661
9 月	W	4	14.125**	<0.001
	T	4	2.449	0.050
	W×T	16	0.210	1.000

续表

差异来源		自由度	F	P
10 月	W	4	15.223 **	<0.001
	T	4	9.576 **	<0.001
	W×T	16	0.920	0.548

注：W 代表降水量处理。T 代表测定时间段。**代表显著性水平小于 0.01。

三因素方差分析结果表明（表 5-3）：降水量处理、测定时间段和测定月份均对土壤呼吸速率有极显著影响（$P<0.01$）；降水量处理与测定时间段的交互作用对土壤呼吸速率有显著影响（$P<0.05$）；降水量处理与测定月份的交互作用对土壤呼吸速率有极显著影响（$P<0.01$）；测定时间段与测定月份的交互作用对土壤呼吸速率有极显著影响（$P<0.01$）；降水量处理、测定时间段和测定月份三者的交互作用对土壤呼吸速率有极显著影响（$P<0.01$）。

表 5-3 降水量、测定时间段及测定月份对 2020 年土壤呼吸速率的影响

差异来源	自由度	F	P
降水量	4	197.332 **	<0.001
测定时间段	4	12.300 **	<0.001
测定月份	4	183.861 **	<0.001
降水量×测定时间段	16	1.868 *	0.021
降水量×测定月份	16	14.447 **	<0.001
测定时间段×测定月份	16	2.724 **	<0.001
W×测定时间段×测定月份	64	1.508 **	0.008

注：*和**分别代表显著性水平小于 0.05 和 0.01。

不同时间段降水量对土壤呼吸速率的影响不同。就 6 月而言（图 5-6），减少降水量处理对土壤呼吸速率影响较小，增加降水量处理对土壤呼吸速率影响较大，尤其增加 50% 降水量处理，其中：7：00～9：30，与自然降水量相比，减少降水量（30% 和 50%）未显著改变土壤呼吸速率（$P>0.05$），增加降水量（30% 和 50%）显著提高了土壤呼吸速率（$P<0.05$）；9：30～12：00，与自然降水量相比，减少降水量（30% 和 50%）未显著改变土壤呼吸速率（$P>0.05$），增加 50% 降水量显著提高了土壤呼吸速率（$P<0.05$）；12：00～14：30，与自然降水量相比，减少降水量（30% 和 50%）未显著改变土壤呼吸速率（$P>0.05$），增加降水量（30% 和 50%）显著提高了土壤呼吸速率（$P<0.05$）；14：30～17：00，尽管随着降水量增加土壤呼吸速率呈增加趋势，但减少和增加降水量对土壤呼吸速率均没有显著影响（$P>0.05$）；17：00～19：30，与自然降水量相比，减少降水量（30% 和 50%）未显著改变土壤呼吸速率（$P>0.05$），增加降水量（30% 和 50%）显著提高了土壤呼吸速率（$P<0.05$）。

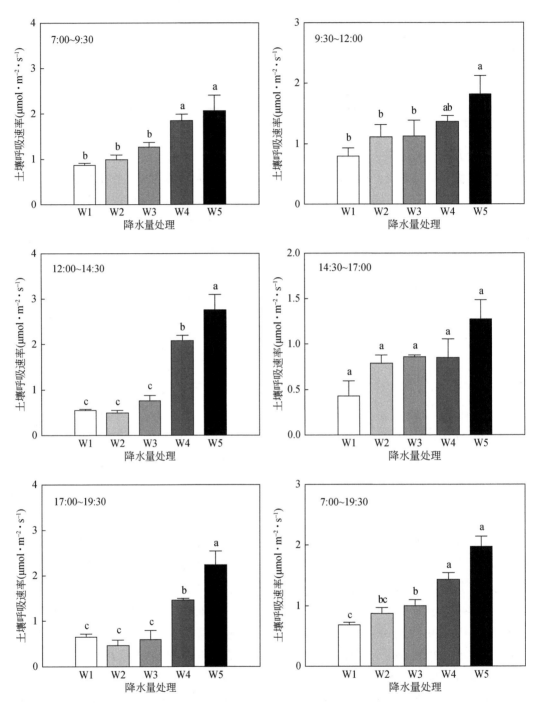

图 5-6　不同测定时间段降水量对 2020 年 6 月土壤呼吸速率的影响

注：W1、W2、W3、W4、W5 分别代表减少 50%、减少 30%、自然、增加 30% 和增加 50% 降水量。

不同小写字母代表降水量处理间土壤呼吸速率差异显著（$P<0.05$）。

综合五个测定时间段，与自然降水量相比，减少50%降水量显著降低了土壤呼吸速率（$P<0.05$），减少30%降水量未显著降低土壤呼吸速率（$P>0.05$），增加降水量（30%和50%）显著提高了土壤呼吸速率（$P<0.05$）。

7月，减少降水量处理对土壤呼吸速率影响较小，增加降水量处理对土壤呼吸速率影响较大（图5-7），其中：7：00~9：30，与自然降水量相比，减少降水量（30%和50%）对土壤呼吸速率无显著的影响（$P>0.05$），增加降水量（30%和50%）显著提高了土壤呼吸速率（$P<0.05$）；9：30~12：00，与自然降水量相比，减少降水量（30%和50%）对土壤呼吸速率的影响并不显著（$P>0.05$），增加降水量（30%和50%）显著提高了土壤呼吸速率（$P<0.05$）；12：00~14：30，与自然降水量相比，减少降水量（30%和50%）显著降低了土壤呼吸速率（$P<0.05$），增加降水量（30%和50%）显著提高了土壤呼吸速率（$P<0.05$）；14：30~17：00，与自然降水量相比，增加降水量（30%和50%）显著提高了土壤呼吸速率（$P<0.05$）；17：00~19：30，与自然降水量相比，增加降水量（30%和50%）显著提高了土壤呼吸速率（$P<0.05$）；综合五个测定时间段，与自然降水量相比，减少50%降水量显著降低了土壤呼吸速率（$P<0.05$），减少30%降水

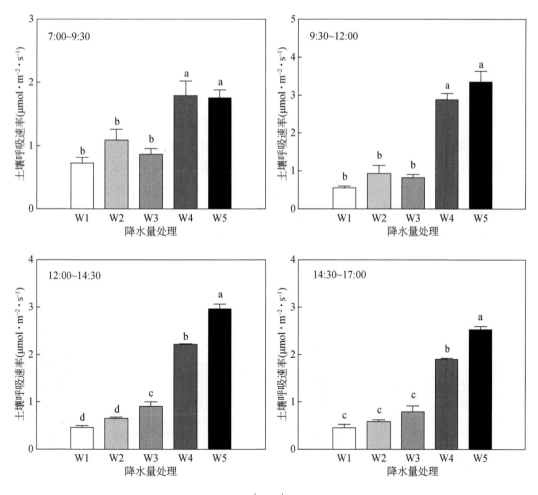

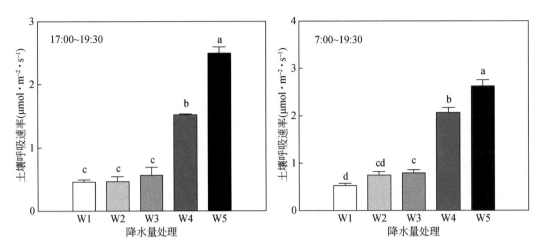

图 5-7   不同测定时间段降水量对 2020 年 7 月土壤呼吸速率的影响

注：W1、W2、W3、W4、W5 分别代表减少 50%、减少 30%、自然、增加 30% 和增加 50% 降水量。

不同小写字母代表降水量处理间土壤呼吸速率差异显著（$P<0.05$）。

量未显著降低土壤呼吸速率（$P>0.05$），增加降水量（30% 和 50%）显著提高了土壤呼吸速率（$P<0.05$），并且增加 50% 降水量较增加 30% 降水量处理下土壤呼吸速率有显著提高（$P<0.05$）。

8 月，减少降水量处理对土壤呼吸速率的影响较大，增加降水量处理对土壤呼吸速率的影响较小（图 5-8），其中：7：00 ~ 9：30，与自然降水量相比，减少降水量（30% 和 50%）显著降低了土壤呼吸速率（$P<0.05$）；9：30 ~ 12：00，与自然降水量相比，减少降水量（30% 和 50%）显著降低了土壤呼吸速率（$P<0.05$），增加降水量（30% 和 50%）显著提高了土壤呼吸速率（$P<0.05$）；12：00 ~ 14：30，与自然降水量相比，减少降水量（30% 和 50%）显著降低了土壤呼吸速率（$P<0.05$），增加降水量（30% 和 50%）显著提高了土壤呼吸速率（$P<0.05$）；14：30 ~ 17：00，与自然降水量相比，减少降水量（30%

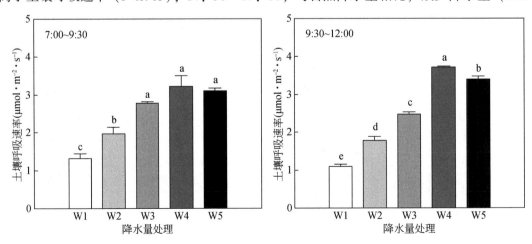

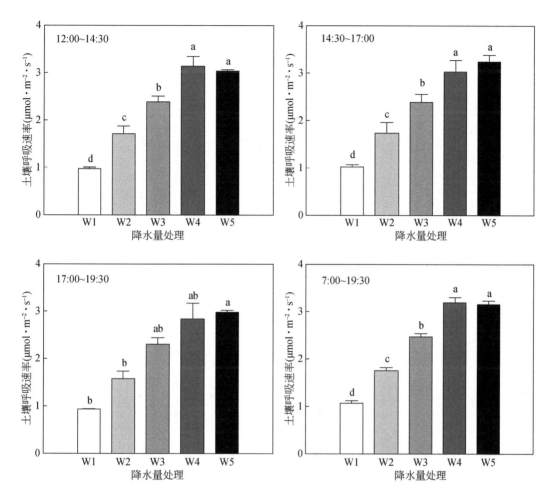

图 5-8　不同测定时间段降水量对 2020 年 8 月土壤呼吸速率的影响

注：W1、W2、W3、W4、W5 分别代表减少 50%、减少 30%、自然、增加 30% 和增加 50% 降水量。

不同小写字母代表降水量处理间土壤呼吸速率差异显著（$P<0.05$）。

和 50%）显著降低了土壤呼吸速率（$P<0.05$），增加降水量（30% 和 50%）显著提高了土壤呼吸速率（$P<0.05$）；17：00～19：30，与自然降水量相比，减少和增加降水量均对土壤呼吸速率没有显著影响（$P>0.05$）；综合五个测定时间段，与自然降水量相比，减少降水量（30% 和 50%）显著降低了土壤呼吸速率（$P<0.05$），并且减少 50% 降水量较减少 30% 降水量处理对土壤呼吸速率的削弱作用更强（$P<0.05$），增加降水量（30% 和 50%）显著提高了土壤呼吸速率（$P<0.05$）。

与 8 月相似，9 月减少降水量处理对土壤呼吸速率的影响较大，增加降水量处理对土壤呼吸速率的影响较小（图 5-9），其中：7：00～9：30，与自然降水量相比，减少降水量（30% 和 50%）显著降低了土壤呼吸速率（$P<0.05$），增加降水量（30% 和 50%）对土壤呼吸速率没有显著影响（$P>0.05$）；9：30～12：00，与自然降水量相比，减少降水量

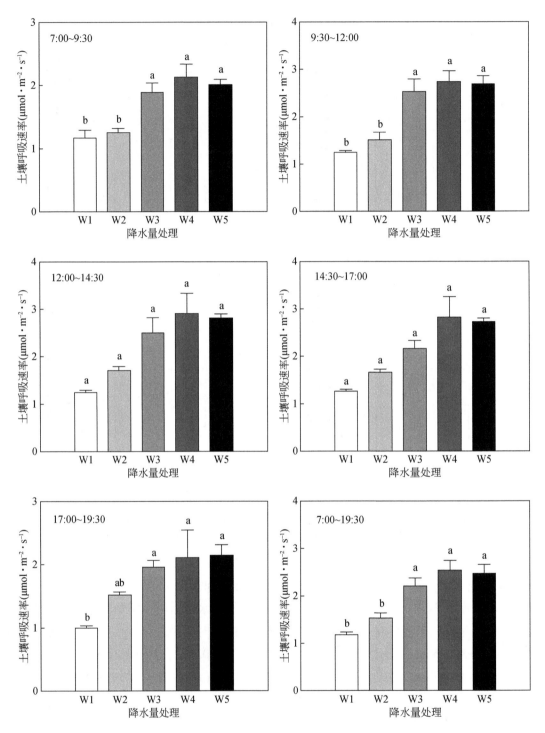

图 5-9　不同测定时间段降水量对 2020 年 9 月土壤呼吸速率的影响

注：W1、W2、W3、W4、W5 分别代表减少 50%、减少 30%、自然、增加 30% 和增加 50% 降水量。

不同小写字母代表降水量处理间土壤呼吸速率差异显著（$P<0.05$）。

（30% 和 50%）显著降低了土壤呼吸速率（$P<0.05$），增加降水量（30% 和 50%）对土壤呼吸速率没有显著影响（$P>0.05$）；12：00～14：30，与自然降水量相比，减少和增加降水量均对土壤呼吸速率没有显著影响（$P>0.05$）；14：30～17：00，与自然降水量相比，减少和增加降水量对土壤呼吸速率没有显著影响（$P>0.05$）；17：00～19：30，与自然降水量相比，减少 50% 降水量显著降低了土壤呼吸速率（$P<0.05$），减少 30% 和增加降水量（30% 和 50%）均对土壤呼吸速率没有显著影响（$P>0.05$）；综合五个测定时间段，与自然降水量相比，减少降水量（30% 和 50%）显著降低了土壤呼吸速率（$P<0.05$），增加降水量（30% 和 50%）对土壤呼吸没有显著影响（$P>0.05$）。

10 月（图 5-10），与自然降水量相比，各个测定时间段减少和增加降水量均对土壤呼吸速率没有显著影响（$P>0.05$）；但与减少降水量（30% 和 50%）相比，增加降水量（30% 和 50%）显著提高了土壤呼吸速率（$P<0.05$）。

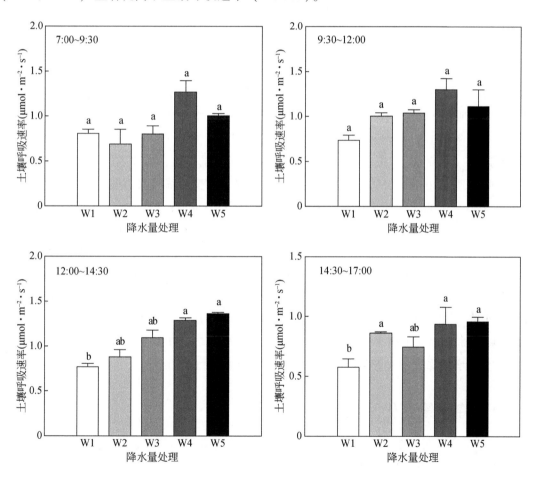

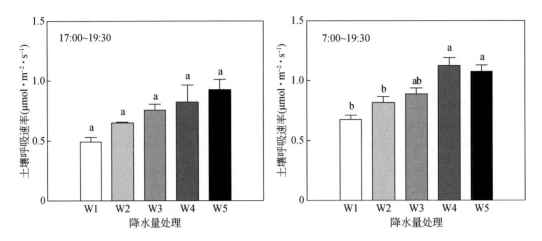

图 5-10　不同测定时间段降水量对 2020 年 10 月土壤呼吸速率的影响

注：W1、W2、W3、W4、W5 分别代表减少 50%、减少 30%、自然、增加 30% 和增加 50% 降水量。

不同小写字母代表降水量处理间土壤呼吸速率差异显著（$P<0.05$）。

综合 6 ~ 10 月（图 5-11），减少降水量处理降低了土壤呼吸速率，增加降水量处理提高了土壤呼吸速率，其中：7：00 ~ 9：30，与自然降水量相比，减少降水量（30% 和 50%）显著降低了土壤呼吸速率（$P<0.05$），增加降水量（30% 和 50%）显著提高了土壤呼吸速率（$P<0.05$）；9：30 ~ 12：00，与自然降水量相比，减少 50% 降水量显著降低了土壤呼吸速率（$P<0.05$），减少 30% 降水量未显著改变土壤呼吸速率（$P>0.05$），增加降水量（30% 和 50%）显著提高了土壤呼吸速率（$P<0.05$）；12：00 ~ 14：30，与自然降水量相比，减少降水量（30% 和 50%）显著降低了土壤呼吸速率（$P<0.05$），增加降水量（30% 和 50%）显著提高了土壤呼吸速率（$P<0.05$）；14：30 ~ 17：00，与自然降水量相比，减少降水量（30% 和 50%）显著降低了土壤呼吸速率（$P<0.05$），增加降水量（30% 和 50%）显著提高了土壤呼吸速率（$P<0.05$）；17：00 ~ 19：30，与自然降水量相比，减少降水量（30% 和 50%）显著降低了土壤呼吸速率（$P<0.05$），增加降水量（30% 和 50%）显著提高了土壤呼吸速率（$P<0.05$）；7：00 ~ 19：30，与自然降水量相比，减少和增加降水量对土壤呼吸速率均没有显著影响（$P>0.05$）。

5.2.2　降水量变化及氮添加下

5.2.2.1　2019 ~ 2021 年

降水量、年份及其交互作用对土壤呼吸速率有极显著影响（$P<0.01$，表 5-4），氮添加和年份对土壤呼吸速率有显著的交互作用（$P<0.05$）。

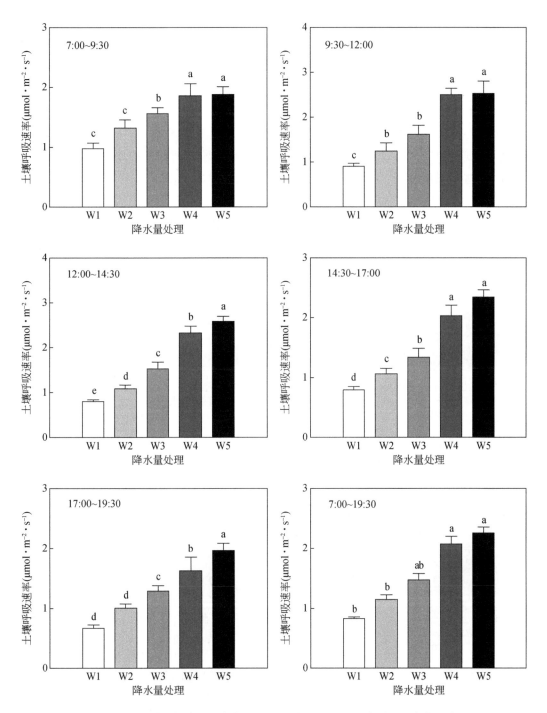

图 5-11 不同测定时间段降水量对 2020 年 6 ~ 10 月土壤呼吸速率的影响

注：W1、W2、W3、W4、W5 分别代表减少 50%、减少 30%、自然、增加 30% 和增加 50% 降水量。
不同小写字母代表降水量处理间土壤呼吸速率差异显著（$P<0.05$）。

表5-4 降水量（P）、氮添加（N）、测定年份（Y）及其交互作用对土壤呼吸速率的影响

差异来源	P	N	Y	P×N	P×Y	N×Y	P×N×Y
F	45.235	0.003	18.837	0.750	5.282	14.772	2.337
P	<0.001	0.961	0.009	0.585	0.002	0.014	0.071

0 和 $5g \cdot m^{-2} \cdot a^{-1}$ 的氮添加下（图 5-12），2019 年土壤呼吸速率日动态呈单峰变化，其峰值均出现在 12：00～14：30，而 2020 年和 2021 年土壤呼吸速率均未呈明显的变化规律。此外，3 年试验期间，8 月土壤呼吸速率普遍高于 7 月的测定值。

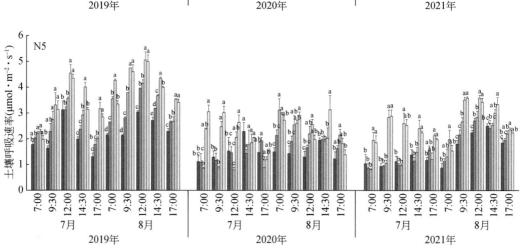

图 5-12 降水量变化及氮添加下 2019～2021 年土壤呼吸速率的日动态

降水量变化及氮添加下（图 5-13），2019 年土壤呼吸速率月动态呈先增加后降低的趋势，最大值出现 8 月至 9 月上旬；而 2020 年和 2021 年土壤呼吸速率月动态呈波动式变化，前者年最大值普遍出现在 8 月和 9 月上旬，后者年最大值普遍出现在生长季前期 6 月。3 个年份间，2019 年土壤呼吸速率整体上高于 2020 和 2021 年的测定值。

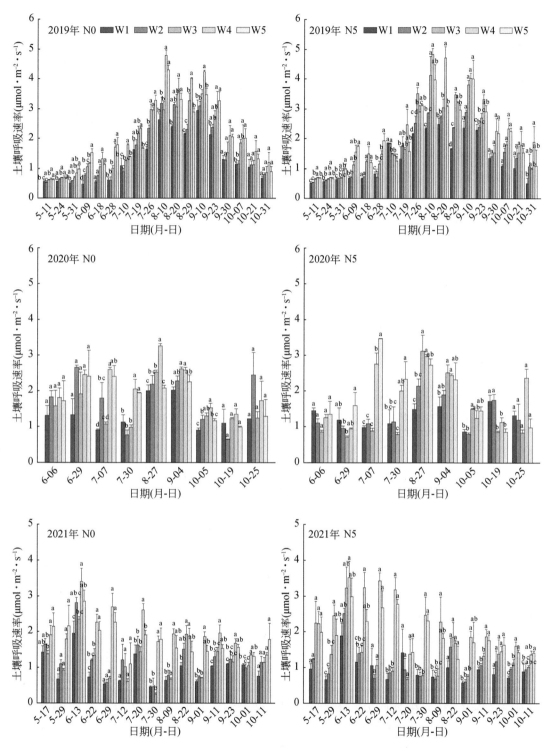

图 5-13 降水量变化及氮添加下 2019～2021 年土壤呼吸速率的月动态

减少降水量对土壤呼吸速率影响较小，增加降水量对土壤呼吸速率影响较大，尤其2020年和2021年，表现出较大的年际差异（图5-14）。$0g \cdot m^{-2} \cdot a^{-1}$的氮添加下，与自然降水量相比，减少降水量显著降低了2019年（W1和W2）土壤呼吸速率（$P<0.05$），增加降水量显著提高了2019年（W4和W5）、2020年（W4）和2021年（W4和W5）土壤呼吸速率（$P<0.05$）。$5g \cdot m^{-2} \cdot a^{-1}$的氮添加下，与自然降水量相比，减少降水量显著降低了2019年（W1和W2）土壤呼吸速率（$P<0.05$），增加降水量显著提高了2019年（W4）、2020年（W4和W5）和2021年（W4和W5）的土壤呼吸速率（$P<0.05$）。相同降水量条件下，氮添加在减少30%降水量时显著降低了2020年土壤呼吸速率（$P<0.05$），在增加30%降水量时显著提高了2019年土壤呼吸速率（$P<0.05$）、降低了2020年土壤呼吸速率（$P<0.05$）。

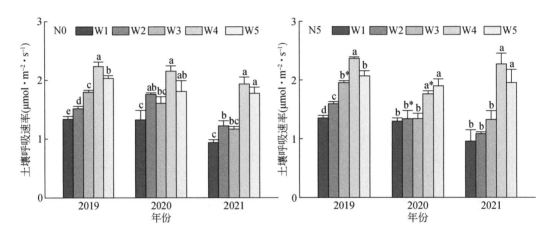

图5-14　降水量及氮添加对2019～2021年土壤呼吸速率的影响

5.2.2.2　2021年

降水量和氮添加对7月和8月不同测定时间段土壤呼吸速率的影响程度不一（图5-15和图5-16）。7月，$0g \cdot m^{-2} \cdot a^{-1}$的氮添加下，与自然降水量相比，减少30%降水量显著提高了7：00～9：30的土壤呼吸速率（$P<0.05$），增加降水量显著提高了12：00～14：30的土壤呼吸速率（$P<0.05$）。$5g \cdot m^{-2} \cdot a^{-1}$的氮添加下，增加降水量显著提高7：00～9：30、9：30～12：00、14：30～17：00和17：00～19：30的土壤呼吸速率（$P<0.05$）。相同降水量条件下，氮添加在减少30%降水量处理下显著降低了7：00～9：30的土壤呼吸速率（$P<0.05$），在增加30%降水量处理下显著提高了9：30～12：00和17：00～19：30的土壤呼吸速率（$P<0.05$），在增加50%降水量处理下显著提高了9：30～12：00、14：30～17：00和17：00～19：30的土壤呼吸速率（$P<0.05$）。

8月，$0g \cdot m^{-2} \cdot a^{-1}$的氮添加下，减少降水量显著提高了17：00～19：30的土壤呼吸速率（$P<0.05$），增加30%降水量显著提高了每个时段的土壤呼吸速率（$P<0.05$），增加

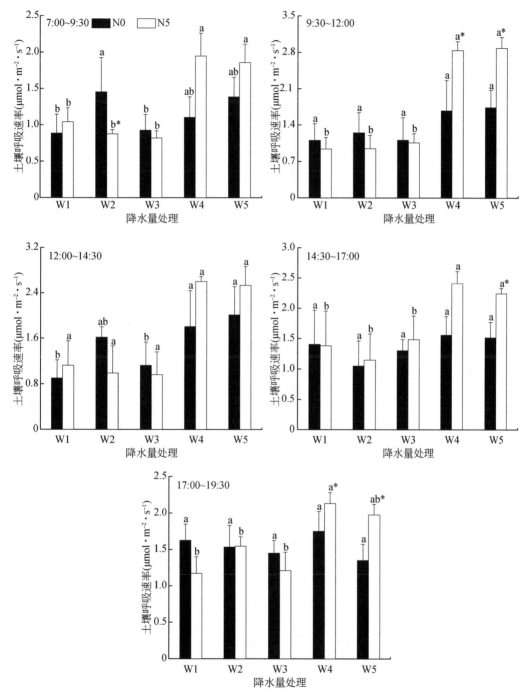

图 5-15　不同测定时间段降水量及氮添加对 2021 年 7 月土壤呼吸速率的影响

注：W1、W2、W3、W4、W5 分别代表减少 50%、减少 30%、自然、增加 30% 和增加 50% 降水量。N0 和 N5 分别代表 0g·m⁻²·a⁻¹ 和 5g·m⁻²·a⁻¹ 氮添加。不同小写字母表示相同氮添加下降水量处理间土壤呼吸速率差异显著（$P <$ 0.05）。* 表示相同降水量下氮添加处理间土壤呼吸速率存在显著性差异（$P < 0.05$）。

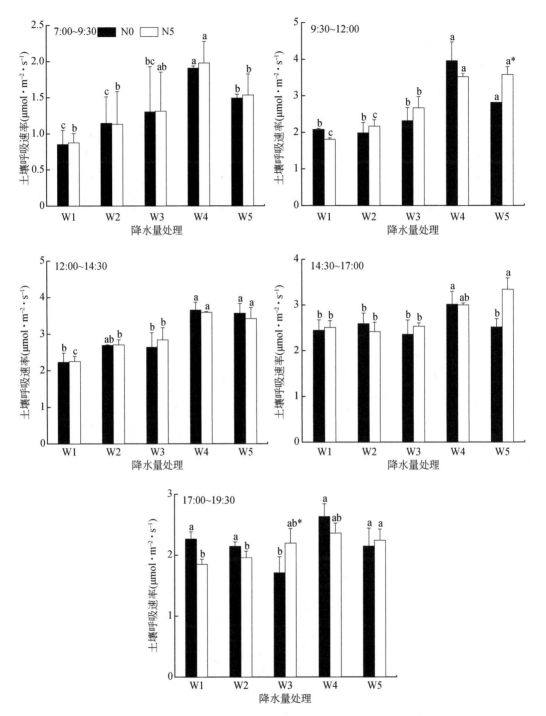

图 5-16 不同测定时间段降水量及氮添加对 2021 年 8 月土壤呼吸速率的影响

注：W1、W2、W3、W4、W5 分别代表减少 50%、减少 30%、自然、增加 30% 和增加 50% 降水量。N0 和 N5 分别代表 0g·m⁻²·a⁻¹ 和 5g·m⁻²·a⁻¹ 氮添加。不同小写字母表示相同氮添加下降水量处理间土壤呼吸速率差异显著（*P*<0.05）。

* 表示相同降水量下氮添加处理间土壤呼吸速率存在显著性差异（*P*<0.05）。

50%降水量显著提高了9：30~12：00、12：00~14：30和17：00~19：30的土壤呼吸速率（$P<0.05$）。5g·m^{-2}·a^{-1}的氮添加下，减少降水量显著降低了9：30~12：00的土壤呼吸速率（$P<0.05$）、显著提高了17：00~19：30的土壤呼吸速率（$P<0.05$），增加30%降水量显著提高了每个时段的土壤呼吸速率（$P<0.05$），增加50%降水量显著提高了9：30~12：00、12：00~14：30和17：00~19：30的土壤呼吸速率（$P<0.05$）。相同降水量条件下，氮添加在自然降水量处理下显著提高了17：00~19：30的土壤呼吸速率（$P<0.05$），增加50%降水量处理下显著提高了9：30~12：00的土壤呼吸速率（$P<0.05$）。

5~10月每个月的单因素方差分析结果显示（图5-17）：5月，0和5g·m^{-2}·a^{-1}的氮添加下，减少和增加降水量对土壤呼吸速率无显著影响（$P>0.05$）。相同降水量条件下，氮添加在减少30%降水量时显著降低了土壤呼吸速率（$P<0.05$）。

6月，0g·m^{-2}·a^{-1}的氮添加下，与自然降水量相比，减少和增加降水量对土壤呼吸速率无显著影响（$P>0.05$）。5g·m^{-2}·a^{-1}的氮添加下，与自然降水量相比，增加30%降水量显著提高了土壤呼吸速率（$P<0.05$）。相同降水量条件下，氮添加对土壤呼吸速率无显著影响（$P>0.05$）。

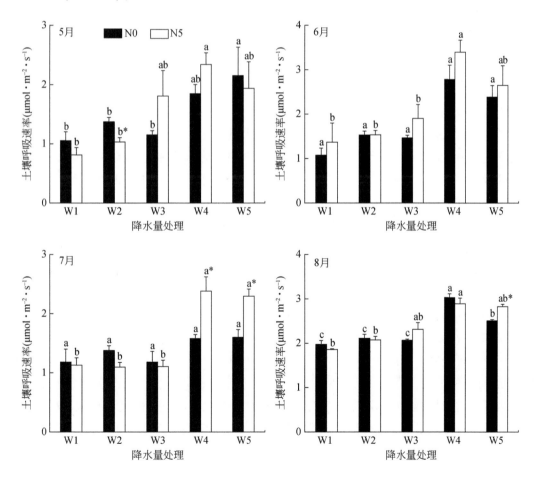

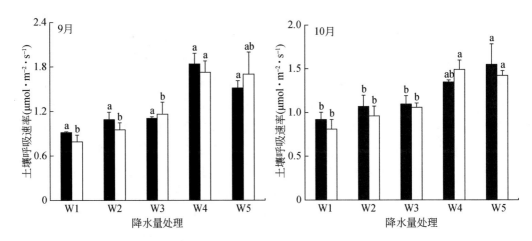

图 5-17 不同氮添加下降水量对 2021 年生长季土壤呼吸速率的影响

注：W1、W2、W3、W4、W5 分别代表减少 50%、减少 30%、自然、增加 30% 和增加 50% 降水量。N0 和 N5 分别代表 0g·m⁻²·a⁻¹ 和 5g·m⁻²·a⁻¹ 氮添加。不同小写字母表示相同氮添加下降水量处理间土壤呼吸速率差异显著（$P<0.05$）。* 表示相同降水量下氮添加处理间土壤呼吸速率存在显著性差异（$P<0.05$）。

7 月，$0g·m^{-2}·a^{-1}$ 的氮添加下，与自然降水量相比，减少和增加降水量对土壤呼吸速率无显著影响（$P<0.05$）。$5g·m^{-2}·a^{-1}$ 的氮添加下，与自然降水量相比，增加降水量显著提高了土壤呼吸速率（$P<0.05$）。相同降水量条件下，氮添加在增加降水量时显著提高了土壤呼吸速率（$P<0.05$）；

8 月，$0g·m^{-2}·a^{-1}$ 的氮添加下，与自然降水量相比，增加降水量显著提高了土壤呼吸速率（$P<0.05$）。$5g·m^{-2}·a^{-1}$ 的氮添加下，与自然降水量相比，减少和增加降水量对土壤呼吸速率无显著影响（$P>0.05$）。相同降水量条件下，氮添加增加 50% 降水量时显著提高了土壤呼吸速率（$P<0.05$）。

9 月，$0g·m^{-2}·a^{-1}$ 的氮添加下，与自然降水量相比，减少和增加降水量对土壤呼吸速率无显著影响（$P>0.05$）。$5g·m^{-2}·a^{-1}$ 的氮添加下，与自然降水量相比，增加 30% 降水量显著提高了土壤呼吸速率（$P<0.05$）。相同降水量条件下，氮添加对土壤呼吸速率无显著影响（$P>0.05$）。

10 月，$0g·m^{-2}·a^{-1}$ 的氮添加下，与自然降水量相比，增加 50% 降水量显著提高了土壤呼吸速率（$P<0.05$）。$5g·m^{-2}·a^{-1}$ 的氮添加下，与自然降水量相比，增加降水量显著提高了土壤呼吸速率（$P<0.05$）。相同降水量条件下，氮添加对土壤呼吸速率无显著影响（$P>0.05$）。

裂区方差分析结果显示（表 5-5），降水量对土壤呼吸速率有极显著影响（$P<0.01$），氮添加及其与降水量的交互作用对土壤呼吸速率无显著影响（$P>0.05$）。

表 5-5　降水量及氮添加对 2021 年土壤呼吸速率的影响

变异来源	自由度	土壤呼吸速率
降水量	4	32.302**
氮添加	1	2.856
降水量×氮添加	4	1.845

注：表中数据为 F 值。**代表 $P<0.01$。

5～10 月的综合结果显示（图 5-18）：0 和 5g·m^{-2}·a^{-1} 的氮添加下，与自然降水量相比，增加降水量均显著提高了土壤呼吸速率（$P<0.05$）；相同降水量条件下，氮添加在减少降水量时降低了土壤呼吸速率，其效应在减少 30% 降水量时达到显著水平（$P<0.05$），在自然降水量和增加降水量时提高了土壤呼吸速率，但其效应均未达到显著水平（$P>0.05$）。

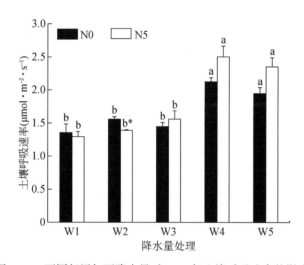

图 5-18　不同氮添加下降水量对 2021 年土壤呼吸速率的影响

注：W1、W2、W3、W4、W5 分别代表减少 50%、减少 30%、自然、增加 30% 和增加 50% 降水量。N0 和 N5 分别代表 0g·m^{-2}·a^{-1} 和 5g·m^{-2}·a^{-1} 氮添加。不同小写字母表示相同氮添加下降水量处理间土壤呼吸速率差异显著（$P<0.05$）。*表示相同降水量下氮添加处理间土壤呼吸速率存在显著性差异（$P<0.05$）。

5.2.2.3　2022 年

降水量变化及氮添加下，7、8 月土壤呼吸速率大体上表现出先增加后降低的日动态变化趋势（图 5-19）；各处理土壤呼吸速率的最大值普遍出现在 12：00～14：30，最小值普遍出现在 7：00～9：30。

7 月，0g·m^{-2}·a^{-1} 氮添加下，与自然降水量相比（W3），减少 50%（W1）和 30%（W2）降水量在 5 个测定时间段（7：00～9：30、9：30～12：00、12：00～14：30、14：30～17：00、17：00～19：30）上均未显著影响土壤呼吸速率（$P>0.05$），增加 30%

（W4）和50%（W5）降水量显著提高了7：30～9：30、9：30～12：00、12：00～14：30、14：30～17：00土壤呼吸速率（$P<0.05$）；5g·m^{-2}·a^{-1}氮添加下，与自然降水量相比，减少降水量亦未显著影响各测定时间段的土壤呼吸速率（$P>0.05$），增加30%降水量显著提高了5个测定时间段的土壤呼吸速率（$P<0.05$），增加50%降水量显著提高了7：00～9：30、9：30～12：00、12：00～14：30、17：00～19：30的土壤呼吸速率（$P<0.05$）；相同降水量条件下，5g·m^{-2}·a^{-1}氮添加在减少50%降水量时，未显著影响各测定时间段土壤呼吸速率（$P>0.05$），在减少30%降水量时显著降低了7：00～9：30土壤呼吸速率（$P<0.05$），在自然降水量时显著提高了12：00～14：30、14：30～17：00土

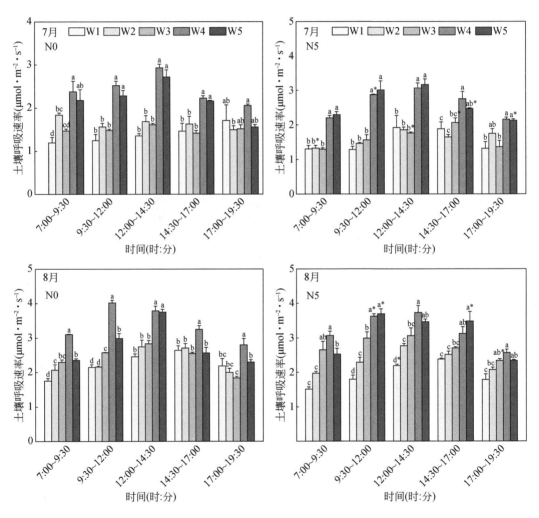

图5-19　不同测定时间段降水量及氮添加对2022年7～8月土壤呼吸速率的影响

注：W1、W2、W3、W4、W5分别代表减少50%、减少30%、自然、增加30%和增加50%降水量。N0和N5分别代表0g·m^{-2}·a^{-1}和5g·m^{-2}·a^{-1}氮添加。不同小写字母表示相同氮添加下降水量处理间土壤呼吸速率差异显著（$P<0.05$）。

＊表示相同降水量下氮添加处理间土壤呼吸速率存在显著性差异（$P<0.05$）。

壤呼吸速率（$P<0.05$），在增加 30% 降水量时提高了 9：30 ~ 12：00 土壤呼吸速率（$P<0.05$），在增加 50% 降水量时显著提高了 14：30 ~ 17：00、17：00 ~ 19：30 土壤呼吸速率（$P<0.05$）。

8 月，$0g \cdot m^{-2} \cdot a^{-1}$ 氮添加下，与自然降水量相比，减少降水量显著降低了 7：00 ~ 9：30（W1）、9：30 ~ 12：00（W1 和 W2）土壤呼吸速率（$P<0.05$），增加降水量显著提高了 7：00 ~ 9：30（W4）、9：30 ~ 12：00（W4 和 W5）、12：00 ~ 14：30（W4 和 W5）、14：30 ~ 17：00（W4）、17：00 ~ 19：30（W4 和 W5）土壤呼吸速率（$P<0.05$）；$5g \cdot m^{-2} \cdot a^{-1}$ 氮添加下，与自然降水量相比，减少降水量显著降低了 7：00 ~ 9：30（W1 和 W2）、9：30 ~ 12：00（W1 和 W2）、12：00 ~ 14：30（W1）、17：00 ~ 19：30（W1）土壤呼吸速率（$P<0.05$），增加降水量显著提高了 9：30 ~ 12：00（W4 和 W5）、12：00 ~ 14：30（W4）、14：30 ~ 17：00（W5）土壤呼吸速率（$P<0.05$）；相同降水量条件下，$5g \cdot m^{-2} \cdot a^{-1}$ 氮添加在减少 50% 降水量时显著降低了 12：00 ~ 14：30 土壤呼吸速率（$P<0.05$），在自然降水量时显著提高了 17：00 ~ 19：30 土壤呼吸速率（$P<0.05$），在增加 30% 降水量显著降低了 9：30 ~ 12：00 土壤呼吸速率（$P<0.05$），在增加 50% 降水量时显著提高了 9：30 ~ 12：00、14：30 ~ 17：00 土壤呼吸速率（$P<0.05$）。

降水量变化及氮添加下，土壤呼吸速率月动态呈波动式变化趋势（图5-20），其最大值普遍出现在 8 月上旬、最小值普遍出现在 5 月中旬。

$0g \cdot m^{-2} \cdot a^{-1}$ 氮添加下，与自然降水量相比，减少降水量显著降低了 6 月 19 日（W1）、7 月 29 日（W1）、8 月 29 日（W1 和 W2）、9 月 10 日（W1）、9 月 19 日（W1）土壤呼吸速率（$P<0.05$），显著提高了 7 月 9 日（W2）土壤呼吸速率（$P<0.05$），增加降水量显著提高了 5 月 15 日（W5）、5 月 30 日（W5）、6 月 19 日（W4 和 W5）、6 月 28 日（W4）、7 月 9 日（W4 和 W5）、7 月 18 日（W4）、7 月 29 日（W4 和 W5）、8 月 11 日（W4 和 W5）、8 月 29 日（W4）、9 月 10 日（W4）、9 月 19 日（W4）土壤呼吸速率（$P<0.05$）。

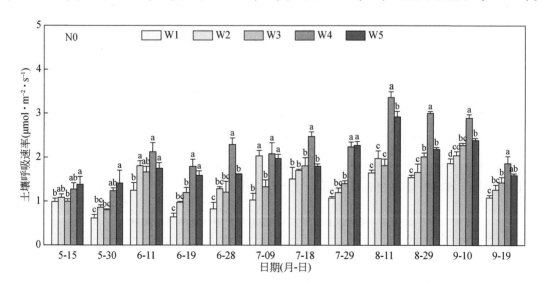

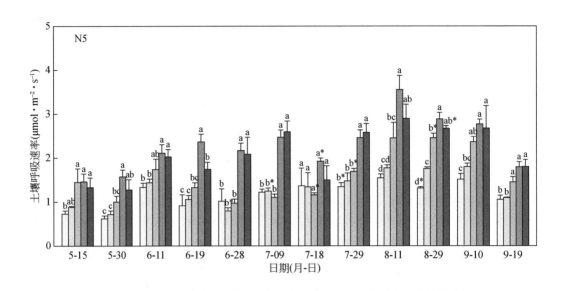

图 5-20　不同测定时间降水量及氮添加对 2022 年土壤呼吸速率的影响

注：W1、W2、W3、W4、W5 分别代表减少 50%、减少 30%、自然、增加 30% 和增加 50% 降水量。N0 和 N5 分别代表 0g·m⁻²·a⁻¹ 和 5g·m⁻²·a⁻¹ 氮添加。不同小写字母表示相同氮添加下降水量处理间土壤呼吸速率差异显著（$P<0.05$）。
＊表示相同降水量下氮添加处理间土壤呼吸速率存在显著性差异（$P<0.05$）。

5g·m⁻²·a⁻¹ 氮添加下，与自然降水量相比，减少降水量显著降低了 5 月 15 日（W1）、8 月 11 日（W1）、8 月 29 日（W1 和 W2）、9 月 10 日（W1）、9 月 19 日（W1 和 W2）土壤呼吸速率（$P<0.05$），增加降水量显著提高了 5 月 30 日（W4）、6 月 19 日（W4）、6 月 28 日（W4 和 W5）、7 月 9 日（W4 和 W5）、7 月 29 日（W4 和 W5）、8 月 11 日（W4）、8 月 29 日（W4）土壤呼吸速率（$P<0.05$）。

相同降水量条件下，5g·m⁻²·a⁻¹ 氮添加在减少 50% 降水量时显著提高了 7 月 29 日土壤呼吸速率（$P<0.05$），显著降低了 8 月 29 日土壤呼吸速率（$P<0.05$），在减少 30% 降水量时显著降低了 6 月 28 日、7 月 9 日土壤呼吸速率（$P<0.05$），在自然降水量时显著降低了 7 月 18 日土壤呼吸速率（$P<0.05$），显著提高了 7 月 29 日、8 月 29 日土壤呼吸速率（$P<0.05$），在增加 30% 降水量时显著降低了 7 月 18 日土壤呼吸速率（$P<0.05$），在增加 50% 降水量时显著提高了 8 月 29 日土壤呼吸速率（$P<0.05$）。

降水量、测定月份、降水量和氮添加交互作用及降水量和测定月份交互作用对土壤呼吸速率有极显著影响（$P<0.01$）（表 5-6），氮添加、氮添加和测定月份交互作用以及三者交互作用对土壤呼吸速率没有显著影响（$P>0.05$）。

表 5-6　降水量及氮添加对 2022 年土壤呼吸速率的影响

差异来源	自由度	F	P
降水量	4	139.510	<0.001

差异来源	自由度	F	P
氮添加	1	0.951	0.332
测定月份	4	133.092	<0.001
降水量×氮添加	4	0.791	0.004
氮添加×测定月份	4	0.758	0.555
降水量×测定月份	16	3.961	<0.001
降水量×氮添加×测定月份	16	1.238	0.254

将各处理下不同时间测定的土壤呼吸速率按月进行了整合，比较了各月降水量和氮添加对土壤呼吸速率的影响。结果显示，降水量和氮添加改变了生长季 5~9 月土壤呼吸速率的动态变化（图 5-21）。

5 月，$0g \cdot m^{-2} \cdot a^{-1}$氮添加下，与自然降水量相比，减少（30% 和 50%）降水量和增加 30% 降水量对土壤呼吸速率无显著影响（$P>0.05$），增加 50% 降水量显著提高了土壤呼吸速率（$P<0.05$）；$5g \cdot m^{-2} \cdot a^{-1}$氮添加下，与自然降水量相比，减少 50% 降水量显著降低了土壤呼吸速率（$P<0.05$），减少 30% 和增加（30% 和 50%）降水量未显著影响土

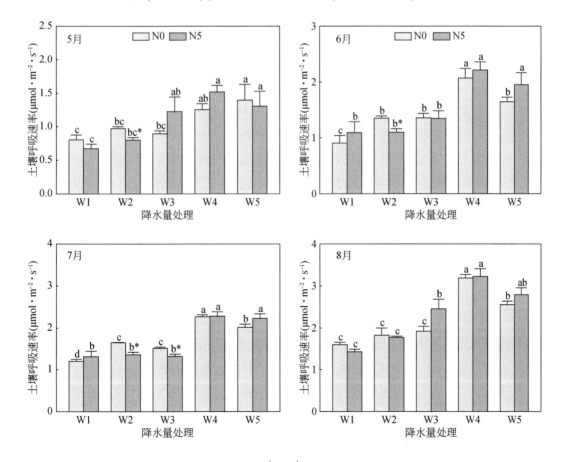

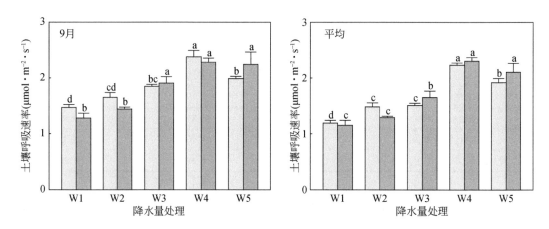

图 5-21　不同氮添加下降水量对 2022 年生长季土壤呼吸速率的影响

注：W1、W2、W3、W4、W5 分别代表减少 50%、减少 30%、自然、增加 30% 和增加 50% 降水量。N0 和 N5 分别代表 $0g \cdot m^{-2} \cdot a^{-1}$ 和 $5g \cdot m^{-2} \cdot a^{-1}$ 氮添加。不同小写字母表示相同氮添加下降水量处理间土壤呼吸速率差异显著（$P<0.05$）。

* 表示相同降水量下氮添加处理间土壤呼吸速率存在显著性差异（$P<0.05$）。

壤呼吸速率（$P>0.05$）；相同降水量条件下，$5g \cdot m^{-2} \cdot a^{-1}$ 氮添加在减少 30% 降水量时显著降低了土壤呼吸速率（$P<0.05$）。

6 月，$0g \cdot m^{-2} \cdot a^{-1}$ 氮添加下，与自然降水量相比，减少 50% 降水量显著降低了土壤呼吸速率（$P<0.05$），增加 30% 降水量显著提高了土壤呼吸速率（$P<0.05$）；$5g \cdot m^{-2} \cdot a^{-1}$ 氮添加下，与自然降水量相比，减少 30% 和 50% 降水量未显著影响土壤呼吸速率（$P>0.05$），增加 30% 和 50% 降水量显著提高了土壤呼吸速率（$P<0.05$）。相同降水量条件下，$5g \cdot m^{-2} \cdot a^{-1}$ 氮添加在减少 30% 降水量时显著降低了土壤呼吸速率（$P<0.05$）。

7 月，$0g \cdot m^{-2} \cdot a^{-1}$ 氮添加下，与自然降水量相比，减少 50% 降水量显著降低了土壤呼吸速率（$P<0.05$），增加 30% 和 50% 降水量显著提高了土壤呼吸速率（$P<0.05$）；$5g \cdot m^{-2} \cdot a^{-1}$ 氮添加下，与自然降水量相比，减少 30% 和 50% 降水量未显著影响土壤呼吸速率（$P>0.05$），增加 30% 和 50% 降水量显著提高了土壤呼吸速率（$P<0.05$）；相同降水量条件下，$5g \cdot m^{-2} \cdot a^{-1}$ 氮添加在减少 30% 和自然降水量时降低了土壤呼吸速率（$P<0.05$）。

8 月，$0g \cdot m^{-2} \cdot a^{-1}$ 氮添加下，与自然降水量相比，减少 30% 和 50% 降水量未显著影响土壤呼吸速率（$P>0.05$），增加 30% 和 50% 降水量显著提高了土壤呼吸速率（$P<0.05$）；$5g \cdot m^{-2} \cdot a^{-1}$ 氮添加下，与自然降水量相比，减少 30% 和 50% 降水量显著降低了土壤呼吸速率（$P<0.05$），增加 30% 降水量显著提高了土壤呼吸速率（$P<0.05$）；相同降水量条件下，$5g \cdot m^{-2} \cdot a^{-1}$ 氮添加未显著影响土壤呼吸速率（$P>0.05$）。

9 月，$0g \cdot m^{-2} \cdot a^{-1}$ 氮添加下，与自然降水量相比，减少 50% 降水量显著降低了土壤呼吸速率（$P>0.05$），增加 30% 降水量显著提高了土壤呼吸速率（$P<0.05$）；$5g \cdot m^{-2} \cdot a^{-1}$ 氮添加下，与自然降水量相比，减少 30% 和 50% 降水量显著降低了土壤呼吸速率（$P<$

0.05），增加 30% 和 50% 降水量未显著影响土壤呼吸速率（$P>0.05$）；相同降水量条件下，$5g \cdot m^{-2} \cdot a^{-1}$ 氮添加对土壤呼吸速率没有显著影响（$P>0.05$）。

综合 5~9 月，$0g \cdot m^{-2} \cdot a^{-1}$ 氮添加下，与自然降水量相比，减少 50% 降水量显著降低了土壤呼吸速率（$P<0.05$），增加 30% 和 50% 降水量显著提高了土壤呼吸速率（$P<0.05$）；$5g \cdot m^{-2} \cdot a^{-1}$ 氮添加下，与自然降水量相比，减少 30% 和 50% 降水量显著降低了土壤呼吸速率（$P<0.05$），增加 30% 和 50% 降水量显著提高了土壤呼吸速率（$P<0.05$）；相同降水量条件下，$5g \cdot m^{-2} \cdot a^{-1}$ 氮添加未显著影响土壤呼吸速率（$P>0.05$）。

5.3 降水量变化及氮添加下土壤呼吸速率的响应机制

5.3.1 降水量变化下

土壤呼吸作为全球碳循环过程中的重要组分，其动态变化会显著改变大气 CO_2 浓度，进一步对区域和全球的碳平衡以及气候变化产生影响（Li et al.，2018）。本章研究中，降水量变化下土壤呼吸速率的日动态变化呈现出先升高后降低的趋势。7 月和 8 月土壤呼吸速率峰值出现在 9：30 左右，之后降低并在 12：00 之后略有回升，而其他月份峰值基本出现在 12：00 左右，这与针对天山北坡荒漠草原的研究结果相似（郭文章等，2021）。这可能是因为 7 月和 8 月在 9：30 之后随着温度持续增加，土壤中的水分蒸发加强，可溶性有机质的扩散和分解过程受到抑制、微生物和根系的生命活动减缓，从而引起土壤呼吸减弱。12：00 之后气温有所下降，土壤中水分蒸发减弱，一定程度上减缓了高温对地下可溶性有机质扩散和分解的抑制作用，促进了微生物和根系活动，所以此时的土壤呼吸速率有了逐渐升高（李新鸽等，2019）。其他月份在 12：00 左右气温达到最高，但并未达到可以抑制土壤呼吸作用的阈值，因此土壤呼吸速率在 12：00 左右达到峰值。

就整个生长季而言，土壤呼吸速率呈先增加后降低的时间动态，最大值出现在 8 月下旬或 9 月上旬（图 5-5），与以往研究结果相似（崔海和张亚红，2016；王忠武等，2020）。这是因为研究区处于中纬度干旱半干旱地区，土壤呼吸速率受温度和水分的制约。在生长季初期，由于土壤温度和含水量较低，土壤呼吸作用较弱。随着生长季的推移气温逐渐升高、自然降水量逐渐增多（图 2-2、图 2-3、图 2-4、图 2-5），土壤温度和含水量随之升高，而水分的增多增强了土壤可溶性有机物的有效性和流动性，促进了植物地下部分和微生物代谢活动（蒿廉伊等，2021），刺激土壤酶分泌，从而使得土壤呼吸作用加快并在夏季达到高值；8 月底至 9 月初正处当地夏末秋初，温度和水分适宜，此时的土壤呼吸作用在生长季期间达到最强；之后随着气温降低、自然降水量减少，植物地下部分生长和微生物活性减弱，其呼吸强度随之下降（陈阳等，2021；郭文章等，2021）。

降水作为土壤水分的主要来源，调控着地下生物化学过程（范凯凯等，2022），从而影响着土壤呼吸速率，在受水分限制的草原生态系统尤为明显（张晓琳等，2018）。与自然降水量相比，减少30%降水量对土壤呼吸速率影响较小，反映了土壤呼吸对适度干旱的适应性（杨青霄等，2017）。减少50%降水量不同程度地降低了各月份土壤呼吸速率，增加降水量（尤其增加30%）则表现出相反的效应，且其促进作用在前期尤为明显（图5-5）。在极端干旱条件下，土壤长时间处于缺水状态，土壤水分以及有机质的扩散和分解受到限制，不仅阻碍了土壤 CO_2 的传输，而且影响了植物地下部分和微生物生命活动，从而抑制了土壤呼吸作用（刘涛等，2012；赵蓉等，2015；王忠武等，2020）。随着降水量增加，土壤水分和养分（氮和磷）等资源限制逐渐得以缓解，从而提高了植物有氧代谢（Ma et al.，2017）、刺激了土壤酶活性（李新鸽等，2019），进而促进了植物生长和微生物活动（杨青霄等，2017；蒿廉伊等，2021）、加速了植物地下部分和微生物呼吸作用（宋晓辉等，2019）。由于生长季前期较后期自然降水量少，因此土壤呼吸对增加降水量的反应在前期更加明显（王忠武等，2020）。然而，持续增加降水量（增加50%）可能造成土壤水分饱和，引起土壤通透性下降，限制了 O_2 和 CO_2 在土壤中扩散，从而对土壤呼吸产生抑制作用（McNicol & Silver，2014；Vidon et al.，2016；刘涛等，2012；郭文章等，2021）。

5.3.2 降水量变化及氮添加下

土壤呼吸是陆地生态系统与大气之间最主要的碳排放来源，在调节大气 CO_2 浓度和地球气候方面扮演着举足轻重的角色（Li et al.，2018b）。降水和氮添加可以在多种环境因素中交互作用，如生物因素和非生物因素，从而潜在调节土壤呼吸速率（Wang et al.，2019c）。本研究中，降水量变化和氮添加下，整个生长季土壤呼吸速率呈波动式变化，分别在6月中旬和7月下旬达到峰值。这可能是因为6月中旬和8月下旬是当年试验地植物生长旺盛期，水热条件达到最适宜水平，植物根系生长加快、微生物活性随之增强（师广旭等，2008），土壤呼吸速率抵达峰值。此外，降水量变化和氮添加下土壤呼吸日动态呈先升高后降低趋势，在9：30和12：00达到最大值。这可能是由于土壤温度是土壤呼吸日动态主要限制因子（张立欣等，2013），9：30~12：00的土壤温度较适宜微生物活动，从而使得土壤呼吸速率达到峰值。

裂区设计方差分析结果显示，仅降水量对土壤呼吸速率有极显著影响，这与以往一些研究结果一致（Wang et al.，2019c；Reich et al.，2020）。说明水氮添加不一定对土壤呼吸速率有显著的交互作用，土壤呼吸速率对水氮交互作用的响应可能还受氮肥施用量、试验年限和草地类型等的影响（秦淑琦等，2022）。本研究中，$0g \cdot m^{-2} \cdot a^{-1}$ 的氮添加下，与自然降水量相比，减少降水量对土壤呼吸速率的影响未达到显著水平，增加降水量不同程度地提高了土壤呼吸速率，尤其在增加50%降水量条件下。可能是试验地长期处于干旱胁迫状态，微生物种群对干旱的适应性增强（Ren et al.，2018），对降水增加的响应则更敏感，因而短期内降水量减少对土壤呼吸速率的影响不明显；增加降水量可以提高土壤湿度，改善其水分状况，减少干旱对植物和土壤微生物活性的限制，进而刺激根系生长并提高微生物活性，增强土壤呼吸速率（Wang et al.，2019c）。5g·m^{-2}·a^{-1}的氮添加下，与自然降水量相比，减少降水量不同程度地降低了土壤呼吸速率，增加降水量不同程度地提高了其速率，且增加降水量的影响更大，尤其是增加30%降水量。可能是氮添加对土壤呼吸速率的影响在干旱和湿润条件下是不同的。在减少降水量条件下，土壤湿度降低不仅制约了微生物活性，还会限制土壤氮可利用性，因此降低了土壤呼吸速率（Wang et al.，2016）。氮是植被生产力的限制因子，氮添加能够通过增加植物光合作用来增强土壤呼吸速率（Li et al.，2018b）。在增加降水量条件下，土壤水分限制降低，土壤氮利用效率随降水量增加而增加，水氮协同促进植物生长和资源利用（Diao et al.，2022），增强土壤呼吸速率。

5.4 小　　结

本章主要分析了降水量变化及的氮添加下2020～2022生长季土壤呼吸速率日动态和月动态，研究了降水量及氮添加对土壤呼吸速率的影响，主要结果如下。

5.4.1 时间动态

降水量变化单因素作用下，各处理土壤呼吸速率的日动态和月动态均呈现先升高后降低的变化趋势。其中，土壤呼吸速率的日动态在减少降水量和自然降水量处理下的变化趋势较为一致，增加降水量处理下的变化趋势较为一致。整体呈现单峰模式，峰值出现在9：30或12：00左右，并且在7～9月增加降水量处理下更为明显。各降水量处理下土壤呼吸月动态亦多呈单峰模式，并在8月下旬或9月上旬达到峰值。

降水量变化及氮添加两因素作用下，各处理土壤呼吸速率的日动态大体上呈先增加后降低的变化趋势，普遍在7：30～9：30最低、在12：00～14：30时达到最大；各处理土壤呼吸速率月动态呈波动式变化趋势，普遍在5月中旬表现出最小值、在8月上旬达到峰值。

5.4.2 降水量及氮添加的影响

降水量变化单因素作用下，整体来说，减少降水量削弱了土壤呼吸速率，增加降水量提高了土壤呼吸速率，但二者的影响程度随测定时间段和测定月份而异。测定时间段上，减少降水量对土壤呼吸速率的影响较小，增加降水量的影响较大。测定月份上，减少降水量的影响在整个生长季差异较小，增加降水量的影响则在前期较大、后期较小。

　　降水量变化及氮添加两因素作用下，$0g \cdot m^{-2} \cdot a^{-1}$ 的氮添加下，与自然降水量相比，增加降水量不同程度地提高了土壤呼吸速率，尤其在增加50%降水量条件下；$5g \cdot m^{-2} \cdot a^{-1}$ 的氮添加下，与自然降水量相比，减少降水量不同程度地降低了土壤呼吸速率（尤其减少50%降水量），增加降水量不同程度地提高了其速率（尤其增加30%降水量）；相同降水量处理下，氮添加对土壤呼吸速率的影响程度和方向在不同测定月份和测定时间段表现不同。从整个生长季来看，氮添加未显著改变土壤呼吸速率（$P>0.05$）。

|第6章| 降水量变化及氮添加下植物群落特征和土壤性质

6.1 降水量及氮添加对植物群落特征的影响

6.1.1 降水量及氮添加对植物群落生物量的影响

6.1.1.1 降水量变化下

降水量和测定月份均对 2020 年植物群落生物量有极显著影响，二者对植物群落生物量没有显著的交互作用（表 6-1）。

表 6-1 降水量对 2020 年植物群落生物量的两因素方差分析

变异来源	自由度	F
降水量	4	37.988 **
测定月份	5	5.608 **
降水量×测定月份	20	0.951

注：**代表 $P<0.01$。

整个生长季，2020 年生长季植物群落生物量呈先增加后降低的时间动态（图 6-1）。与 W3 相比，W1 显著降低了 8 月群落生物量，W2 对各月群落生物量无显著影响，增加降水量显著提高了 5 月（W4 和 W5）、6 月（W5）、7 月（W4 和 W5）、8 月（W4 和 W5）、9 月（W4 和 W5）群落生物量。

降水量对 2020 年 8 月植物种群生物量的影响程度随物种不同而异（图 6-2）。随降水量增加，牛枝子、草木樨状黄耆、猪毛蒿、阿尔泰狗娃花生物量先增加后降低，白草生物量呈增加趋势，其他物种生物量无明显的变化规律。与 W3 相比，W1、W2、W4 和 W5 对牛枝子、草木樨状黄耆、猪毛蒿、阿尔泰狗娃花、其他物种生物量无显著影响，W1 和 W5 显著提高了苦豆子生物量，W4 显著提高了短花针茅生物量，W5 显著提高了白草生物量。

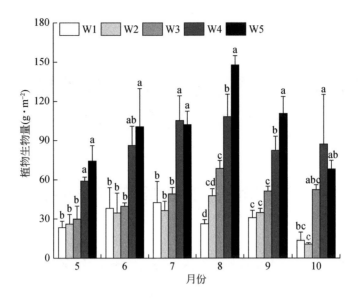

图 6-1　降水量对 2020 年植物群落生物量的影响

注：W1、W2、W3、W4、W5 分别代表减少 50%、减少 30%、自然、增加 30% 和增加 50% 降水量。不同小写字母表示相同月份下植物生物量在降水量处理间差异显著（$P<0.05$）。

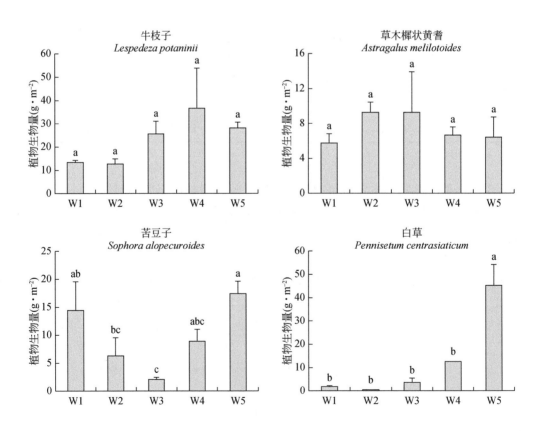

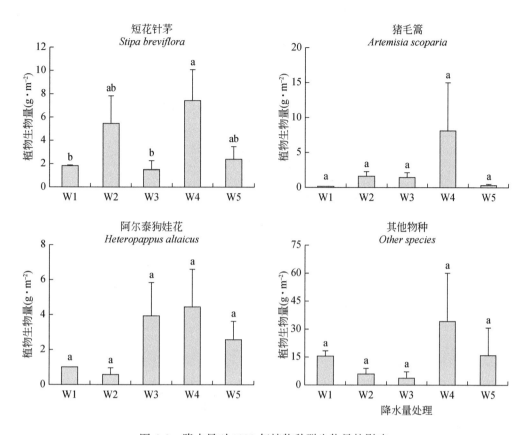

图 6-2 降水量对 2020 年植物种群生物量的影响

注：W1、W2、W3、W4、W5 分别代表减少 50%、减少 30%、自然、增加 30% 和增加 50% 降水量。不同小写字母表示植物生物量在降水量处理间差异显著（$P<0.05$）。

6.1.1.2 降水量变化及氮添加下

降水量和氮添加改变了 2021 年植物群落生物量（图 6-3）。0g·m^{-2}·a^{-1}氮添加下，与自然降水量相比，减少降水量显著降低了植物生物量（$P<0.05$）。5g·m^{-2}·a^{-1}氮添加下，与自然降水量相比，减少 30% 降水量和增加降水量显著提高了植物生物量（$P<0.05$）。相同降水量条件下，氮添加在减少 30% 降水量时显著提高了植物生物量（$P<0.05$）。

2022 年植物生物量亦随降水量增加而增加（图 6-4）。0g·m^{-2}·a^{-1}氮添加下，与自然降水量相比，增减（30% 和 50%）降水量对植物生物量无显著影响（$P>0.05$）。5g·m^{-2}·a^{-1}氮添加下，与自然降水量相比，减少 30% 和 50% 降水量对植物生物量无显著影响（$P>0.05$）。增加 30% 和 50% 降水量显著提高了植物生物量（$P<0.05$）。相同降水量条件下，5g·m^{-2}·a^{-1}氮添加在减少 30% 降水量时显著提高了植物生物量（$P<0.05$），在减少 50%

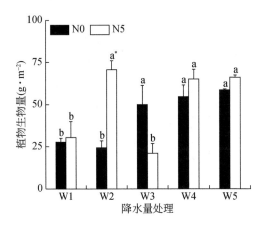

图 6-3　降水量及氮添加对 2021 年植物群落生物量的影响

注：W1、W2、W3、W4、W5 分别代表减少 50%、减少 30%、自然、增加 30% 和增加 50% 降水量。N0 和 N5 分别代表 0g·m⁻²·a⁻¹ 和 5g·m⁻²·a⁻¹ 氮添加。不同小写字母表示相同氮添加下降水量处理间植物生物量差异显著（$P<0.05$）。* 表示相同降水量下氮添加处理间植物生物量存在显著性差异（$P<0.05$）。

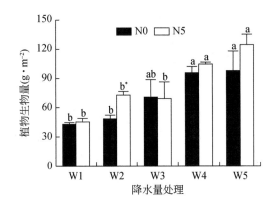

图 6-4　降水量及氮添加对 2022 年植物群落生物量的影响

注：W1、W2、W3、W4、W5 分别代表减少 50%、减少 30%、自然、增加 30% 和增加 50% 降水量。N0 和 N5 分别代表 0g·m⁻²·a⁻¹ 和 5g·m⁻²·a⁻¹ 氮添加。不同小写字母表示相同氮添加下降水量处理间植物生物量差异显著（$P<0.05$）。* 表示相同降水量下氮添加处理间植物生物量存在显著性差异（$P<0.05$）。

及增加（30% 和 50%）降水量时未显著改变植物生物量（$P>0.05$）。

6.1.2　降水量及氮添加对植物群落多样性的影响

6.1.2.1　降水量变化下

与自然降水量相比（表 6-2），减少 50% 降水量显著提高了 2019 年 Simpson 优势度指数（$P<0.05$），显著降低了 Shannon-Wiener 多样性指数和 Pielou 均匀度指数（$P<0.05$）；

减少 30% 降水量显著降低了 Pielou 均匀度指数（$P<0.05$）；增加 30% 降水量显著降低了 Pielou 均匀度指数（$P<0.05$）。

表 6-2 降水量对 2019 年植物群落多样性的影响

指标	W1	W2	W3	W4	W5
R	5.00±0.58[b]	6.67±0.88[ab]	6.00±1.00[ab]	8.67±1.20[a]	8.67±0.88[a]
H	1.13±0.14[c]	1.31±0.07[bc]	1.49±0.10[ab]	1.43±0.02[ab]	1.66±0.08[a]
E	0.70+0.03[b]	0.70+0.06[b]	0.86+0.04[a]	0.67±0.04[b]	0.77±0.00[ab]
D	0.43±0.06[a]	0.37±0.05[ab]	0.27±0.02[bc]	0.36±0.04[abc]	0.24±0.02[c]

注：W1、W2、W3、W4、W5 分别代表减少 50%、减少 30%、自然、增加 30% 和增加 50% 降水量。R、H、E、D 分别代表 Patrick 丰富度指数、Shannon-Wiener 多样性指数、Pielou 均匀度指数和 Simpson 优势度指数。同一行不同小写字母表示该指标在降水量处理间差异显著（$P<0.05$）。

降水量对 2020 年 Patrick 丰富度指数和 Pielou 均匀度指数有显著影响（$P<0.05$），测定月对 Patrick 丰富度指数、Shannon-Wiener 多样性指数和 Pielou 均匀度指数有极显著影响（$P<0.01$），二者对植物多样性指数没有显著的交互作用（$P>0.05$，表 6-3）。

表 6-3 降水量及测定月份对 2020 年植物群落多样性的两因素方差分析

变异来源	自由度	R	H'	D	E
降水量	4	2.705*	1.617	1.810	2.807*
测定月份	5	5.700**	18.841**	1.888	22.071**
降水量×测定月份	20	0.532	0.632	0.714	0.918

注：R、H'、E、D 分别代表 Patrick 丰富度指数、Shannon-Wiener 多样性指数、Pielou 均匀度指数和 Simpson 优势度指数。* 和 ** 分别代表 $P<0.05$ 和 $P<0.01$。

2020 年生长季，Patrick 丰富度指数和 Shannon-Wiener 多样性指数先增加后降低，Pielou 均匀度指数和 Simpson 优势度指数无明显的时间动态（图 6-5）。与 W3 相比，W1 显著降低了 6 月 Shannon-Wiener 多样性指数和 Pielou 均匀度指数（$P<0.05$），W5 显著提高了 8 月 Patrick 丰富度指数（$P<0.05$）、显著降低了 10 月 Shannon-Wiener 多样性指数（$P<0.05$）和 Pielou 均匀度指数（$P<0.05$），其他情况下减少和增加降水量对三者无显著影响（$P>0.05$）；W1、W2、W4 和 W5 对 6 个月 Simpson 优势度指数均无显著影响（$P>0.05$）。

6.1.2.2 降水量变化及氮添加下

降水量和氮添加对植物多样性的影响不一（图 6-6）。0g·m⁻²·a⁻¹ 的氮添加下，与自然降水量相比，增加 30% 降水量显著提高了 Shannon-Wiener 多样性指数（$P<0.05$），增加 50% 降水量显著提高了 Pielou 均匀度指数（$P<0.05$）。5g·m⁻²·a⁻¹ 的氮添加下，与自然降水量相比，减少 50% 降水量显著降低了 Pielou 均匀度指数（$P<0.05$），增加 30% 降水量显著提高了 Patrick 丰富度指数和 Shannon-Wiener 多样性指数（$P<0.05$）。相同降水量条件

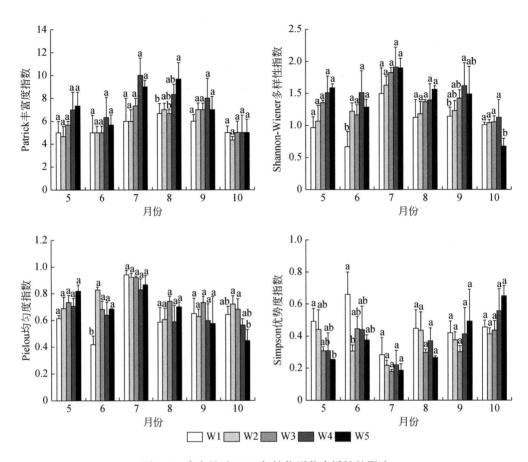

图 6-5　降水量对 2020 年植物群落多样性的影响

注：W1、W2、W3、W4、W5 分别代表减少 50%、减少 30%、自然、增加 30% 和增加 50% 降水量。不同小写字母表示相同月份下各指标在降水量处理间差异显著（$P<0.05$）。

下，氮添加在增加 30% 降水量时显著提高了 Patrick 丰富度指数和 Simpson 优势度指数（$P<0.05$）。

　　降水量和氮添加亦改变了 2022 年植物多样性（图 6-7），但多数情况下未达到显著水平（$P>0.05$），尤其减少 30% 降水量条件下。$0g \cdot m^{-2} \cdot a^{-1}$ 氮添加下，与自然降水量相比，减少 50% 降水量显著降低了 Shannon-Wiener 多样性指数和 Pielou 均匀度指数（$P<0.05$），减少 30% 及增加（30% 和 50%）降水量未显著影响植物多样性（$P>0.05$）。$5g \cdot m^{-2} \cdot a^{-1}$ 氮添加下，与自然降水量相比，减少 50% 降水量显著降低了 Patrick 丰富度指数、Shannon-Wiener 多样性指数和 Pielou 均匀度指数（$P<0.05$），显著提高了 Simpson 优势度指数（$P<0.05$），减少 30% 降水量改变了植物多样性，但多数情况下未达到显著水平（$P>0.05$）；增加 30% 降水量显著提高了 Patrick 丰富度指数，增加 50% 降水量显著提高了 Shannon-Wiener 多样性指数（$P<0.05$）。相同降水量条件下，$5g \cdot m^{-2} \cdot a^{-1}$ 氮添加在增加降水量时显著提高了 Patrick 丰富度（W4）指数和 Pielou 均匀度（W5）指数（$P<0.05$）。

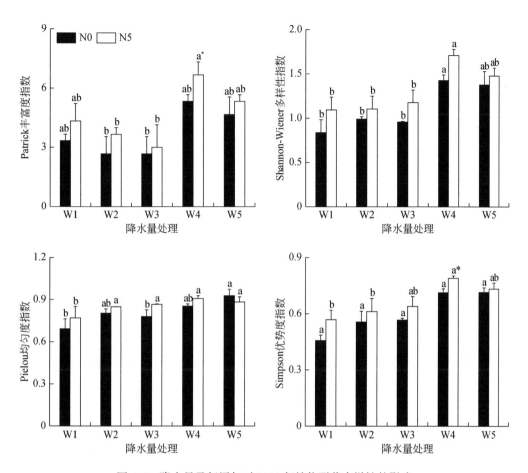

图 6-6　降水量及氮添加对 2021 年植物群落多样性的影响

注：W1、W2、W3、W4、W5 分别代表减少 50%、减少 30%、自然、增加 30% 和增加 50% 降水量。N0 和 N5 分别代表 0g·m⁻²·a⁻¹ 和 5g·m⁻²·a⁻¹ 氮添加。不同小写字母表示相同氮添加下降水量处理间各指标差异显著（$P<0.05$）。

*表示相同降水量下氮添加处理间各指标存在显著性差异（$P<0.05$）。

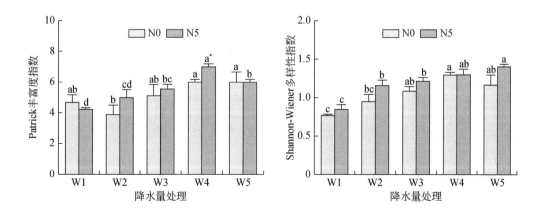

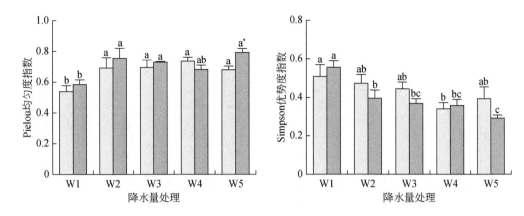

图 6-7　降水量及氮添加对 2022 年植物群落多样性的影响

注：W1、W2、W3、W4、W5 分别代表减少 50%、减少 30%、自然、增加 30% 和增加 50% 降水量。N0 和 N5 分别代表 0g·m⁻²·a⁻¹ 和 5g·m⁻²·a⁻¹ 氮添加。不同小写字母表示相同氮添加下降水量处理间各指标差异显著（$P<0.05$）。

* 表示相同降水量下氮添加处理间各指标存在显著性差异（$P<0.05$）。

6.1.3　降水量及氮添加对植物群落 C：N：P 生态化学计量特征的影响

6.1.3.1　降水量变化下

降水量对 2020 年植物 C：N：P 生态化学计量特征各指标的影响程度不同（表 6-4）：与自然降水量相比，减少和增加降水量均未显著改变植物全碳浓度、全磷浓度、C：P 和 N：P（$P>0.05$）；减少 50% 降水量显著提高了植物全氮浓度（$P<0.05$），增加 50% 降水量显著降低了全氮浓度（$P<0.05$）。尽管减少和增加降水量未显著影响植物全磷浓度和 C：N（$P>0.05$），但增加降水量（30% 和 50%）下全磷浓度显著低于减少 50% 降水量下的测定值（$P<0.05$）、增加 50% 降水量下 C：N 显著高于减少降水量（30% 和 50%）下的测定值（$P<0.05$）。

表 6-4　降水量对 2020 年植物群落 C：N：P 生态化学计量特征的影响

处理	全碳	全氮	全磷	C：N	C：P	N：P
W1	403.59±12.24a	23.93±2.12a	3.44±0.54a	17.05±1.04b	123.19±18.52a	7.17±0.71a
W2	413.31±11.62a	20.16±1.44ab	2.67±0.77ab	20.62±0.87b	180.79±46.60a	8.64±2.00a
W3	423.23±10.69a	16.80±0.80b	2.41±0.18ab	25.26±0.73ab	177.14±9.65a	7.00±0.20a
W4	427.47±8.89a	13.81±1.39bc	1.78±0.12b	31.71±3.80ab	243.87±23.39a	7.75±0.43a
W5	416.57±6.09a	12.35±0.56c	1.77±0.61b	33.93±2.08a	363.79±185.97a	11.09±6.00a

注：W1、W2、W3、W4、W5 分别代表减少 50%、减少 30%、自然、增加 30% 和增加 50% 降水量。不同小写字母代表降水量处理间各指标差异显著（$P<0.05$）。

6.1.3.2　降水量变化及氮添加下

降水量和氮添加对 2021 年植物 C：N：P 生态化学计量特征各指标的影响程度不同（图6-8）。0g·m^{-2}·a^{-1}的氮添加下，与自然降水量相比，减少50%降水量显著降低了植物全碳、全氮和 C：P（$P<0.05$），减少30%降水量显著降低了植物全碳、全氮和全磷（$P<0.05$），增加30%降水量显著降低了植物全氮（$P<0.05$）、显著增加了植物 C：N（$P<0.05$），增加50%降水量显著降低了植物全氮和 N：P（$P<0.05$）、显著提高了植物 C：N（$P<0.05$）。5g·m^{-2}·a^{-1}的氮添加下，与自然降水量相比，减少50%降水量显著降低了植物全碳（$P<0.05$）、显著提高了植物 C：P（$P<0.05$），减少30%降水量显著降低了植物全磷和 C：N（$P<0.05$）、显著提高了植物 C：P 和 N：P（$P<0.05$），增加30%降水量显著降低了植物全磷（$P<0.05$）、显著提高了植物 C：P 和 N：P（$P<0.05$），增加50%降水量显著降低了植物全氮和全磷（$P<0.05$），显著提高了植物 C：N 和 C：P（$P<0.05$）。相同降水量条件下，氮添加在减少50%降水量时显著提高了植物全碳和 C：N（$P<0.05$），在减少30%降水量时显著降低了植物全碳（$P<0.05$），在自然降水量时显著降低了植物全氮（$P<0.05$）、显著提高了植物 C：N（$P<0.05$），在增加50%降水量时显著降低了植物全碳和 C：P（$P<0.05$）、显著提高了植物全磷（$P<0.05$）。

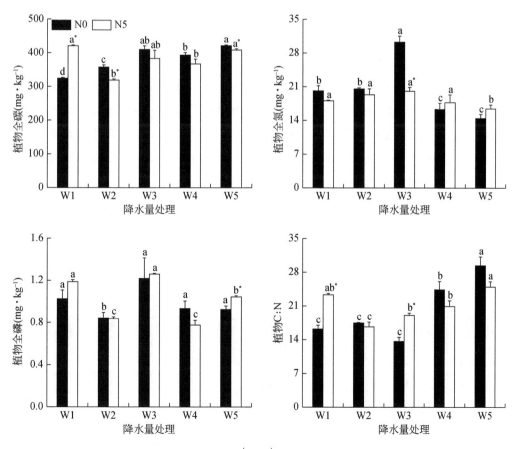

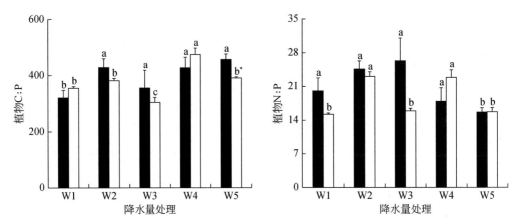

图6-8 降水量及氮添加对2021年植物群落 C∶N∶P 生态化学计量特征的影响

注：W1、W2、W3、W4、W5 分别代表减少50%、减少30%、自然、增加30%和增加50%降水量。N0 和 N5 分别代表 0g·m^{-2}·a^{-1} 和5g·m^{-2}·a^{-1}氮添加。不同小写字母表示相同氮添加下降水量处理间各指标差异显著（$P<0.05$）。

∗表示相同降水量下氮添加处理间各指标存在显著性差异（$P<0.05$）。

与减少降水量相比，2022年增加降水量对植物 C∶N∶P 生态化学计量特征的影响较大（图6-9）。0g·m^{-2}·a^{-1}氮添加下，与自然降水量相比，减少50%降水量未显著改变植物 C∶N∶P 生态化学计量特征（$P>0.05$）；减少30%降水量显著降低了植物全碳和全磷浓度（$P<0.05$），对其他指标无显著影响（$P>0.05$）；增加30%降水量显著提高了植物 C∶N（$P<0.05$），显著降低了植物全氮浓度（$P<0.05$），对其他指标无显著影响（$P>0.05$）；增加50%降水量显著降低了植物全氮浓度（$P<0.05$），对其他指标无显著影响（$P>0.05$）。5g·m^{-2}·a^{-1}氮添加下，与自然降水量相比，减少30%和50%降水量未显著改变植物 C∶N∶P 生态化学计量特征（$P>0.05$）；增加30%和50%降水量显著提高了植物 C∶N（$P<0.05$），显著降低了植物全氮浓度（$P<0.05$）。相同降水量条件下，5g·m^{-2}·a^{-1}氮添加在自然降水量时显著降低了植物 C∶N（$P<0.05$），在增加50%降水量时显著提高了植物全磷浓度（$P<0.05$），其他情况下未显著改变植物 C∶N∶P 生态化学计量特征（$P>0.05$）。

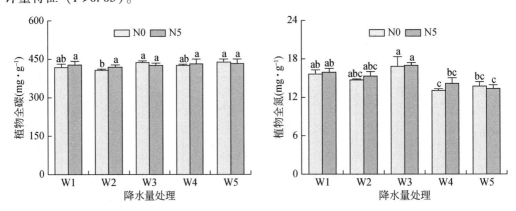

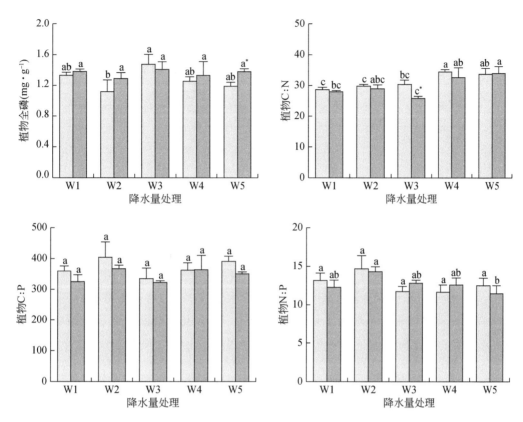

图 6-9　降水量及氮添加对 2022 年植物群落 C∶N∶P 生态化学计量特征的影响

注：W1、W2、W3、W4、W5 分别代表减少 50%、减少 30%、自然、增加 30% 和增加 50% 降水量。N0 和 N5 分别代表 0g·m⁻²·a⁻¹ 和 5g·m⁻²·a⁻¹ 氮添加。不同小写字母表示相同氮添加下降水量处理间各指标差异显著（$P<0.05$）。

＊表示相同降水量下氮添加处理间各指标存在显著性差异（$P<0.05$）。

6.2　降水量及氮添加对土壤性质的影响

6.2.1　降水量及氮添加对土壤物理性质的影响

6.2.1.1　土壤含水量及温度

（1）降水量变化下

表 6-5 中，降水量和测定时间均对 2019 年生长季 8：00 ~ 10：00 土壤含水量有极显著影响（$P<0.01$），二者对土壤含水量无显著的交互作用（$P>0.05$）；降水量和测定时间均对 8：00 ~ 10：00 土壤温度有显著影响（$P<0.05$），测定时间对 8：00 ~ 10：00 和 15：00 ~

17：00 土壤温度均有极显著影响（$P<0.01$），二者对土壤温度无显著的交互作用（$P>0.05$）。

表 6-5　降水量及测定时间对 2019 年 0～20cm 土壤含水量及温度的重复测量方差分析

差异来源	自由度	土壤温度		土壤含水量
		8：00～10：00	15：00～17：00	8：00～10：00
降水量	4	3.707 *	2.276	27.601 **
测定时间	4	57.317 **	146.775 **	15.003 **
降水量×测定时间	16	0.108	0.306	1.879

注：表中数据为 F 值。* 和 ** 分别代表显著性水平小于 0.05 和 0.01。

与自然降水量相比，2019 年（图 6-10），减少 30% 和增加 30% 降水量对各时期土壤含水量均无显著影响（$P>0.05$），减少 50% 降水量显著降低了 9 月和 10 月土壤含水量（$P<0.05$），增加 50% 降水量显著提高了 7 月土壤含水量（$P<0.05$）；2020 年（图 6-11），减少 50% 降水量显著降低了土壤含水量（$P<0.05$），减少 30% 降水量未显著改变土壤含水量（$P>0.05$）；增加降水量（30% 和 50%）显著提高了土壤含水量（$P<0.05$）。

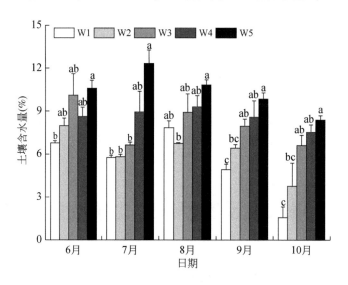

图 6-10　降水量对 2019 年 0～20cm 土壤含水量的影响

注：W1、W2、W3、W4、W5 分别代表减少 50%、减少 30%、自然、增加 30% 和增加 50% 降水量。不同小写字母表示同一测定时间下降水量处理间差异显著（$P<0.05$）。

降水量对 2019 年生长季土壤温度的影响随月份不同而异（图 6-12）：8：00～10：00，与自然降水量相比，减少和增加 30% 降水量对各时期土壤温度均无显著影响（$P>0.05$），减少 50% 降水量显著降低了 10 月 7 日土壤温度（$P<0.05$），增加 50% 降水量显著提高了 8 月 10 日土壤温度（$P<0.05$）；15：00～17：00pm，与自然降水量相比，减少降水量显

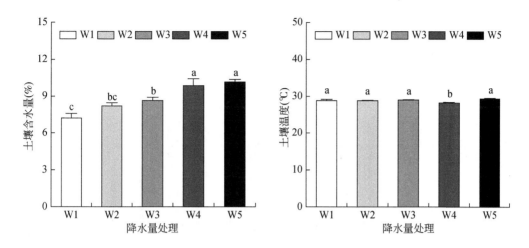

图6-11　降水量对2020年0~20cm土壤含水量及温度的影响

注：W1、W2、W3、W4、W5分别代表减少50%、减少30%、自然、增加30%和增加50%降水量。不同小写字母代表降水量处理间各指标差异显著（$P<0.05$）。

著降低了6月18日（W1和W2）和8月29日（W1）土壤温度（$P<0.05$）、显著提高了7月26日（W2）和10月31日（W1和W2）土壤温度（$P<0.05$），增加降水量对各时期土壤温度均无显著影响（$P>0.05$）。

2020年土壤温度的单因素方差分析结果表明（图6-11）：与自然降水量相比，仅增加30%降水量显著降低了土壤温度（$P<0.05$），其他降水量处理未显著改变土壤温度（$P>0.05$）。

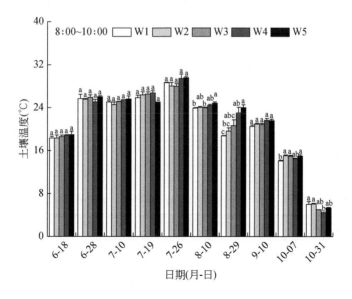

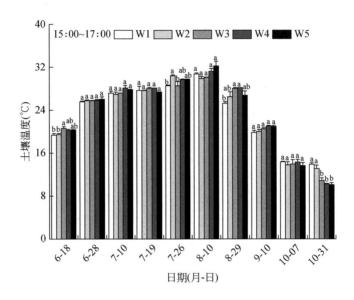

图 6-12   降水量对 2019 年 0～20cm 土壤温度的影响

注：W1、W2、W3、W4、W5 分别代表减少 50%、减少 30%、自然、增加 30% 和增加 50% 降水量。不同小写字母表
示同一测定时间下降水量处理间土壤温度差异显著（$P<0.05$）。

（2）降水量变化及氮添加下

降水量、测定月份、氮添加和测定月份交互作用对土壤含水量有极显著影响（$P<0.01$，表 6-6），降水量和测定月份对土壤温度有极显著影响（$P<0.05$）。

表 6-6   降水量、氮添加及测定月份对 2022 年 0～20cm 土壤含水量及温度的影响

差异来源	自由度	土壤含水量		土壤温度	
		F	P	F	P
降水量	4	103.674	<0.001	7.888	<0.001
氮添加	1	0.279	0.599	0.711	0.370
测定月份	4	53.830	<0.001	136.637	<0.001
降水量×氮添加	4	1.194	0.318	0.287	0.886
氮添加×测定月份	4	4.474	<0.001	0.282	0.889
降水量×测定月份	16	0.399	0.709	0.256	0.998
降水量×氮添加×测定月份	16	0.545	0.916	0.109	0.999

降水量和氮添加对 2021 年不同土层含水量的影响较小（图 6-13）。$0g \cdot m^{-2} \cdot a^{-1}$ 的氮添加下，与自然降水量相比，减少和增加降水量对不同土层含水量的影响均未达到显著水平（$P>0.05$）。$5g \cdot m^{-2} \cdot a^{-1}$ 的氮添加下，与自然降水量相比，增加 50% 降水量显著降低

了 40～60cm 土层含水量（P<0.05）；相同降水量条件下，氮添加在减少 30% 降水量时显著提高了 20～40cm 和 40～60cm 土层含水量，在自然降水量时显著提高了 20～40cm 和 40～60cm 土层含水量，在增加 30% 降水量时显著提高了 40～60cm 土层含水量，在增加 50% 降水量时显著提高了 0～20cm 土层含水量（P<0.05）。

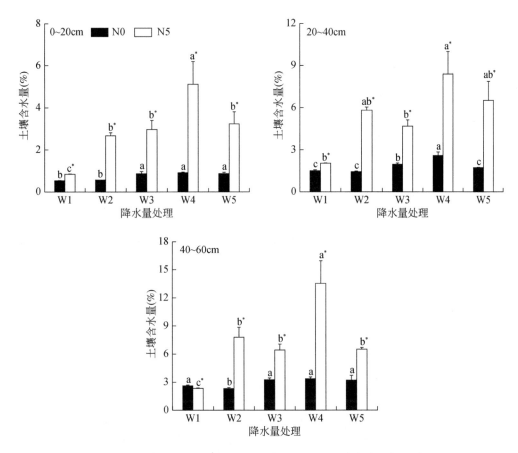

图 6-13　降水量及氮添加对 2021 年 0～60cm 土壤含水量的影响

注：W1、W2、W3、W4、W5 分别代表减少 50%、减少 30%、自然、增加 30% 和增加 50% 降水量。N0 和 N5 分别代表 0g·m^{-2}·a^{-1} 和 5g·m^{-2}·a^{-1} 氮添加。不同小写字母表示相同氮添加下降水量处理间土壤含水量差异显著（P<0.05）。*表示相同降水量下氮添加处理间土壤含水量存在显著性差异（P<0.05）。

　　降水量变化和氮添加下，2022 年土壤含水量在整个生长季呈波动式变化，并在大多数情况下随降水量的增加而增加（图 6-14）。0g·m^{-2}·a^{-1} 氮添加下，与自然降水量相比，减少降水量显著降低了 5 月 15 日（W1）、6 月 11 日（W1）、6 月 19 日（W1 和 W2）、6 月 28 日（W1）、7 月 18 日（W1 和 W2）、9 月 10 日（W1）、9 月 19 日（W1）土壤含水量（P<0.05），增加降水量显著提高了 5 月 15 日（W4 和 W5）、5 月 30 日（W4 和 W5）、6 月 28 日（W5）、7 月 9 日（W5）、7 月 18 日（W4 和 W5）、7 月 29 日（W4 和 W5）土壤含水量（P<0.05）。5g·m^{-2}·a^{-1} 氮添加下，与自然降水量相比，减少降水量显著降低

了7月18日（W1）、9月10日（W1）、9月19日（W1）土壤含水量（$P<0.05$），增加降水量显著提高了5月15日（W4和W5）、5月30日（W4和W5）、6月28日（W4和W5）、7月9日（W5）、7月18日（W4和W5）、7月29日（W4和W5）、8月11日（W5）、8月29日（W5）土壤含水量（$P<0.05$）。相同降水量条件下，$5g \cdot m^{-2} \cdot a^{-1}$氮添加在减少50%降水量时显著提高了6月11日、6月19日、6月28日和7月18日土壤含水量（$P<0.05$）。

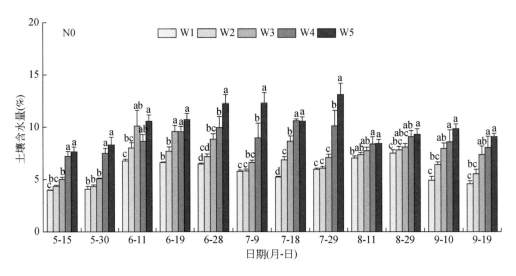

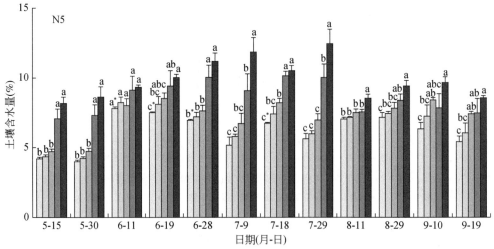

图6-14　降水量及氮添加对2022年0～20cm土壤含水量的影响

注：W1、W2、W3、W4、W5分别代表降水量减少50%、减少30%、自然、增加30%和增加50%。N0和N5分别代表$0g \cdot m^{-2} \cdot a^{-1}$和$5g \cdot m^{-2} \cdot a^{-1}$氮添加。不同小写字母表示相同氮添加下降水量处理间土壤含水量差异显著（$P<0.05$）。

＊表示相同降水量下氮添加处理间土壤含水量存在显著性差异（$P<0.05$）。

降水量和氮添加对 2021 年土壤温度的影响较小，均未达到显著水平（$P>0.05$）（图6-15）。

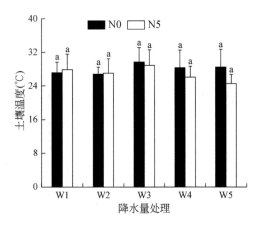

图 6-15 降水量及氮添加对 2021 年 0～20cm 土壤温度的影响

注：W1、W2、W3、W4、W5 分别代表减少 50%、减少 30%、自然、增加 30% 和增加 50% 降水量。N0 和 N5 分别代表 $0g \cdot m^{-2} \cdot a^{-1}$ 和 $5g \cdot m^{-2} \cdot a^{-1}$ 氮添加。不同小写字母表示相同氮添加下降水量处理间土壤温度差异显著（$P<0.05$）。

与减少降水量相比，2022 年增加降水量对土壤温度的影响较大（图6-16）；氮添加对土壤温度的影响较小。$0g \cdot m^{-2} \cdot a^{-1}$ 氮添加下，与自然降水量相比，减少降水量未显著影响土壤温度（$P>0.05$），增加降水量显著降低了 5 月 15 日（W4 和 W5）、7 月 18 日（W4）、8 月 29 日（W4）土壤温度（$P<0.05$）。$5g \cdot m^{-2} \cdot a^{-1}$ 氮添加下，与自然降水量相比，减少降水量未显著影响土壤温度（$P>0.05$），增加降水量显著降低了 5 月 15 日（W4 和 W5）、5 月 30 日（W4 和 W5）、7 月 18 日（W5）、9 月 10 日（W4 和 W5）土壤温度（$P<0.05$）。相同降水量条件下，$5g \cdot m^{-2} \cdot a^{-1}$ 氮添加未显著影响土壤温度（$P>0.05$）。

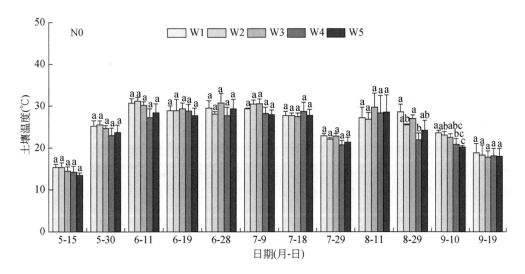

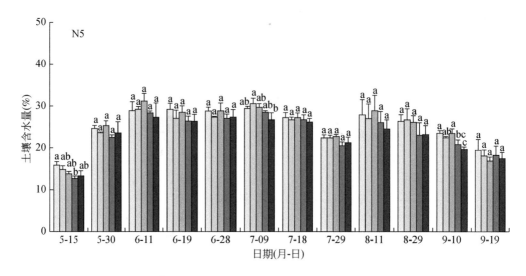

图 6-16　降水量及氮添加对 2022 年 0～20cm 土壤温度的影响

注：W1、W2、W3、W4、W5 分别代表减少 50%、减少 30%、自然、增加 30% 和增加 50% 降水量。N0 和 N5 分别代表 0g·m⁻²·a⁻¹ 和 5g·m⁻²·a⁻¹ 氮添加。不同小写字母表示相同氮添加下降水量处理间土壤温度差异显著（$P<0.05$）。

6.2.1.2　土壤容重及孔隙度

（1）降水量变化下

如图 6-17 所示，2020 年 8 月土壤容重在增加 50% 降水量处理达到下最大值（1.54±0.03g·m⁻³），在增加 30% 降水量处理下达到最小值（1.47±0.02g·m⁻³）；土壤毛管孔隙度在增加 30% 降水量处理下最大值（42.42%±1.94%），在自然降水量处理下达到最小值（40.81%±1.22%）；土壤非毛管孔隙度在增加 30% 降水量处理下达到最大值（1.64%±0.55%），在自然降水量处理下达到最小值（0.91%±0.12%）；土壤总孔隙度在增加 30% 降水量处理达到最大值（44.06%±2.49%），在自然降水量处理下达到最小值（41.71%±1.17%）。但多重比较结果显示，与自然降水量相比，减少或增加降水量对土壤容重、毛管孔隙度、非毛管孔隙度以及总孔隙度均无显著影响（$P>0.05$）。

（2）降水量变化及氮添加下

降水量和氮添加对 2021 年不同土层容重的影响较小（图 6-18）。0g·m⁻²·a⁻¹ 的氮添加下，与自然降水量相比，减少和增加降水量对不同土层容重的影响均未达到显著水平（$P>0.05$）。5g·m⁻²·a⁻¹ 的氮添加下，与自然降水量相比，减少和增加降水量均显著提高了 40～60cm 土层容重（$P<0.05$）；相同降水量条件下，氮添加对不同土层容重的影响均未达到显著水平（$P>0.05$）。

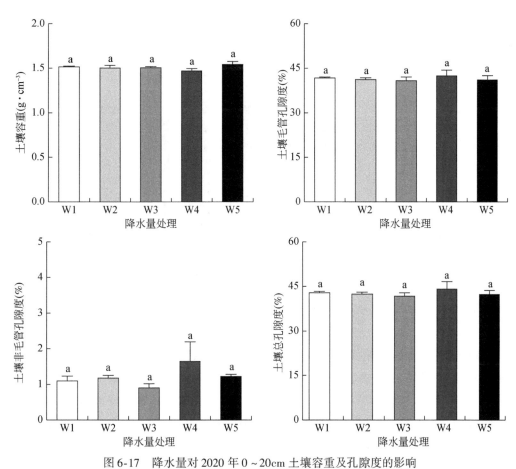

图 6-17　降水量对 2020 年 0～20cm 土壤容重及孔隙度的影响

注：W1、W2、W3、W4、W5 分别代表减少 50%、减少 30%、自然、增加 30% 和增加 50% 降水量。不同小写
字母表示降水量处理间差异显著（$P<0.05$）。

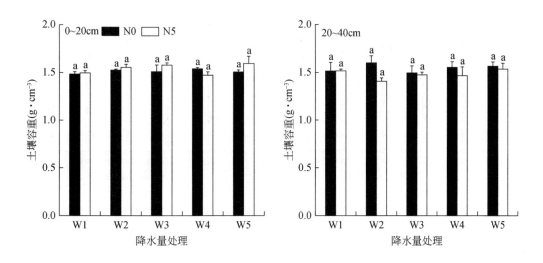

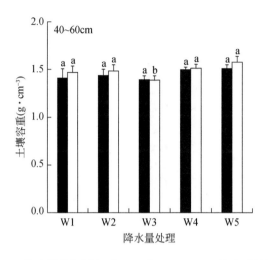

图 6-18　降水量及氮添加对 2021 年 0～60cm 土壤容重的影响

注：W1、W2、W3、W4、W5 分别代表减少 50%、减少 30%、自然、增加 30% 和增加 50% 降水量。N0 和 N5 分别代表 0g·m^{-2}·a^{-1} 和 5g·m^{-2}·a^{-1} 氮添加。不同小写字母表示相同氮添加下降水量处理间土壤容重差异显著（$P<0.05$）。

降水量和氮添加对 2021 年不同土层总孔隙度的影响较小（图 6-19）。0g·m^{-2}·a^{-1} 的氮添加下，与自然降水量相比，减少和增加降水量对不同土层总孔隙度的影响均未达到显著水平（$P>0.05$）。5g·m^{-2}·a^{-1} 的氮添加下，与自然降水量相比，增加 50% 降水量显著提高了 40～60cm 土层总孔隙度（$P<0.05$）；相同降水量条件下，氮添加对不同土层总孔隙度的影响均未达到显著水平（$P>0.05$）。

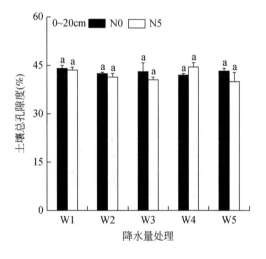

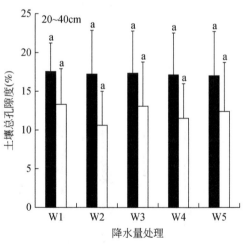

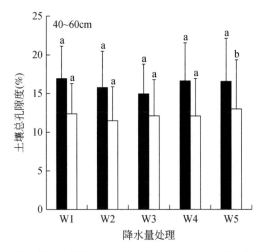

图 6-19　降水量及氮添加对 2021 年 0～60cm 土壤总孔隙度的影响

注：W1、W2、W3、W4、W5 分别代表减少 50%、减少 30%、自然、增加 30% 和增加 50% 降水量。N0 和 N5 分别代表 0g·m⁻²·a⁻¹ 和 5g·m⁻²·a⁻¹ 氮添加。不同小写字母表示相同氮添加下降水量处理间土壤孔隙度差异显著（$P<0.05$）。

6.2.2　降水量及氮添加对土壤化学性质的影响

6.2.2.1　土壤 pH 及电导率

(1) 降水量变化下

与自然降水量相比（表 6-7），减少 30% 降水量显著提高了 2019 年土壤 pH（$P<0.05$）；增加 30% 降水量显著提高了土壤 pH；增加 50% 降水量显著提高了土壤 pH（$P<0.05$）。

表 6-7　降水量对 2019 年 0～20cm 土壤性质的影响

指标	W1	W2	W3	W4	W5
pH	8.52±0.05[bc]	8.58±0.04[ab]	8.43±0.04[c]	8.67±0.05[a]	8.66±0.04[a]
EC	89.97±0.88[a]	93.37±2.44[a]	128.70±18.49[a]	289.67±22.93[a]	358.00±38.19[a]
SOC	2.96±0.07[b]	3.25±0.50[ab]	3.34±0.17[ab]	3.38±0.24[ab]	3.70±0.12[a]
TN	0.48±0.00[a]	0.49±0.01[a]	0.48±0.01[a]	0.43±0.02[b]	0.43±0.01[b]
TP	0.34±0.00[a]	0.29±0.00[b]	0.27±0.01[c]	0.28±0.00[bc]	0.27±0.00[c]
$NO_3^- - N$	5.50±0.41[a]	5.08±0.76[ab]	3.28±0.05[b]	5.19±0.91[a]	5.81±0.42[a]
$NH_4^+ - N$	2.91±0.23[a]	3.59±0.68[a]	5.44±1.12[a]	5.71±1.84[a]	5.31±3.34[a]
AP	1.56±0.13[a]	1.62±0.51[a]	1.72±0.28[a]	2.14±0.30[a]	2.47±0.68[a]

指标	W1	W2	W3	W4	W5
SA	318.41±33.75^c	359.39±41.44^{bc}	381.78±33.90^{abc}	434.93±36.46^{ab}	474.67±30.07^a
UA	27.85±3.86^b	30.68±0.67^b	30.95±1.96^b	45.34±4.52^a	45.70±4.82^a
PA	44.58±0.32^{bc}	40.89±3.01^c	43.88±2.97^{bc}	49.02±2.42^{ab}	55.60±1.35^a
MBC	99.05±9.57^{ab}	77.05±20.59^{ab}	46.68±14.32^b	100.24±27.02^{ab}	108.73±8.91^a
MBN	48.97±2.28^a	5.90±0.80^a	7.45±1.74^a	15.10±7.95^a	19.91±8.67^a
MBP	1.76±0.73^b	3.56±0.40^a	1.76±0.76^b	1.14±0.34^b	2.00±0.34^{ab}

注：pH、EC、SOC、TN、TP、NH_4^+-N、NO_3^--N、AP、SA、UA、PA、MBC、MBN、MBP 分别代表土壤 pH、电导率、有机碳含量、全氮含量、全磷含量、NH_4^+-N 浓度、NO_3^--N 浓度、速效磷浓度、蔗糖酶活性、脲酶活性、磷酸酶活性、微生物量碳含量、微生物量氮含量和微生物量磷含量。同一行不同小写字母表示该指标在降水量处理间差异显著（$P<0.05$）。

2020 年土壤 pH 和电导率的单因素方差分析结果表明（图6-20）：与自然降水量相比，减少和增加降水量均未显著改变 pH（$P>0.05$）；增加降水量（30%和50%）显著提高了电导率（$P<0.05$），减少降水量（30%和50%）未显著改变电导率（$P>0.05$）。

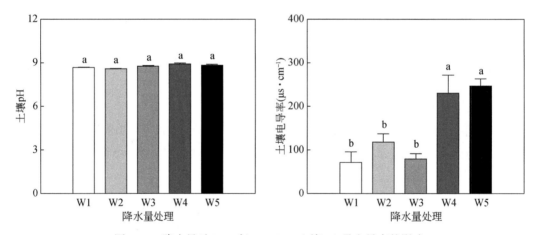

图 6-20　降水量对 2020 年 0～20cm 土壤 pH 及电导率的影响

注：W1、W2、W3、W4、W5 分别代表减少 50%、减少 30%、自然、增加 30% 和增加 50% 降水量。不同小写字母代表降水量处理间各指标差异显著（$P<0.05$）。

（2）降水量变化及氮添加下

降水量和氮添加对 2021 年不同土层 pH 的影响不一（图6-21）。$0g \cdot m^{-2} \cdot a^{-1}$ 的氮添加下，与自然降水量相比，增加 50% 降水量显著提高了 20～40cm 土层 pH，减少和增加降水量均显著提高了 40～60cm 土层 pH（$P<0.05$）。$5g \cdot m^{-2} \cdot a^{-1}$ 的氮添加下，与自然降水量相比，减少 50% 降水量显著提高了 20～40cm 和 40～60cm 土层 pH（$P<0.05$），增加 30% 降水量显著降低了 0～20cm 土层 pH（$P<0.05$）；相同降水量条件下，氮添加在减少

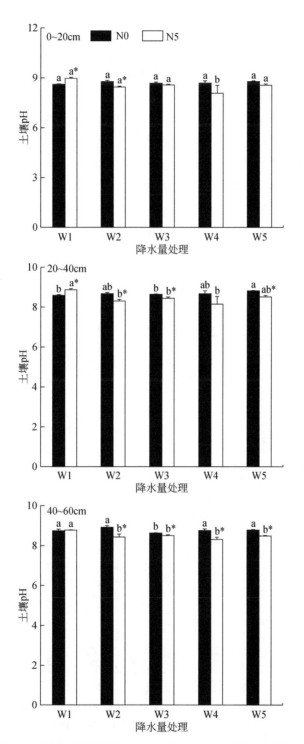

图 6-21　降水量及氮添加对 2021 年 0～60cm 土壤 pH 的影响

注：W1、W2、W3、W4、W5 分别代表减少 50%、减少 30%、自然、增加 30% 和增加 50% 降水量。N0 和 N5 分别代表 0g·m^{-2}·a^{-1} 和 5g·m^{-2}·a^{-1} 氮添加。不同小写字母表示相同氮添加下降水量处理间土壤 pH 差异显著（$P<0.05$）。

* 表示相同降水量下氮添加处理间土壤 pH 存在显著性差异（$P<0.05$）。

50%降水量时显著提高了 0～20cm 和 20～40cm 土层 pH （$P<0.05$），在减少 30% 降水量时显著降低了不同土层 pH （$P<0.05$），在自然降水量时显著降低了 20～40cm 和 40～60cm 土层 pH （$P<0.05$），在增加 30% 降水量时显著降低了 40～60cm 土层 pH （$P<0.05$），在增加 50% 降水量时显著降低了 20～40cm 和 40～60cm 土层 pH （$P<0.05$）。

降水量和氮添加对 2021 年不同土层电导率的影响不一（图6-22）。0g·m^{-2}·a^{-1}的氮添加下，与自然降水量相比，减少 50% 降水量显著提高了 0～20cm 土层电导率（$P<0.05$），增加 50% 降水量显著降低了 0～20cm 土层电导率（$P<0.05$）。5g·m^{-2}·a^{-1}的氮添加下，与自然降水量相比，减少 50% 降水量显著降低了 0～20cm 和 20～40cm 土层电导率（$P<0.05$）；相同降水量条件下，氮添加在减少 50% 降水量时显著降低了 20～40cm 土层电导率（$P<0.05$），在减少 30% 降水量和增加降水量时显著提高了不同土层电导率（$P<0.05$）。

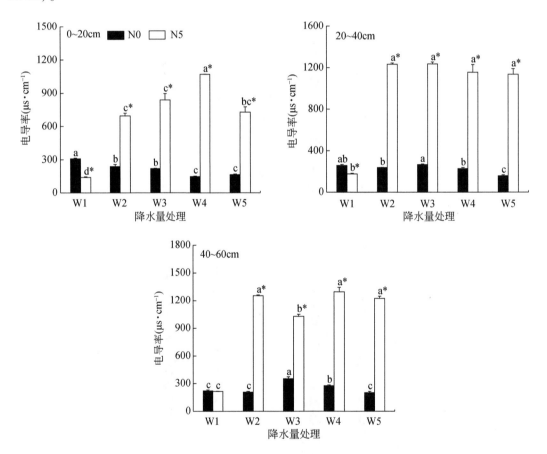

图 6-22　降水量及氮添加对 2021 年 0～60cm 电导率的影响

注：W1、W2、W3、W4、W5 分别代表减少 50%、减少 30%、自然、增加 30% 和增加 50% 降水量。N0 和 N5 分别代表 0g·m^{-2}·a^{-1}和 5g·m^{-2}·a^{-1}氮添加。不同小写字母表示相同氮添加下降水量处理间土壤电导率差异显著（$P<0.05$）。

＊表示相同降水量下氮添加处理间土壤电导率存在显著性差异（$P<0.05$）。

降水量变化和氮添加下，2022 年土壤 pH 变化幅度较小，土壤电导率变化幅度较大（图 6-23）。0g·m^{-2}·a^{-1} 氮添加下，与自然降水量相比，减少 30% 和 50% 降水量对土壤 pH 和电导率均无显著影响（$P>0.05$），增加 30% 和 50% 降水量显著提高了土壤电导率（$P<0.05$）。5g·m^{-2}·a^{-1} 氮添加下，与自然降水量相比，减少 50% 降水量显著降低了土壤电导率（$P<0.05$），增加 30% 和 50% 降水量显著提高了土壤电导率（$P<0.05$）。相同降水量条件下，5g·m^{-2}·a^{-1} 氮添加在减少 30% 降水量时显著降低了土壤 pH（$P<0.05$），在减少 50% 降水量时显著降低了土壤电导率（$P<0.05$），在减少 30%、自然、增加 30% 和增加 50% 降水量时显著提高了土壤电导率（$P<0.05$）。

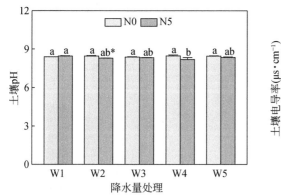 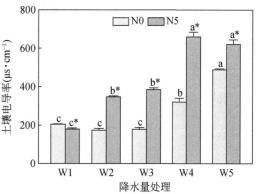

图 6-23　降水量及氮添加对 2022 年 0～20cm 土壤 pH 及电导率的影响

注：W1、W2、W3、W4、W5 分别代表减少 50%、减少 30%、自然、增加 30% 和增加 50% 降水量。N0 和 N5 分别代表 0g·m^{-2}·a^{-1} 和 5g·m^{-2}·a^{-1} 氮添加。不同小写字母表示相同氮添加下降水量处理间各指标差异显著（$P<0.05$）。＊表示相同降水量下氮添加处理间各指标存在显著性差异（$P<0.05$）。

6.2.2.2　土壤速效养分

（1）降水量变化下

与自然降水量相比（表 6-6），减少 50% 降水量显著提高了 2019 年土壤 NO$_3^-$-N 浓度（$P<0.05$）；增加 30% 降水量显著提高了 NO$_3^-$-N 浓度；增加 50% 降水量显著提高了 NO$_3^-$-N 浓度。减少和增加降水量对 NH$_4^+$-N 和速效磷浓度均无显著影响（$P>0.05$）。

2020 年土壤 NH$_4^+$-N、NO$_3^-$-N 及速效磷浓度的单因素方差分析结果显示（图 6-24）：与自然降水量相比，减少和增加降水量均未显著改变 NH$_4^+$-N 和速效磷浓度（$P>0.05$）；减少 50% 降水量显著提高了 NO$_3^-$-N 浓度（$P<0.05$）。

（2）降水量变化及氮添加下

降水量和氮添加对 2021 年不同土层速效养分的影响不一（图 6-25 和图 6-26）。0g·m^{-2}·a^{-1} 的氮添加下，与自然降水量相比，减少 50% 降水量显著提高了不同土层 NH$_4^+$-N 和速效磷（$P<0.05$）、显著提高了 0～10cm 土层 NO$_3^-$-N（$P<0.05$），减少 30% 降水量显著降

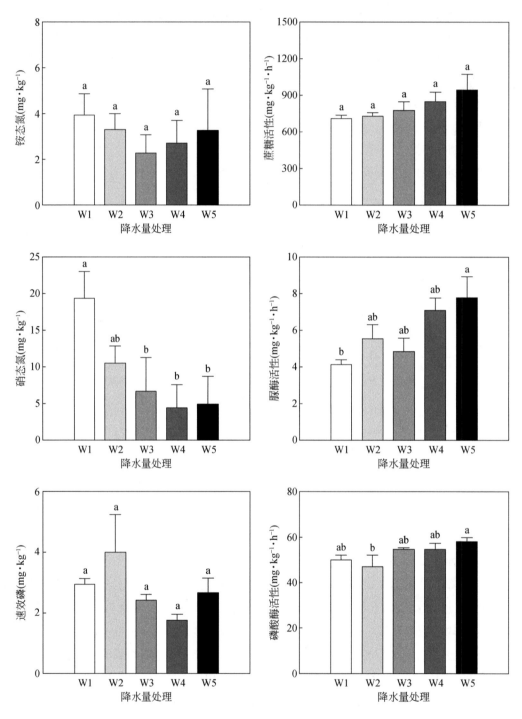

图 6-24　降水量对 2020 年 0～20cm 土壤速效养分浓度及酶活性的影响

注：W1、W2、W3、W4、W5 分别代表减少 50%、减少 30%、自然、增加 30% 和增加 50% 降水量。

不同小写字母代表降水量处理间各指标差异显著（$P<0.05$）。

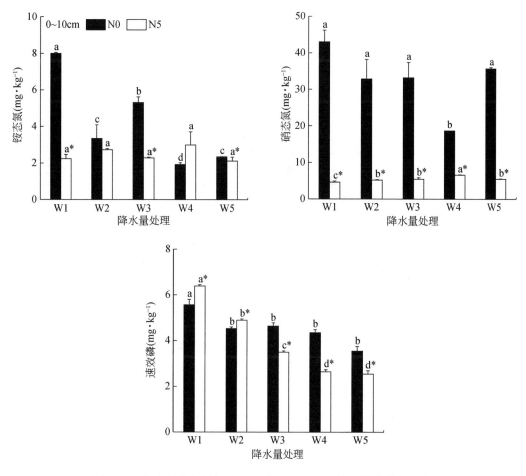

图 6-25 降水量及氮添加对 2021 年 0～10cm 土壤速效养分的影响

注：W1、W2、W3、W4、W5 分别代表减少 50%、减少 30%、自然、增加 30% 和增加 50% 降水量。N0 和 N5 分别代表 0g·m⁻²·a⁻¹ 和 5g·m⁻²·a⁻¹ 氮添加。不同小写字母表示相同氮添加下降水量处理间各指标差异显著（$P<0.05$）。

*表示相同降水量下氮添加处理间各指标存在显著性差异（$P<0.05$）。

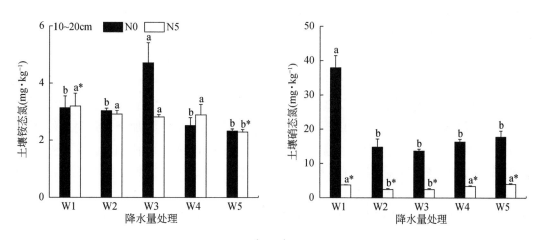

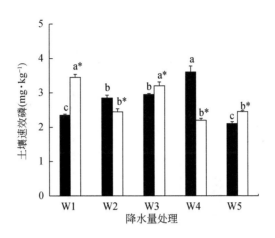

图 6-26　降水量及氮添加对 2021 年 10～20cm 土壤速效养分的影响

注：W1、W2、W3、W4、W5 分别代表减少 50%、减少 30%、自然、增加 30% 和增加 50% 降水量。N0 和 N5 分别代表 0g・m⁻²・a⁻¹ 和 5g・m⁻²・a⁻¹ 氮添加。不同小写字母表示相同氮添加下降水量处理间各指标差异显著（$P<0.05$）。＊表示相同降水量下氮添加处理间各指标存在显著性差异（$P<0.05$）。

低了不同土层 NH_4^+-N（$P<0.05$），增加 30% 降水量显著降低了不同土层 NH_4^+-N 和 0～10cm 土层 NO_3^--N（$P<0.05$）、显著提高了 10～20cm 土层速效磷（$P<0.05$），增加 50% 降水量显著降低了不同土层 NH_4^+-N 和 10～20cm 土层速效磷（$P<0.05$）。5g・m⁻²・a⁻¹ 的氮添加下，与自然降水量相比，减少 50% 降水量显著降低了 0～10cm 土层 NO_3^--N（$P<0.05$）、显著提高了 0～10cm 土层速效磷和 10～20cm 土层 NO_3^--N（$P<0.05$），减少 30% 降水量显著提高了 0～10cm 土层速效磷（$P<0.05$）、显著降低了 10～20cm 土层速效磷（$P<0.05$），增加 30% 降水量显著提高了不同土层 NO_3^--N（$P<0.05$）、显著降低了不同土层速效磷（$P<0.05$），增加 50% 降水量显著降低了 10～20cm 土层 NH_4^+-N 和不同土层速效磷（$P<0.05$）、显著提高了 10～20cm 土层 NO_3^--N（$P<0.05$）。相同降水量条件下，氮添加在减少 50% 降水量时显著降低了 0～10cm 土层 NH_4^+-N 和不同土层 NO_3^--N（$P<0.05$）、显著提高了 10～20cm 土层 NH_4^+-N 和不同土层速效磷（$P<0.05$），在减少 30% 降水量时显著降低了不同土层 NO_3^--N 和 10～20cm 土层速效磷（$P<0.05$）、显著提高了 0～10cm 土层速效磷（$P<0.05$），在自然降水量和增加 50% 降水量时显著降低了 0～10cm 土层的三种速效养分以及 10～20cm 土层 NH_4^+-N 和 NO_3^--N（$P<0.05$）、显著提高了 10～20cm 土层速效磷（$P<0.05$），在增加 30% 降水量时显著降低了不同土层 NO_3^--N 和速效磷（$P<0.05$）。

　　适量和极端减少降水量对 2022 年土壤速效养分影响较大，增加降水量对土壤速效养分的影响较小，尤其适量增加降水量（图 6-27）。0g・m⁻²・a⁻¹ 氮添加下，与自然降水量相比，减少 50% 降水量显著提高了土壤 NO_3^--N 浓度（$P<0.05$），减少 30% 及增加（30% 和 50%）降水量对速效养分无显著影响（$P>0.05$）。5g・m⁻²・a⁻¹ 氮添加下，与自然降水量相比，减少降水量显著提高了土壤 NO_3^--N（W2）和速效磷（W1）含量（$P<0.05$），增

加 50% 降水量显著降低了土壤 NO_3^--N 浓度（$P<0.05$）。相同降水量条件下，$5g \cdot m^{-2} \cdot a^{-1}$ 氮添加显著提高了 5 个降水量条件下土壤 NO_3^--N 浓度（$P<0.05$）。

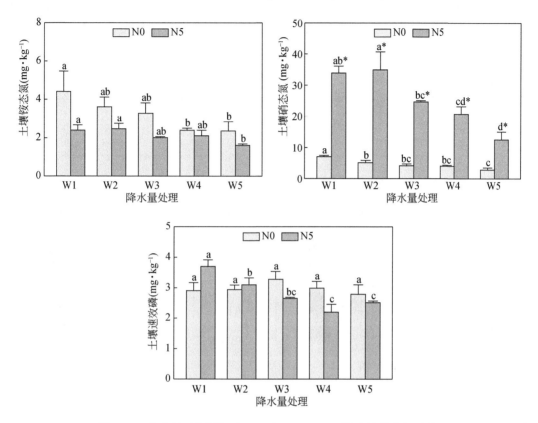

图 6-27　降水量及氮添加对 2022 年 0～20cm 土壤速效养分的影响

注：W1、W2、W3、W4、W5 分别代表减少 50%、减少 30%、自然、增加 30% 和增加 50% 降水量。N0 和 N5 分别代表 $0g \cdot m^{-2} \cdot a^{-1}$ 和 $5g \cdot m^{-2} \cdot a^{-1}$ 氮添加。不同小写字母表示相同氮添加下降水量处理间各指标差异显著（$P<0.05$）。

*表示相同降水量下氮添加处理间各指标存在显著性差异（$P<0.05$）。

6.2.2.3　土壤 C：N：P 生态化学计量特征

（1）降水量变化下

与自然降水量相比（表 6-6），减少 50% 降水量显著提高了 2019 年土壤全磷含量（$P<0.05$）；减少 30% 降水量显著提高了全磷含量（$P<0.05$）；增加 30% 降水量显著降低了全氮含量（$P<0.05$）；增加 50% 降水量显著降低了全氮含量（$P<0.05$）。

降水量对 2020 年土壤 C：N：P 生态化学计量特征各指标影响较小，尤其全氮含量、全磷含量、C：P 和 N：P（图 6-28）。其中，土壤有机碳含量在自然降水量处理下最大，在减少 50% 降水量处理下最小。与自然降水量相比，减少 50% 降水量处理显著降低了有机碳含量（$P<0.05$）；土壤全氮含量在自然降水量处理下最大，在增加 30% 降水量下

最小。与自然降水量相比，减少和增加降水量均未显著影响全氮含量（$P>0.05$）；土壤全磷含量在减少 30% 降水量处理下最大，在增加 30% 降水量处理下最小。与自然降水量相比，减少和增加降水量均未显著影响全磷含量（$P>0.05$）；土壤 C∶N 在自然降水量处理下最大，在减少 50% 降水量处理下最小。与自然降水量相比，减少 50% 降水量处理显著降低了 C∶N（$P<0.05$）；土壤 C∶P 在增加 50% 降水量处理下最大，在减少 50% 降水量处理下最小。与自然降水量相比，减少和增加降水量均未显著影响 C∶P（$P>0.05$）；土壤 N∶P 在增加 50% 降水量处理下最大，在减少 30% 降水量处理下最小。与自然降水量相比，减少和增加降水量均未显著影响 N∶P（$P>0.05$）。

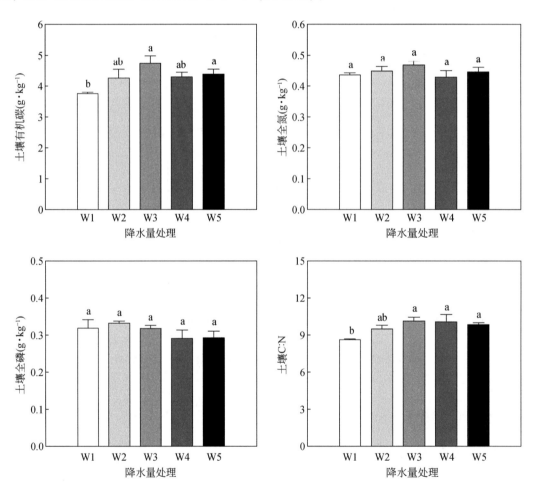

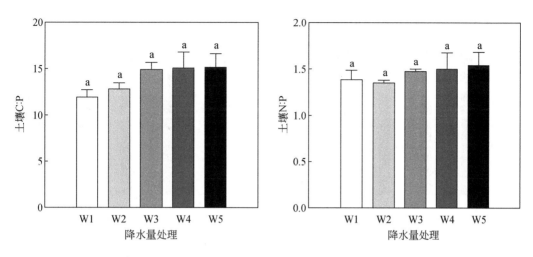

图 6-28 降水量对 2020 年 0~20cm 土壤 C∶N∶P 生态化学计量特征的影响

注：W1、W2、W3、W4、W5 分别代表减少 50%、减少 30%、自然、增加 30% 和增加 50% 降水量。

不同小写字母代表降水量处理间各指标差异显著（$P<0.05$）。

（2）降水量变化及氮添加下

降水量和氮添加对 2021 年不同土层 C∶N∶P 生态化学计量特征各指标的影响程度不同（图 6-29 和图 6-30）。$0g \cdot m^{-2} \cdot a^{-1}$ 的氮添加下，与自然降水量相比，减少 50% 降水量显著降低了 0~10cm 土层全氮（$P<0.05$），增加 50% 降水量显著提高了不同土层全磷（$P<0.05$）、显著降低了不同土层 N∶P（$P<0.05$）。$5g \cdot m^{-2} \cdot a^{-1}$ 的氮添加下，与自然降水量相比，减少 50% 降水量显著提高了 0~10cm 土层全氮（$P<0.05$），减少 30% 降水量显著提高了不同土层全氮（$P<0.05$），增加 30% 降水量显著提高了 0~10cm 土层全氮（$P<0.05$），增加 50% 降水量显著提高了 0~10cm 土层全氮（$P<0.05$）、显著降低了 10~20cm 土层全氮和 N∶P（$P<0.05$）。相同降水量条件下，氮添加在减少 50% 降水量时显著提高

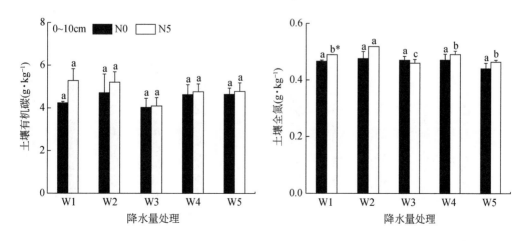

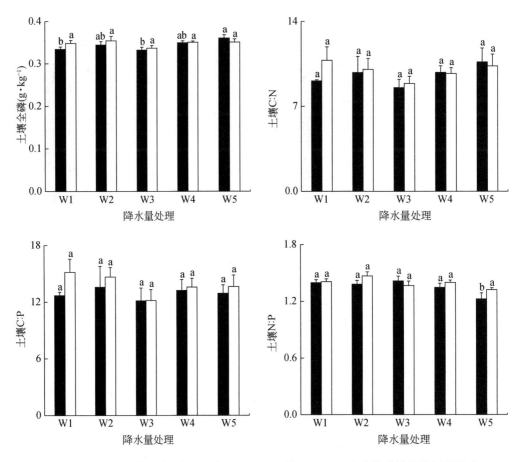

图 6-29　降水量及氮添加对 2021 年 0～10cm 土壤 C：N：P 生态化学计量特征的影响

注：W1、W2、W3、W4、W5 分别代表减少 50%、减少 30%、自然、增加 30% 和增加 50% 降水量。N0 和 N5 分别代表 0g·m⁻²·a⁻¹ 和 5g·m⁻²·a⁻¹ 氮添加。不同小写字母表示相同氮添加下降水量处理间各指标差异显著（*P*<0.05）。

＊表示相同降水量下氮添加处理间各指标存在显著性差异（*P*<0.05）。

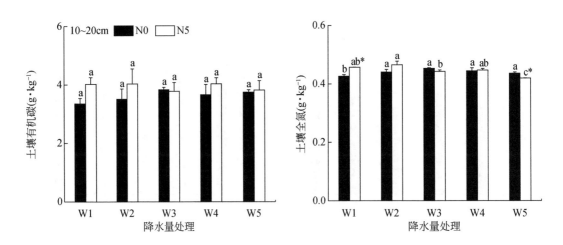

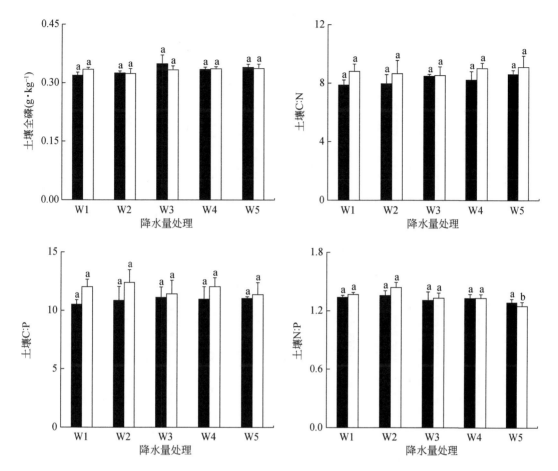

图 6-30　降水量及氮添加对 2021 年 10～20cm 土壤 C∶N∶P 生态化学计量特征的影响

注：W1、W2、W3、W4、W5 分别代表减少 50%、减少 30%、自然、增加 30% 和增加 50% 降水量。N0 和 N5 分别代表 0g·m⁻²·a⁻¹ 和 5g·m⁻²·a⁻¹ 氮添加。不同小写字母表示相同氮添加下降水量处理间各指标差异显著（$P<0.05$）。

* 表示相同降水量下氮添加处理间各指标存在显著性差异（$P<0.05$）。

了不同土层全氮（$P<0.05$），在增加 50% 降水量时显著降低了 10～20cm 土层全氮（$P<0.05$）。

　　增减降水量对 2022 年土壤 C∶N∶P 生态化学计量特征影响较小，尤其增加降水量（图 6-31）。0 和 5g·m⁻²·a⁻¹ 氮添加下，与自然降水量相比，增减（30% 和 50%）降水量均未显著改变土壤 C∶N∶P 生态化学计量特征（$P>0.05$）。相同降水量条件下，5g·m⁻²·a⁻¹ 氮添加亦未显著改变土壤 C∶N∶P 生态化学计量特征（$P>0.05$）。

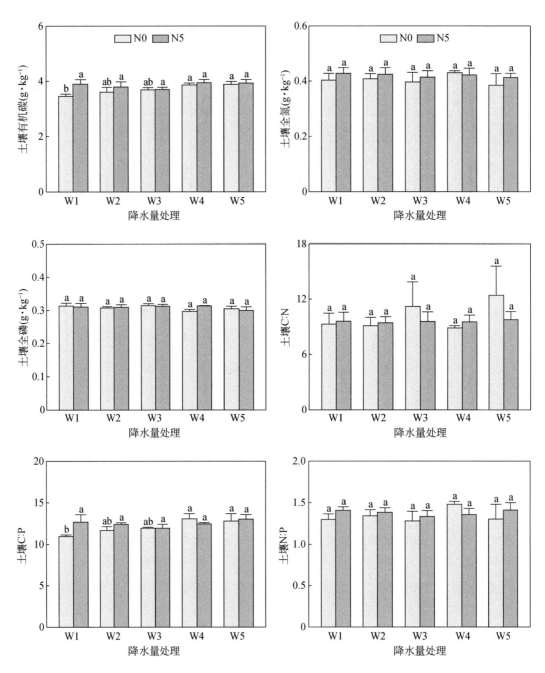

图 6-31 降水量及氮添加对 2022 年 0～20cm 土壤 C∶N∶P 生态化学计量特征的影响

注：W1、W2、W3、W4、W5 分别代表减少 50%、减少 30%、自然、增加 30% 和增加 50% 降水量。N0 和 N5 分别代表 0g·m⁻²·a⁻¹ 和 5g·m⁻²·a⁻¹ 氮添加。不同小写字母表示相同氮添加下降水量处理间各指标差异显著（$P<0.05$）。

6.2.3 降水量及氮添加对土壤生物学性质的影响

6.2.3.1 土壤酶活性

(1) 降水量变化下

与自然降水量相比（表 6-6），减少降水量对 2019 年土壤酶活性无显著影响（$P>0.05$）；增加 30% 降水量显著提高了脲酶活性（$P<0.05$）；增加 50% 降水量显著提高了脲酶和磷酸酶活性（$P<0.05$）。

减少和增加降水量对 2020 年土壤酶活性影响较小（图 6-24）。其中土壤蔗糖酶活性在增加 50% 降水量处理下最大，在减少 50% 降水量处理下最小。降水量对蔗糖酶活性没有显著影响（$P>0.05$），但随着降水量的增加，蔗糖酶活性有增加的趋势；土壤脲酶活性在增加 50% 降水量处理下最大，在减少 50% 降水量处理下最小。与自然降水量相比，减少或增加降水量对脲酶活性没有显著影响（$P>0.05$），但与减少 50% 降水量相比，增加 50% 降水量显著提高了脲酶活性（$P<0.05$）；土壤磷酸酶活性在增加 50% 降水量处理下最大，在减少 30% 降水量处理下最小。与自然降水量相比，减少或增加降水量对磷酸酶活性没有显著影响（$P>0.05$），但与减少 30% 降水量相比，增加 50% 降水量显著提高了磷酸酶活性（$P<0.05$）。

(2) 降水量变化及氮添加下

降水量和氮添加对 2021 年不同土层酶活性的影响不一（图 6-32 和图 6-33）。$0 \mathrm{g} \cdot \mathrm{m}^{-2} \cdot \mathrm{a}^{-1}$ 的氮添加下，与自然降水量相比，减少 50% 降水量显著降低了 $10 \sim 20 \mathrm{cm}$ 土层纤维二糖水解酶活性（$P<0.05$），增加 50% 降水量显著提高了 $0 \sim 10 \mathrm{cm}$ 土层 β-1,4-葡萄糖苷酶活性（$P<0.05$）。$5 \mathrm{g} \cdot \mathrm{m}^{-2} \cdot \mathrm{a}^{-1}$ 的氮添加下，与自然降水量相比，减少和增加降水量对不同土层酶活性的影响均未达到显著水平（$P>0.05$）。相同降水量条件下，氮添加在减少 30% 降水量时显著提高了 $10 \sim 20 \mathrm{cm}$ 土层纤维二糖水解酶活性（$P<0.05$）。

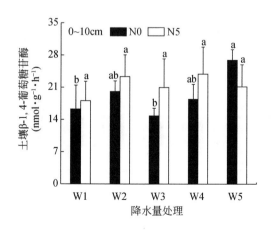

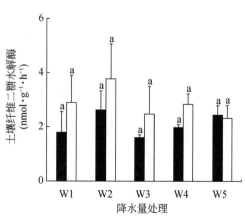

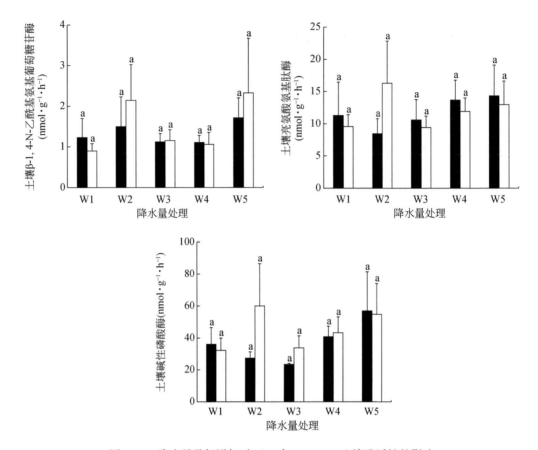

图 6-32 降水量及氮添加对 2021 年 0～10cm 土壤酶活性的影响

注：W1、W2、W3、W4、W5 分别代表减少 50%、减少 30%、自然、增加 30% 和增加 50% 降水量。N0 和 N5 分别代表 0g·m⁻²·a⁻¹ 和 5g·m⁻²·a⁻¹ 氮添加。不同小写字母表示相同氮添加下降水量处理间各指标差异显著（$P<0.05$）。

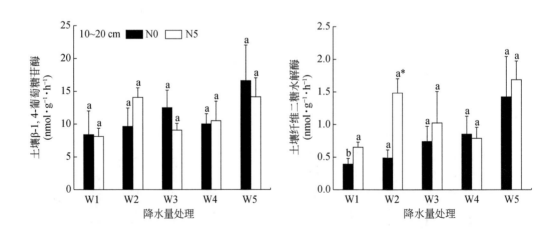

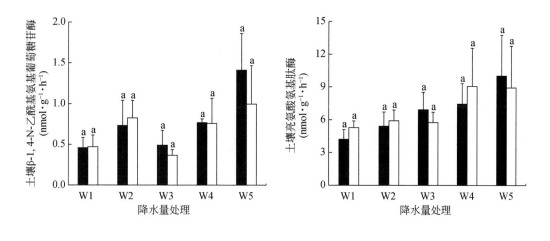

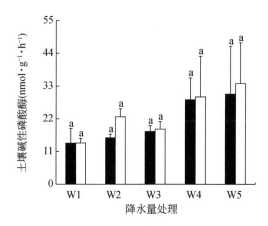

图6-33　降水量及氮添加对2021年10～20cm土壤酶活性的影响

注：W1、W2、W3、W4、W5分别代表减少50%、减少30%、自然、增加30%和增加50%降水量。N0和N5分别代表0g·m^{-2}·a^{-1}和5g·m^{-2}·a^{-1}氮添加。不同小写字母表示相同氮添加下降水处理间各指标差异显著（$P<0.05$）。

*表示相同降水量下氮添加处理间各指标存在显著性差异（$P<0.05$）。

与减少降水量相比，2022年增加降水量对土壤酶活性的影响较大（图6-34）。0g·m^{-2}·a^{-1}氮添加下，与自然降水量相比，减少30%和50%降水量对土壤酶活性均无显著影响（$P>0.05$），增加降水量显著提高了土壤蔗糖酶（W5）、脲酶（W4）和磷酸酶（W4和W5）活性（$P<0.05$）。5g·m^{-2}·a^{-1}氮添加下，与自然降水量相比，减少30%和50%降水量对土壤酶活性无显著影响（$P>0.05$），增加降水量显著提高了土壤脲酶（W4）和磷酸酶（W4和W5）活性（$P<0.05$）。相同降水量条件下，5g·m^{-2}·a^{-1}氮添加显著提高了蔗糖酶（W2和W3）、脲酶（W1）和磷酸酶（W5）活性（$P<0.05$）。

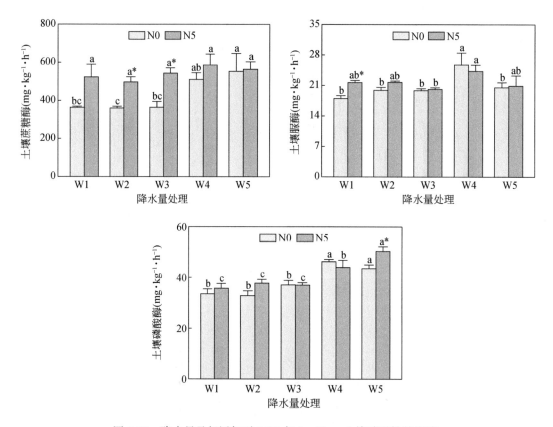

图 6-34　降水量及氮添加对 2022 年 0～20cm 土壤酶活性的影响

注：W1、W2、W3、W4、W5 分别代表减少 50%、减少 30%、自然、增加 30% 和增加 50% 降水量。N0 和 N5 分别代表 0g·m⁻²·a⁻¹ 和 5g·m⁻²·a⁻¹ 氮添加。不同小写字母表示相同氮添加下降水量处理间各指标差异显著（$P<0.05$）。
＊表示相同降水量下氮添加处理间各指标存在显著性差异（$P<0.05$）。

6.2.3.2　微生物量 C∶N∶P 生态化学计量特征

（1）降水量变化下

与自然降水量相比（表 6-6），减少 30% 降水量显著提高了 2019 年微生物量磷含量（$P<0.05$）；增加 50% 降水量显著提高了微生物量碳含量（$P<0.05$）。

除微生物量碳浓度和 C∶N 外，降水量对 2020 年微生物量 C∶N∶P 生态化学计量特征的影响较小（图 6-35）。其中，微生物量碳含量在减少 50% 降水量处理下最大，在减少 30% 降水量处理下最小。与自然降水量相比，减少 50% 降水量处理显著提高了微生物量碳含量（$P<0.05$）；微生物量氮含量在减少 30% 降水量处理下最大，在增加 30% 降水量处理下最小。与自然降水量相比，减少和增加降水量均未显著改变微生物量氮含量（$P>0.05$）；微生物量磷含量在减少 30% 降水量处理下最大，在增加 30% 降水量处理下最小。与自然降水量相比，减少和增加降水量均未显著改变微生物量磷含量（$P>0.05$）；微生物

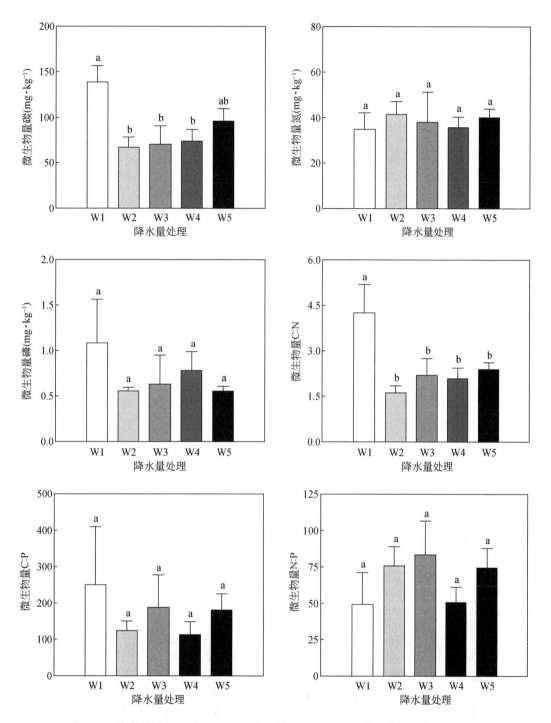

图 6-35　降水量对 2020 年 0 ~ 20cm 微生物量 C：N：P 生态化学计量特征的影响

注：W1、W2、W3、W4、W5 分别代表减少 50%、减少 30%、自然、增加 30% 和增加 50% 降水量。

不同小写字母代表降水量处理间各指标差异显著（P<0.05）。

量 C：N 在减少 50% 降水量处理下最大，在减少 30% 降水量处理下最小。与自然降水量相比，减少 50% 降水量处理显著提高了微生物量 C：N （$P<0.05$）；微生物量 C：P 在减少 50% 降水量处理下最大，增加 30% 降水量处理下最小。与自然降水量相比，减少和增加降水量均未显著改变微生物量 C：P （$P>0.05$）；微生物量 N：P 在自然降水量处理下最大，在减少 50% 降水量处理下最小。与自然降水量相比，减少和增加降水量均未显著改变微生物量 N：P （$P>0.05$）。

（2）降水量变化及氮添加下

降水量和氮添加对 2021 年不同土层微生物量 C：N：P 生态化学计量特征各指标的影响程度不同（图 6-36 和图 6-37）。$0g \cdot m^{-2} \cdot a^{-1}$ 的氮添加下，与自然降水量相比，减少 50% 降水量显著提高了 0~10cm 土层微生物量碳、C：N 和 C：P （$P<0.05$），10~20cm 土层微生物量碳、氮、C：P 和 N：P （$P<0.05$）、显著降低了不同土层微生物量磷（$P<0.05$），增加 30% 降水量显著降低了 0~10cm 土层微生物量氮、C：P 和 N：P （$P<0.05$），10~20cm 土层微生物量碳和磷（$P<0.05$）、显著提高了 10~20cm 土层微生物量 C：P （$P<0.05$）。$5g \cdot m^{-2} \cdot a^{-1}$ 的氮添加下，与自然降水量相比，减少 50% 降水量显著提高了 10~20cm 土层微生物量氮和磷（$P<0.05$）、显著降低了 10~20cm 土层微生物量 C：N 和 C：P （$P<0.05$），增加 30% 降水量显著降低了 10~20cm 土层微生物量磷（$P<0.05$）、显著提高了 10~20cm 土层微生物量 N：P （$P<0.05$），增加 50% 降水量显著降低了 0~10cm 土层微生物量碳和磷（$P<0.05$）。相同降水量条件下，氮添加在减少 50% 降水量时显著降低了 10~20cm 土层微生物量氮以及不同土层微生物量碳和 C：P （$P<0.05$）、显著提高了 0~10cm 土层微生物量磷和 10~20cm 土层微生物量 C：N （$P<0.05$），在减少 30% 降水量时显著提高了 10~20cm 土层微生物量碳、氮和 C：P （$P<0.05$），在自然降水量时显著提高了 10~20cm 土层微生物量磷和 C：P （$P<0.05$），在增加 30% 降水量时显著提高了 10~20cm 土层微生物量碳和 C：P （$P<0.05$），在增加 50% 降水量时显著提高了 10~20cm 土层微生物量碳、C：N 和 C：P （$P<0.05$）。

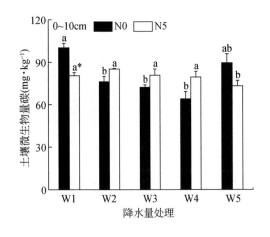

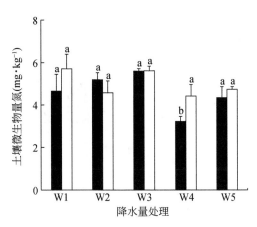

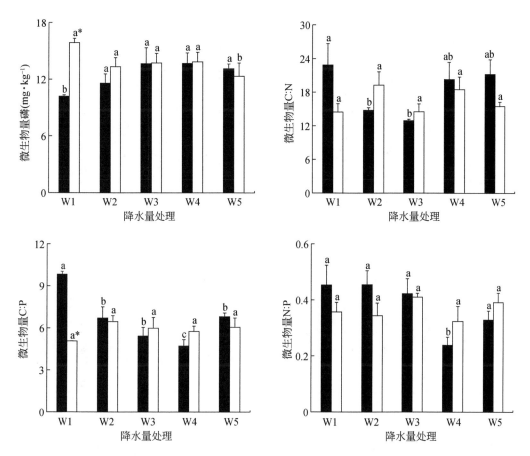

图 6-36 降水量及氮添加对 2021 年 0～10cm 微生物量 C∶N∶P 生态化学计量特征的影响

注：W1、W2、W3、W4、W5 分别代表减少 50%、减少 30%、自然、增加 30% 和增加 50% 降水量。N0 和 N5 分别代表 0g·m^{-2}·a^{-1} 和 5g·m^{-2}·a^{-1} 氮添加。不同小写字母表示相同氮添加下降水量处理间各指标差异显著（$P<0.05$）。

*表示相同降水量下氮添加处理间各指标差异显著（$P<0.05$）。

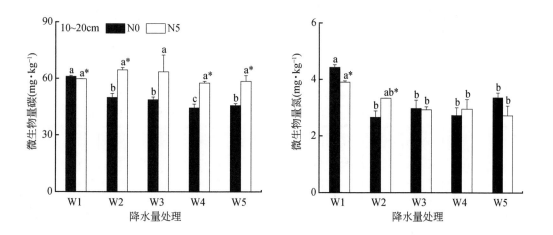

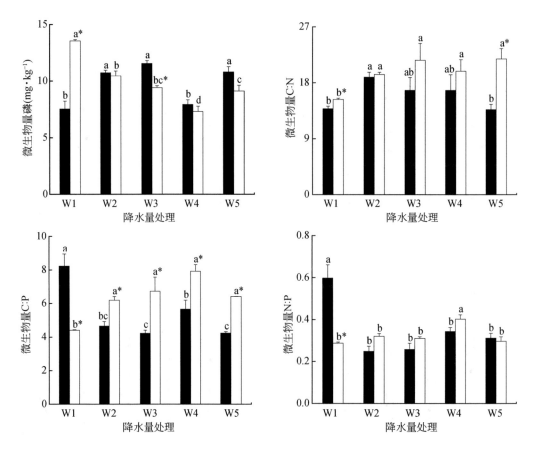

图 6-37　降水量及氮添加对 2021 年 10～20cm 微生物量 C：N：P 生态化学计量特征的影响

注：W1、W2、W3、W4、W5 分别代表减少50%、减少30%、自然、增加 30% 和增加 50% 降水量。N0 和 N5 分别代表 0g·m⁻²·a⁻¹ 和 5g·m⁻²·a⁻¹ 氮添加。不同小写字母表示相同氮添加下降水量处理间各指标差异显著（$P<0.05$）。* 表示相同降水量下氮添加处理间各指标差异显著（$P<0.05$）。

增减降水量对 2022 年微生物量 C：N：P 生态化学计量特征影响较小（6-38）。0 和 5g·m⁻²·a⁻¹ 氮添加下，与自然降水量相比，增减降水量均未显著改变微生物量 C：N：P

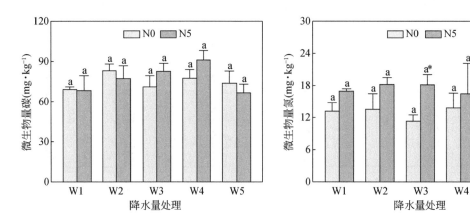

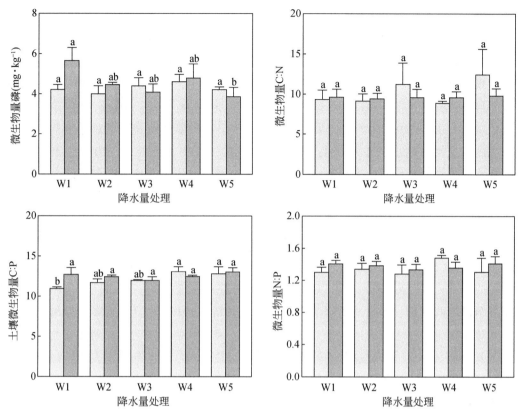

图 6-38 降水量及氮添加对 2022 年 0～20cm 微生物量 C：N：P 生态化学计量特征的影响

注：W1、W2、W3、W4、W5 分别代表减少 50%、减少 30%、自然、增加 30% 和增加 50% 降水量。N0 和 N5 分别代表 0g·m⁻²·a⁻¹ 和 5g·m⁻²·a⁻¹ 氮添加。不同小写字母表示相同氮添加下降水量处理间各指标差异显著（$P<0.05$）。
*表示相同降水量下氮添加处理间各指标存在显著性差异（$P<0.05$）。

生态化学计量特征（$P>0.05$）。相同降水量条件下，5g·m⁻²·a⁻¹ 氮添加在自然降水量时提高了微生物量氮含量（$P<0.05$）。

6.3 降水量变化及氮添加下植物群落特征和土壤性质的响应机制

6.3.1 植物群落特征

6.3.1.1 植物群落生物量

（1）降水量变化下

作为陆地生态系统最基础的数量特征，植物生物量能够表征生态系统 CO_2 获取能力，也是群落生产力的主要体现。降水是制约草原植物生长发育最主要的生态因子（陈敏玲等，2016），是植物自然生长过程中主要的水分来源，决定着生态系统结构与功能（Wu et al.，2011）。因此，降水量的变化将显著改变草原植物群落生产力（郭群，2019）。本书研究发现，降水量减少对生长季植物群落生物量影响较小，仅降水量减少50%在8月显著降低了群落生物量（图7-30），与针对英国高地草原（Eze et al.，2018）和内蒙古典型草原（Zhong et al.，2019）的研究结果一致，证实干旱半干旱区植物群落对适度甚至极端干旱有强的适应性（胡小文等，2004；Copeland et al.，2016；Zuo et al.，2020）。8月为植物生长旺盛期。极端干旱条件下植物生长受水分限制严重，依据最优分配假说，此时植物会将生物量优先分配给地下部分，使得地上生物量减少。相比之下，降水量增加的影响较大，即除10月外，降水量增加均提高了群落生物量，尤其是降水量增加50%的处理。在干旱半干旱区，一方面降水量增加补充了土壤含水量，缓解了土壤水分限制，促进了植物群落对土壤水分的利用，提高了植物生长和生物量积累（崔夺等，2011；李香云等，2020）；另一方面，增加降水量可以促进土壤养分释放，增强微生物活性，有利于植物对土壤养分的吸收利用、提高植物群落生物量（毛伟等，2016）。但持续降水量增加导致土壤含水量达到饱和、土壤通透性变差，使牛枝子、短花针茅、猪毛蒿、阿尔泰狗娃花等物种地下部分氧气缺乏，造成这些物种生物量减少（图6-10）。也有研究表明，过量的降水量对沙质土壤具有淋溶作用，使土壤养分淋溶损失增加（王霖娇等，2018），进而对植物生物量积累造成不利影响。

（2）降水量变化及氮添加下

不同植物种适应环境变化能力不同，其在生长过程中对土壤水分和养分的吸收状况也不同，从而深刻影响着植物群落特征（Wang et al.，2015；张岚，2021）。已有研究发现，减少降水量抑制了植物生长，从而降低了植物生物量（吕晓敏等，2015）；适度提高降水量和氮添加可以缓解土壤水分限制和氮限制，从而起到调节植物生长和群落结构的作用（Niu et al.，2010）。也有研究发现，增加降水量及其与氮添加交互作用促进了荒漠草原植物生长、提高了植物生物量（杜忠毓等，2021）。本研究中，$5g \cdot m^{-2} \cdot a^{-1}$氮添加下，与自然降水量相比，增加30%和50%降水量显著提高了植物生物量。这是由于增加降水量改善了土壤水分状况，促进了土壤氮矿化，提高了土壤氮有效性，提高了植物氮利用效率、刺激了植物生长，从而提高了植物生物量和植被固碳能力（Kong et al.，2013；李文娇等，2015）。一般来说，氮添加下减少降水量会降低氮利用效率，限制植物生长。而本章研究中，$5g \cdot m^{-2} \cdot a^{-1}$氮添加在减少30%降水量时显著提高了植物生物量，与以往针对荒漠草原的研究结果不一致（潘庆民等，2005）。这可能是因为氮添加缓解了植物生长所需的营养元素限制，从而促进了植物地上部分的生长、提高了植被生产力（朱湾湾等，2021a），进而增加了植物生物量（井光花等，2021）。这一结果意味着，降水量变化和氮添加下，荒漠草原植物的影响因素复杂，其生长除了受降水和氮添加的影响外，可能还受到其他多个因素的交互效应（Bell et al.，2008；Jia et al.，2016）。

6.3.1.2 植物群落多样性

(1) 降水量变化下

物种多样性是反映植被群落稳定性的重要方面（周波和王宝青, 2014; 王悦骅等, 2018）。降水量变化下, 植物种的不同反应导致群落结构的改变（杜忠毓等, 2020）。降水量的增加缓解了土壤水分限制, 植物物种增多, 但植物对降水量的响应也具有一定的滞后性, 尤其是在长期受到水分胁迫的荒漠草原（黄绪梅等, 2022）。本章研究中, 降水量减少对4个多样性指数的影响较小, 仅降水量减少50%在6月显著降低了Shannon-Wiener多样性指数和Pielou均匀度指数。在极端干旱条件下植物生长发育受到干旱胁迫, 对干旱忍耐性弱的物种（如牛枝子、短花针茅、猪毛蒿、阿尔泰狗娃花等）被逐渐从群落中排除, 导致群落多样性降低（朱国栋等, 2021）。研究表明, 在水分为主要限制因子的地区, 降水量适度增加一方面会改善植物生存环境、减少植物群落种内和种间竞争（车力木格等, 2020）, 另一方面会使物种间出现生态位互补效应、物种共存概率增大（Bunting et al., 2017）, 从而增加群落多样性（孙小丽等, 2015）。本章研究发现, 整个生长季降水量增加虽有助于提高Patrick丰富度指数和Shannon-Wiener多样性指数, 但绝大多数情况下未达到显著水平, 表明降水量适度增加促进了植物生长, 但未改变其多样性, 与其他研究结果（孙岩等, 2018; Jia et al., 2020）一致。随着降水量的进一步增加（W5）, 植物生物量增加、植物耗水增多（李红琴等, 2013）, 许多植物提前完成生命周期, 导致Shannon-Wiener多样性指数和Pielou均匀度指数在10月显著下降, 与高寒矮生嵩草（*Carex alatauensis*）草甸群落的研究结果（王长庭等, 2003）一致。

(2) 降水量变化及氮添加下

植物多样性在维持群落稳定性和生态系统功能方面具有重要的作用（李周园等, 2021; 雷石龙等, 2023）。本研究中, 0g·m⁻²·a⁻¹氮添加下, 与自然降水量相比, 减少50%降水量显著降低了Shannon-Wiener多样性指数和Pielou均匀度指数。可能是极端减少降水量限制了植物对水分的吸收利用, 导致各物种间资源竞争增加, 从而降低了植物多样性和均匀度（高江平等, 2021）; 相比之下, 增加降水量缓解了研究区植物群落干旱压力, 提高了植物对资源的利用效率（Zhang et al., 2021e）, 有助于提高Patrick丰富度指数和Shannon-Wiener多样性指数, 以往一些研究结果一致（Zhang et al., 2021e; 李文娇等, 2015）。5g·m⁻²·a⁻¹氮添加下, 与自然降水量相比, 减少50%降水量显著降低了Patrick丰富度指数、Shannon-Wiener多样性指数和Pielou均匀度指数（$P<0.05$）, 显著提高了Simpson优势度指数; 增加降水量显著提高了Patrick丰富度（W4）指数和Shannon-Wiener多样性（W5）指数。这与杜忠毓等（2020）研究结果相似, 可能是减少降水量降低了植物对水分和养分的利用效率, 导致植物丰富度、多样性和均匀度降低; 而增加降水量减弱了植物群落排斥其他物种的能力, 使植物物种数量增多, 从而增加了植物丰富度和多样性（李静等, 2020）。相同降水量条件下, 5g·m⁻²·a⁻¹氮添加在增加降水量时显著提高了

Patrick 丰富度（W4）指数和 Pielou 均匀度（W5）指数（$P<0.05$）。这是由于氮添加在增加降水量时，补充了土壤水分含量，提高了土壤氮有效性，使植物对氮的吸收利用效率增强，促进了植物生长发育，从而增加了植物多样性（张馨文等，2021）。另外，降水量变化下氮添加可能改变了植物种间和种内竞争程度（李文娇等，2015），且其与降水量的交互作用可以直接影响微生物生理等一些土壤过程，进而影响植物群落结构（Li et al., 2020）。

6.3.1.3 植物群落 C∶N∶P 生态化学计量特征

（1）降水量变化下

碳、氮、磷是植物生长必不可少的基本元素。因此，C∶N∶P 生态化学计量特征的变化对植物生理生态过程起着调控作用（Zeng et al., 2016）。本章研究中，与自然或减少降水量相比，增加降水量降低了植物群落全氮和全磷浓度，在极端降水条件下尤为明显，与针对内蒙古和黄土高原典型草原的研究结果相似（岳喜元等，2018；尉剑飞等，2022），说明极端降水可能会降低植物氮、磷摄取能力。但也有部分研究表明，植物全氮和全磷浓度与年降水量无关或随着降水量的增加而增加（郑淑霞和上官周平，2006；姜沛沛等，2016）。这可能是因为降水量变化以及控制降水的年限对植物碳、氮、磷的耦合关系有较大影响，但由于控制年限及群落结构不同仍具有不确定性。植物 C∶N∶P 生态化学计量特征是反映植物生长的重要指标，通常与植物生长速率和氮、磷元素的养分利用效率有一定相关性：较高的生长速率相应地具有较高的磷浓度和较低的 N∶P，反之生长较慢的植物有机体磷浓度相对较低、N∶P 较高（田地等，2021）。本文研究结果显示，与减少降水量相比，增加 50% 降水量显著提高了植物群落 C∶N。此外，增加 50% 降水量处理下植物群落 C∶P 和 N∶P 也有不同程度的提高。这意味着，极端增加降水量可能会影响植物氮、磷利用率，进而减缓植物生长。

（2）降水量变化及氮添加下

植物体内碳、氮、磷浓度是维持植物生长、发育和繁殖的必需元素（陈友余等，2022）。本章研究中，$0g \cdot m^{-2} \cdot a^{-1}$ 氮添加下，与自然降水量相比，减少 30% 降水量降低了植物全碳和全磷浓度，增加降水量提高了植物 C∶N，降低了全氮浓度。这可能是因为减少降水量减缓了植物生长对养分的吸收效率，使植物生长速率降低（洪江涛等，2013），从而降低了植物全碳和全磷浓度。另外，过多的土壤水分含量抑制了植物生长对氮的吸收效率，从而降低了全氮浓度，提高了 C∶N（洪江涛等，2013）。$5g \cdot m^{-2} \cdot a^{-1}$ 氮添加下，与自然降水量相比，减少降水量对植物 C∶N∶P 生态化学计量特征没有显著影响，增加30% 和 50% 降水量提高了 C∶N，降低了全氮浓度。这可能是因为，在减少降水量时，植物生长受到水分的限制，不足以引起植物 C∶N∶P 生态化学计量特征的显著变化；增加降水量促进了植物对水分和养分的吸收利用效率；然而，土壤水分含量过多时，植物对养分的吸收利用减弱，导致植物生长速率降低、光合作用减弱（肖钰鑫等，2022），从而降低了植物全氮浓度，提高了植物 C∶N。相同降水量条件下，$5g \cdot m^{-2} \cdot a^{-1}$ 氮添加提高了植物全磷（W5）浓度，降低了植物 C∶N（W3）。可能是氮添加增加了土壤有效氮、促进了植物对有效氮的吸收利用（岳泽伟等，2020）；但过多的土壤水分，限制了植物生长，降低了植物生长速率，从而降低了植物 C∶N、增加了全磷浓度（田地等，2021）。

6.3.2 土壤性质

6.3.2.1 土壤物理性质

（1）降水量变化下

在干旱半干旱地区，土壤水分含量不仅对植物的生长发育至关重要，而且直接影响生态系统的关键生理过程（陈晓莹等，2020）。降水作为荒漠草原土壤水分的主要来源，对其植被生长发育及生态系统功能稳定性有重要影响（马生花等，2019）。总体来看，本章研究中，随着降水量增加，土壤含水量也呈现出增加趋势，表明降水量的增加极大地补充了土壤含水量、提高了土壤水分有效性。有研究发现，土壤水分对降水的响应也可能会受到研究区植物密度大小等特征的影响（王艳莉等，2015）。在生长季初期，植物对土壤水分的消耗较少，土壤含水量主要受降水量处理的影响。到 8 月正值植物生长旺盛期，增加降水量处理下植物对土壤水分的需求量更大，而减少降水量处理下植物生长缓慢，对水分消耗更少。9 月和 10 月降水减少，植物主要消耗土壤本身储存的水分，此时减少降水量处理下土壤含水量显著降低。

土壤热状况与气象和气候因素息息相关，其温度变化受到季节、太阳辐射、气流热交换、土壤质地以及土壤含水量等要素的影响（李慧星等，2007）。本章研究中，与自然降水量相比，增加 30% 降水量显著降低了土壤温度，且增加降水量处理下土壤温度略低于自然和减少降水量处理条件下（图 6-15）。这可能是因为，极端增加降水后，土壤含水量显著增大，土壤热容量随着土壤湿度的增加显著增大，从而导致土壤温度降低。

降水量未显著影响土壤容重和孔隙度（图 6-17）。除增加 50% 降水量处理外，其他降水量处理下随降水量的增加土壤容重有降低趋势。这是可能是因为，一方面，随着降水量的增加，土壤表层水分含量逐渐增加，土壤持水性能增强，从而导致土壤容重降低；另一方面，降水量的减少会引起土壤水分降低和植物生长状况恶化，促使土壤粗粒化，进而导致土壤容重增加（张晓龙等，2020）。

（2）降水量变化及氮添加下

土壤是支持植物生长和维系地下生物活动的载体，对地下生态过程有重要影响（杨新宇等，2017）。作为土壤水分和养分的重要来源，降水量和氮添加主要通过改变土壤温度、通气状况、养分有效性（张晓琳等，2018）及微生物活性（陶冬雪等，2022）等，调控土壤物理、化学和生物过程，直接或间接影响着土壤 CO_2 释放乃至生态系统碳源汇功能

（Austin et al.，2004；范凯凯等，2022）。就土壤物理性质而言，土壤容重和孔隙度影响主要受地形、土壤类型、人类活动等影响（白致威等，2015），不易受到短期降水量变化和氮添加的影响（图7-4）。0和5g·m⁻²·a⁻¹氮添加下，与自然降水量相比，减少降水量不同程度地降低了生长季土壤含水量，尤其减少50%降水量，增加降水量不同程度地提高了生长季不同时期土壤含水量，特别是在增加50%降水量条件下。可能是研究区气温较高，导致土壤水分蒸发较快，从而减少降水量，降低了土壤含水量（杨晶晶等，2020）。增加降水量提高了土壤水分含量，但未达到土壤水分饱和状态，所以增加降水量下土壤含水量依然较高。相同降水量条件下，从整个生长季来看，5g·m⁻²·a⁻¹氮添加对土壤含水量没有显著影响，与Wang等（2019c）研究结果相似。其可能原因在于，氮添加在减少降水量时抑制了土壤氮有效性，植物生长缓慢，从而对土壤水分的消耗较少；增加降水量时氮添加促进了植物生长，加快了土壤水分消耗，使得土壤含水量未发生明显变化（孙一梅等，2021）。

土壤温度则主要受气温和太阳辐射影响（母娅霆等，2021）。土壤温度可以改变土壤养分循环过程，从而影响植物生长发育（张天鹏等，2022）。0和5g·m⁻²·a⁻¹氮添加下，与自然降水量相比，增加降水量显著不同程度地降低了生长季5~9月土壤温度。这可能是因为，增加降水量导致植被覆盖度增加、土壤热容量变大，从而降低土壤温度，与张亚峰等（2013）研究结果相似。

6.3.2.2 土壤化学性质

（1）降水量变化下

已有研究表明，土壤水分含量对土壤中硝化和矿化作用有显著影响，并且可以通过影响植物吸收氮的生物过程引起土壤氮循环过程的改变（Wang et al.，2010）。本章研究中，随着降水量增加，土壤NH₄⁺-N浓度呈现先降低后增加的趋势，而NO₃⁻-N浓度则随着降水量的增加而降低。这可能是由于降水量的增加提高了土壤含水量，在水饱和状态下有氧硝化作用会受到限制，反硝化作用则随着水分的增加而增强（Zhou et al.，2013）。另外，NO₃⁻-N比NH₄⁺-N更容易随着土壤淋溶作用而损失。降水量的增加可能会导致土壤淋溶作用的增强，加速了NO₃⁻-N淋溶损失。

土壤C∶N∶P生态化学计量特征是判断土壤质量和养分供应能力的重要指标（张志山等，2022）。在干旱荒漠地区，土壤养分贫瘠，从而使土壤养分及其生态化学计量特征表现出独特的变化趋势，并且更易受到降水等气候因素的影响（董正武等，2020）。本研究中，降水量改变了土壤C∶N∶P生态化学计量特征。其中，与自然降水量相比，减少50%降水量处理显著降低了土壤有机碳浓度。而土壤有机碳的降低导致C∶P下降，这意味着极端干旱可能会加快土壤磷矿化速率，使土壤磷有效性提高（苏卓侠等，2020）。此外，增加和减少降水量处理下土壤全氮含量均低于自然降水量处理。这可能是降水量的增加使土壤中氮淋溶作用增强，提高了植物和微生物对土壤氮的消耗（高江平等，2021）。

（2）降水量变化及氮添加下

土壤 pH 是影响土壤养分有效性的重要因素之一（左李娜等，2022）。本章研究中，0 和 5g·m^{-2}·a^{-1} 氮添加下，与自然降水量相比，减少和增加降水量对土壤 pH 没有显著影响，与以往研究结果相似（Jia et al.，2021；王怀海等，2022）。由于土壤尤其碱性土壤具有一定的缓冲能力（Luo et al.，2015），所以在增减降水量条件下土壤 pH 保持稳定（Glaser et al.，2010）。相同降水量条件下，5g·m^{-2}·a^{-1} 氮添加在减少 30% 降水量时降低了土壤 pH。可能是氮添加引起土壤酸化，降低了土壤 pH，与杨阳等（2022）研究结果一致。

降水量变化和氮添加下，相较土壤有机碳，全氮和全磷含量变化较大（图 7-21 和图 7-22）。0g·m^{-2}·a^{-1} 氮添加下，与自然降水量相比，减少 50% 降水量显著降低了土壤全氮，增加 50% 降水量显著提高了土壤全磷。可能是干旱情况下植物覆盖率减少和土壤粗纹理组分普遍增多，从而导致氮的淋失量增加。一方面，增加降水量不仅可以加速凋落物淋溶侵蚀，还可以通过提高土壤含水量和湿度影响土壤微环境，促进植物凋落物元素和地下部分磷输入（Allison et al.，2013），从而提高土壤全磷含量。另一方面，降水可以刺激植物生长，尤其是干旱半干旱地区，从而导致植物生物量中养分固存增加（Yuan et al.，2017），还可能增加土壤速效养分淋溶作用，加速土壤表层 NO$_3^-$-N 向深层迁移，导致土壤表层全氮含量降低，与针内蒙古典型草原的研究结果一致（闫钟清等，2017b）。

土壤无机氮主要以 NH$_4^+$-N 和 NO$_3^-$-N 的形式存在，并在微生物群落的作用下发生硝化反应（贺纪正和张丽梅，2013）。本章研究中，0g·m^{-2}·a^{-1} 氮添加下，与自然降水量相比，减少 50% 降水量提高了土壤 NO$_3^-$-N 浓度。可能是降水量减少使土壤中 NO$_3^-$-N 的可移动性降低，抑制了植物吸收土壤无机氮和土壤 NO$_3^-$-N 淋溶流失（Cregger et al.，2014），进而增加土壤 NO$_3^-$-N 浓度。5g·m^{-2}·a^{-1} 氮添加下，与自然降水量相比，减少降水量提高了土壤 NO$_3^-$-N（W2）和速效磷（W1）浓度，增加 50% 降水量降低了土壤 NO$_3^-$-N 浓度。这可能是因为，研究区土壤 pH 较高，土壤表层 NH$_4^+$-N 容易挥发，从而在极端减少降水量条件下氮添加提高了 NO$_3^-$-N 浓度，与图纳热等（2023）研究结果一致。另外，极端增加降水量使土壤水分含量增多，不仅促进了植物生长对土壤 NO$_3^-$-N 的吸收利用，从而土壤 NO$_3^-$-N 浓度降低（杨泽等，2020）。相同降水量条件下，5g·m^{-2}·a^{-1} 氮添加显著提高了 5 个降水量处理下土壤 NO$_3^-$-N 浓度。这可能是因为，生长季土壤水分含量较高，持续增加降水量使土壤水分达到饱和状态，导致土壤中氧气含量和养分流动性降低，抑制了植物生长对养分的吸收利用，从而提高了土壤 NO$_3^-$-N 浓度（于兵和吴克宁，2018）。此外，0 和 5g·m^{-2}·a^{-1} 氮添加下，与自然降水量相比，减少 50% 降水量显著均提高了土壤速效磷。可能是由于一方面降水量减少降低了土壤速效磷淋溶，另一方面氮添加促进了微生物活动，速效磷得到了补充（裴广廷等，2013），从而提高了其含量。

6.3.2.3 土壤生物学性质

（1）降水量变化下

土壤酶作为土壤有机体的代谢动力和生态系统变化的预警指标，其活性不仅可以衡量气候变化下土壤微生物的变化情况，一定程度上也可以反映微生物对元素的限制和利用情况（Zhong et al., 2020）。土壤酶活性对降水格局改变较为敏感，这种变化在受水分和养分限制的荒漠草原尤为明显。本章研究中，降水量变化下蔗糖酶和脲酶活性均表现出随着降水量的增加而增加的趋势，磷酸酶活性也在增加 50% 降水量处理下显著提高（与减少30% 降水量相比）。这可能是因为降水量增加下土壤水分有效性的提高，促进了植物根系活动以及由微生物驱动的生物过程有促进作用，进而刺激了酶的分泌以及底物的扩散（Li et al., 2016）。与减少降水量相比，增加 50% 降水量显著提高了脲酶和磷酸酶活性。在水分缺乏条件下，凋落物产量会随着植物生物量的减少而减少，降低了土壤有机质的含量，土壤酶活性也随之降低。也有研究结果显示，土壤酶活性对水分变化的响应存在阈值；通常情况下，在阈值范围内土壤酶活性随土壤含水量的增加而升高。当超过这个值时，土壤酶活性将会受到抑制，甚至一定程度的水分胁迫还会对酶活性产生激活作用（Kivlin et al., 2014；周芙蓉等，2013）。

土壤微生物是活的土壤有机质部分，既是土壤中植物养分的"储存库"，又是可以释放养分的"源"，可以通过固持和矿化作用控制土壤生态系统碳、氮、磷的循环，是可反映陆地生态系统土壤质量变化和发育情况的重要指标之一（张志山等，2022）。本章研究中，与自然降水量相比，减少 50% 降水量显著提高了微生物量碳和 C∶N。这可能是由于土壤微生物量碳和 N 主要源于土壤有机质和总 N，相对于有效 N 来说，有效 C 较充足。在极端干旱条件下，微生物会降低对 C 的利用效率，而对 N 的利用效率增加，随着降水量的减少，土壤微生物量碳含量并没有随之减少，从而导致微生物量 C∶N 显著提高，与许华等（2020）针对腾格里沙漠荒漠区土壤系统的结果相似。

（2）降水量变化及氮添加下

微生物量碳、氮常是土壤活性养分的储存库，也是植物生长可利用养分的重要来源之一（闫钟清等，2017a），在一定程度上反映了土壤中微生物数量和活性（向元彬等，2016）。已有研究发现，微生物量碳、氮浓度随着氮添加增加显著降低，而增加降水量能够为微生物提供适宜的环境，提高微生物量（马玉亮和张建伟，2017）。本章研究中，相同降水量处理下，$5g \cdot m^{-2} \cdot a^{-1}$ 氮添加在自然降水量时提高了微生物量氮。这可能是因为，生长季降水量增多，缓解了土壤水分限制；氮添加提高了土壤有机质和有效氮，导致植物和微生物间竞争减弱，有利于植物生长和微生物活动（贺云龙等，2018b），使得微生物量氮含量增加。

土壤酶作为微生物分解和有机质转化的重要介质，其活性的强弱对土壤营养转化速率有很大的影响（井艳丽和袁凤辉，2013）。本章研究中，0 和 $5g \cdot m^{-2} \cdot a^{-1}$ 氮添加下，与自然降水量相比，减少降水量对蔗糖酶、脲酶和磷酸酶活性无显著影响，增加降水量不同程度地提高了三种酶活性。一方面，生长季降水量较多，缓解了土壤水分限制，从而减少降水量对土壤酶活性影响较小（李新鸽，2019）。另一方面，氮添加提高了土壤养分含量，促进了植物生长和微生物活动，促进了土壤酶分泌（苏洁琼等，2014），进而抵消了减少降水量的抑制作用。相比之下，增加降水量改善了土壤水分含量，增强了植物生长和微生物活动、促进了酶的分泌和底物扩散，从而刺激了酶活性（马玉亮和张建伟，2017；杨青霄等，2017；郭文章等，2021）；相同降水量条件下，5g·m^{-2}·a^{-1}氮添加提高了蔗糖酶（W2 和 W3）、脲酶（W1）和磷酸酶（W5）活性。这一结果证实氮添加缓解了植物生长发育所需氮的限制，刺激了根系分泌物形成（赵晓琛等，2016），进而提高了土壤酶活性（盛基峰等，2022）。

2021 年，0g·m^{-2}·a^{-1}氮添加下，与自然降水量相比，减少 50%降水量显著降低了土壤纤维二糖水解酶活性，增加 50%降水量显著提高了土壤 β-1,4-葡萄糖苷酶活性。可能是由于土壤纤维二糖水解酶最适 pH 和催化温度范围分别为 4.5～6.0 和 35～70℃（袁茂翼等，2017）。一方面研究区为盐碱地，pH 较高，另一方面减少降水量会使土壤温度呈升高趋势，可能导致酶分子发生变性而使其活性降低。增加降水量可能是通过改善土壤水分状况增加了微生物活性和影响了微生物胞内外压力，促进了微生物向土壤中释放酶（李健，2015），进而提高了酶活性。5g·m^{-2}·a^{-1}氮添加下，与自然降水量相比，增加 50%降水量显著降低了土壤微生物量氮。可能是短期内水分激增和氮添加促进了植物与微生物对水分和有效养分的竞争，不利于土壤微生物对水分和养分的吸收利用（朱湾湾，2021），导致微生物量氮降低。相同降水量条件下，氮添加在减少 30%降水量时显著提高了土壤纤维二糖水解酶活性，在增加 50%降水量时显著降低了微生物量磷。可能是氮添加提高了土壤中可利用氮含量从而促进了土壤水解酶的合成与分泌（李健，2015）。

6.4　小　　结

本章分析了降水量及氮添加对 2020～2021 年 8 月土壤性质（物理、化学、生物学）和植物特征（生物量、多样性、C∶N∶P 生态化学计量特征）的影响，主要结果如下。

6.4.1　植物群落特征

1）降水量单因素作用下，植物生物量变化较大，多样性和 C∶N∶P 生态化学特征变化较小。与自然降水量相比，减少 50%降水量处理显著降低了植物群落生物量，提高了全氮浓度；减少 30%降水量显著降低了植物生物量；增加 30%降水量显著提高了植物生物量；增加 50%降水量显著提高了植物生物量、Patrick 丰富度指数，降低了全氮浓度；减少或增加降水量对 Shannon-Wiener 多样性指数、Simpson 优势度指数、Pielou 均匀度指数、全碳浓度、全磷浓度、C∶P和N∶P均无显著影响。

2）降水量及氮添加两因素作用下，与减少降水量相比，增加降水量对植物生物量和C∶N∶P生态化学计量特征影响较小，对植物多样性影响较大。多数情况下，氮添加对植物群落特征的影响不明显。0和5g·m⁻²·a⁻¹氮添加下，与自然降水量相比，减少降水量不同程度地降低了Patrick丰富度指数、Shannon-Wiener多样性指数、Pielou均匀度指数、全碳和全磷浓度，提高了Simpson优势度指数，特别是在减少50%降水量条件下；增加降水量不同程度地提高了植物生物量、Patrick丰富度指数、Shannon-Wiener多样性指数、植物C∶N，降低了植物全氮。相同降水量条件下，5g·m⁻²·a⁻¹氮添加提高了植物生物量（W2）、Patrick丰富度指数（W4）、Pielou均匀度指数（W5）、全磷浓度（W5），降低了C∶N（W3）。

6.4.2　土壤性质

1）降水量单因素作用下，土壤性质的响应程度不同。与自然降水量相比，减少50%降水量显著降低了土壤含水量、有机碳含量和C∶N，提高了NO_3^--N浓度、微生物量碳含量和C∶N；减少30%降水量未对各土壤性质产生显著影响；增加30%降水量显著提高了土壤含水量和电导率，降低了土壤温度；增加50%降水量显著提高了土壤含水量和电导率；减少或增加降水量对土壤容重、孔隙度（总孔隙度、毛管孔隙度和非毛管孔隙度）、pH、全氮含量、全磷含量、C∶P、N∶P、酶活性（蔗糖酶、脲酶、磷酸酶）、微生物量（氮浓度、磷浓度、C∶P和N∶P）均无显著影响。

2）降水量和氮添加两因素作用下，相比减少降水量，增加降水量对土壤性质的影响较大。多数情况下，氮添加提高了土壤电导率和NO_3^--N浓度。0和5g·m⁻²·a⁻¹氮添加下，与自然降水量相比，减少降水量不同程度地提高了土壤NO_3^--N浓度，降低了土壤含水量、电导率、NO_3^--N浓度和速效磷浓度，尤其减少50%降水量；增加降水量不同程度地提高了土壤含水量、电导率和酶活性（蔗糖酶、脲酶、磷酸酶），降低了土壤温度和NO_3^--N浓度。5g·m⁻²·a⁻¹氮添加在不同降水量条件下提高了微生物量氮含量、电导率、NO_3^--N浓度、蔗糖酶活性、脲酶活性和磷酸酶活性，降低了土壤pH，尤其在减少30%和自然降水量条件下。

第7章 降水量变化及氮添加下碳循环的影响因素分析

7.1 植物地上碳库与植物群落特征和土壤性质的关系

7.1.1 植物地上碳库与植物群落特征的关系

降水量变化及氮添加下，植物地上碳库与植物群落特征和土壤性质存在不同程度的相关性（表7-1）：植物群落全碳与植物群落生物量、Patrick 丰富度指数、Pielou 均匀度指数、Simpson 优势度指数和土壤 β-1,4-葡萄糖苷酶活性极显著正相关（$P<0.01$），与 Shannon-Wiener 多样性指数显著正相关（$P<0.05$）；植物群落碳储量与植物群落生物量、Patrick 丰富度指数、Shannon-Wiener 多样性指数、Pielou 均匀度指数、Simpson 优势度指

表7-1 降水量变化及氮添加下2021年植物地上碳库与植物群落特征和土壤性质的相关性

因子	PCTC	APCS	因子	PCTC	APCS
PCB	0.465 **	0.992 **	EC	0.107	0.294 *
R	0.322 *	0.541 **	NH_4^+-N	−0.162	−0.270 *
H'	0.420 **	0.388 **	NO_3^--N	−0.178	−0.259 *
E	0.412 **	0.572 **	AP	−0.216	−0.303 *
D	1.000 **	0.565 **	BG	0.333 **	0.395 **
STP	−0.192	−0.054	CBH	0.167	0.302 *
SBD	0.192	0.054	NAG	−0.043	0.084
ST	−0.103	−0.121	LAP	0.134	0.269 *
SWC	0.208	0.422 **	AKP	−0.013	0.221
pH	−0.139	−0.423 **			

注：PCTC、APCS、PCB、R、H'、E 和 D 分别代表植物群落全碳、碳储量、生物量、Patrick 丰富度指数、Shannon-Wiener 多样性指数、Pielou 均匀度指数和 Simpson 优势度指数。STP、SBD、ST、SWC、pH、EC、NH_4^+-N、NO_3^--N、AP、BG、CBH、NAG、LAP 和 AKP 分别代表土壤总孔隙度、容重、温度、含水量、pH、电导率、NH_4^+-N、NO_3^--N、速效磷、β-1,4-葡萄糖苷酶活性、纤维二糖水解酶活性、β-1,4-N-乙酰基氨基葡萄糖苷酶活性、亮氨酸氨基肽酶活性和碱性磷酸酶活性。* 和 ** 分别代表显著性水平小于 0.05 和 0.01。

数、土壤含水量和 β-1,4-葡萄糖苷酶活性极显著正相关（$P<0.01$），与土壤电导率、纤维二糖水解酶活性和亮氨酸氨基肽酶活性显著正相关（$P<0.05$），与 pH 极显著负相关（$P<0.01$），与 NH_4^+-N、NO_3^--N 和速效磷显著负相关（$P<0.05$）。

7.1.2 植物地上碳库与土壤性质的关系

降水量变化及氮添加下，植物地上碳库与土壤性质存在不同程度的相关性（表 7-1）：植物群落全碳与土壤 β-1,4-葡萄糖苷酶活性极显著正相关（$P<0.01$）；植物群落碳储量与土壤含水量和 β-1,4-葡萄糖苷酶活性极显著正相关（$P<0.01$），与土壤电导率、纤维二糖水解酶活性和亮氨酸氨基肽酶活性显著正相关（$P<0.05$），与 pH 极显著负相关（$P<0.01$），与 NH_4^+-N、NO_3^--N 和速效磷显著负相关（$P<0.05$）。

7.1.3 植物地上碳库的影响因素分析

由植物地上碳库的结构方程模型可知（图 7-1 和表 7-2），降水量直接对植物群落全碳产生负效应，或通过对植物群落特征的正影响而间接作用于植物群落全碳。氮添加直接对植物群落全碳产生负效应；降水量未对植物群落碳储量产生直接影响，但通过对植物群落

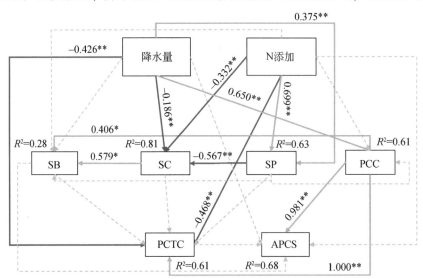

P=0.656, df=3
χ^2=1.617, GFI=0.998, RMSEA < 0.05

图 7-1 降水量变化及氮添加下 2021 年植物地上碳库的结构方程模型

注：PCTC、APCS、PCC、SP、SC、SB 分别代表植物群落全碳、碳储量、特征、土壤物理性质、化学性质和生物学性质。数字表示标准化路径系数。R^2 为模型对该变量的解释量。＊＊表示显著性水平小于 0.01。

特征的正影响而间接作用于植物群落碳储量。氮添加未对植物群落碳储量产生直接影响。降水量和氮添加未对植物群落全碳和碳储量产生间接影响。

表 7-2　降水量变化及氮添加下 2021 年植物地上碳库的结构方程模型中各组分包含的因子

组分	因子				
PCC	PCB	R	H'	E	D
SP	SWC	—	—	—	—
SC	pH	EC	NH_4^+-N	NO_3^--N	F.C
SB	BG	CBH	LAP	—	—

注：PCB、R、H'、E 和 D 分别代表植物群落生物量、Patrick 丰富度指数、Shannon-Wiener 多样性指数、Pielou 均匀度指数和 Simpson 优势度指数。PCC、SP、SC 和 SB 分别代表植物群落特征、土壤物理性质、化学性质和生物学性质。

7.2　土壤有机碳库与植物群落特征和土壤性质的关系

7.2.1　土壤有机碳库与植物群落特征的关系

降水量变化及氮添加下，土壤有机碳库与植物群落特征的相关性较弱（表 7-3），仅土壤有机碳储量与植物群落生物量显著正相关（$P<0.05$）其他情况下二者均无显著的相关性（$P>0.05$）。

表 7-3　降水量变化及氮添加下 2021 年土壤有机碳库与植物群落特征的相关性

因子	SOCS	SOC	EOC	DOC	POC	LFOC	MBC
PCB	0.221*	0.163	0.055	−0.057	0.141	0.063	−0.131
R	0.142	0.068	0.001	−0.069	0.106	0.015	−0.071
H'	0.136	0.045	0.003	−0.167	0.157	0.027	−0.157
E	0.161	0.102	0.089	−0.099	0.164	0.054	−0.128
D	0.159	0.06	0.025	−0.162	0.164	0.05	−0.192

注：SOCS、SOC、EOC、DOC、POC、LFOC 和 MBC 分别代表土壤有机碳储量、有机碳、易氧化有机碳、溶解性有机碳、颗粒有机碳、轻组有机碳和微生物量碳。PCB、R、H'、E 和 D 分别代表植物群落生物量、Patrick 丰富度指数、Shannon-Wiener 多样性指数、Pielou 均匀度指数和 Simpson 优势度指数。* 表示显著性水平小于 0.05。

7.2.2　土壤有机碳库与土壤性质的关系

降水量变化及氮添加下，土壤有机碳库与土壤理化性质的相关性较强（表 7-4）：土壤有机碳储量与土壤容重和总孔隙度极显著正相关（$P<0.01$），与 NH_4^+-N 极显著负相关（$P<0.01$），与 NO_3^--N 显著负相关（$P<0.05$）；土壤有机碳与土壤 NH_4^+-N 显著负相关（$P<0.05$），与 NO_3^--N 极显著负相关（$P<0.01$）；土壤易氧化有机碳与土壤温度极显著正相关（$P<0.01$）；土壤溶解性有机碳与土壤含水量极显著负相关（$P<0.01$），与电导率显著负相关（$P<0.05$）；土壤颗粒有机碳与土壤 pH 极显著负相关（$P<0.01$），与 NO_3^--N 显著负相关（$P<0.05$）；土壤轻组有机碳与土壤含水量显著负相关（$P<0.05$）；微生物量碳与土壤 NH_4^+-N 显著负相关（$P<0.05$），与 NO_3^--N 极显著负相关（$P<0.01$）。

表 7-4　降水量变化及氮添加下 2021 年土壤有机碳库与土壤理化性质的相关性

因子	SOCS	SOC	EOC	DOC	POC	LFOC	MBC
STP	−0.456 **	−0.123	−0.095	−0.177	−0.168	−0.009	−0.123
SBD	0.456 **	0.123	0.095	0.177	0.168	0.009	0.123
ST	−0.029	0.033	0.291 **	0.117	−0.086	0.083	0.033
SWC	−0.121	−0.083	−0.134	−0.383 **	−0.002	−0.189 *	−0.083
pH	−0.052	−0.064	0.093	0.048	−0.285 **	−0.045	−0.064
EC	−0.007	0.001	−0.049	−0.191 *	0.094	−0.174	0.001
NH_4^+-N	−0.223 **	−0.152 *	−0.079	−0.029	−0.074	−0.006	−0.152 *
NO_3^--N	−0.157 *	−0.181 **	0.004	−0.06	−0.135 *	0.088	−0.181 **
AP	−0.108	−0.054	−0.014	0.094	−0.077	−0.003	−0.054

注：SOCS、SOC、EOC、DOC、POC、LFOC 和 MBC 分别代表土壤有机碳储量、有机碳、易氧化有机碳、溶解性有机碳、颗粒有机碳、轻组有机碳和微生物量碳。STP、SBD、ST、SWC、pH、EC、NH_4^+-N、NO_3^--N、AP 分别代表土壤总孔隙度、容重、温度、含水量、pH、电导率、NH_4^+-N、NO_3^--N、速效磷。* 和 ** 分别代表显著性水平小于 0.05 和 0.01。

除微生物量外，土壤有机碳库与土壤生物学性质相关性较弱（表 7-5）：土壤轻组有机碳与土壤 β-1,4-葡萄糖苷酶活性显著正相关（$P<0.05$）；土壤微生物量碳与土壤 β-1,4-葡萄糖苷酶、纤维二糖水解酶、β-1,4-N-乙酰基氨基葡萄糖苷酶和碱性磷酸酶活性极显著正相关（$P<0.01$）；其他土壤有机碳库组分与土壤生物学性质无显著的相关性（$P>0.05$）。

表 7-5　降水量变化及氮添加下 2021 年土壤有机碳库与土壤生物学性质的相关性

因子	SOCS	SOC	EOC	DOC	POC	LFOC	MBC
BG	0.129	0.116	0.020	0.006	0.144 *	0.011	0.419 **
CBH	0.137	0.089	0.008	−0.013	0.121	−0.006	0.488 **
NAG	−0.016	−0.024	0.023	−0.016	−0.008	0.072	0.602 **
LAP	0.033	0.020	−0.009	−0.072	0.084	0.077	0.138

因子	SOCS	SOC	EOC	DOC	POC	LFOC	MBC
AKP	0.107	0.083	0.028	−0.025	0.094	−0.030	0.531**

注：SOCS、SOC、EOC、DOC、POC、LFOC 和 MBC 分别代表土壤有机碳储量、有机碳、易氧化有机碳、溶解性有机碳、颗粒有机碳、轻组有机碳和微生物量碳。BG、CBH、NAG、LAP 和 AKP 分别代表土壤 β-1,4-葡萄糖苷、纤维二糖水解、β-1,4-N-乙酰基氨基葡萄糖苷、亮氨酸氨基肽和碱性磷酸酶活性。* 和 ** 分别代表显著性水平小于 0.05 和 0.01。

7.2.3 土壤有机碳库的影响因素分析

由土壤有机碳储量的结构方程模型可知（表7-6 和图7-2），降水量和氮添加直接对土

表 7-6 降水量变化及氮添加下 2021 年土壤有机碳储量的结构方程模型中各组分包含的因子

组分	因子	
PCC	PCB	—
SP	STP	SBD
SC	NH_4^+-N	NO_3^--N

注：PCC、PCB 分别代表植物群落特征和生物量。SP、SC 分别代表土壤物理性质和化学性质。STP、SBD、NH_4^+-N、NO_3^--N 分别代表土壤总孔隙度、容重、NH_4^+-N、NO_3^--N。

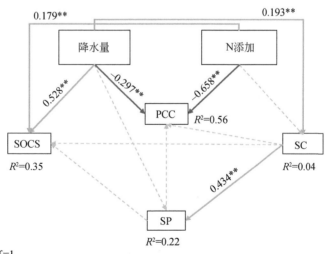

$P=0.551, df=1$
$\chi^2=0.355$, GFI=0.999, RMSEA < 0.05

图 7-2 降水量变化及氮添加下 2021 年土壤有机碳储量的结构方程模型

注：PCC 代表植物群落特征。SOCS、SP、SC 分别代表土壤有机碳储量、物理性质和化学性质。数字表示标准化路径系数。R^2 为模型对该变量的解释量。** 表示显著性水平小于 0.01。

壤有机碳储量产生正效应。降水量和氮添加直接对植物群落特征产生负效应，且降水量还直接对土壤化学性质产生正效应，但均未间接影响土壤有机碳储量。

土壤有机碳组分的结构方程模型中（表7-7和图7-3），降水量直接对土壤有机碳及其组分产生正效应，或通过对土壤化学和生物学性质的负影响而间接作用于土壤有机碳及其组分。氮添加直接对土壤有机碳及其组分产生正效应，或通过对土壤化学和生物学性质的负影响而间接作用于土壤有机碳及其组分。土壤物理性质对土壤有机碳及其组分直接产生正效应，或通过对土壤化学性质的正影响、对生物学性质的负影响而间接作用于土壤有机碳及其组分。

表 7-7　降水量变化及氮添加下 2021 年土壤有机碳及其组分的结构方程模型中各组分包含的因子

组分	因子				
SP	ST	SWC	—	—	—
SC	pH	EC	NH_4^+-N	NO_3^--N	AP
SB	BG	CBH	NAG	AKP	—

注：SP、ST、SWC 分别代表土壤物理性质、温度和含水量。SC、pH、EC、NH_4^+-N、NO_3^--N、AP 分别代表土壤化学性质、pH、电导率、NH_4^+-N、NO_3^--N 和全磷。SB、BG、CBH、NAG、AKP 分别代表土壤生物学性质、β-1,4-葡萄糖苷、纤维二糖水解、β-1,4-N-乙酰基氨基葡萄糖苷和碱性磷酸酶活性。

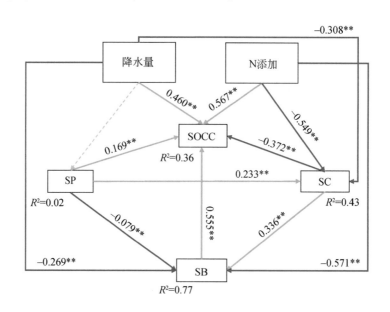

P=0.248, df=1
χ^2=1.333, GFI=0.999, RMSEA=0.037

图 7-3　降水量变化及氮添加下 2021 年土壤有机碳及其组分的结构方程模型

注：SOCC 代表土壤有机碳及其组分。SP、SC、SB 分别代表土壤物理性质、化学性质、生物学性质。

数字表示标准化路径系数。R^2 为模型对该变量的解释量。

7.3 土壤呼吸与植物群落特征和土壤性质的关系

7.3.1 土壤呼吸速率与植物群落特征的关系

7.3.1.1 土壤呼吸速率与植物群落生物量的关系

降水量变化下（图7-4），土壤呼吸速率与植物群落生物量呈现极显著的正线性关系（$P<0.01$），即土壤呼吸速率随着植物群落生物量的增加而增加。

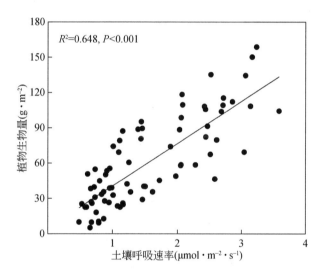

图 7-4 降水量变化下 2020 年土壤呼吸速率与植物群落生物量的关系

降水量变化及氮添加下（表7-8 和图7-5），土壤呼吸速率亦与植物群落生物量呈现极显著的正线性关系（$P<0.01$），即土壤呼吸速率随着植物群落生物量的增加而增加。

表 7-8 降水量变化及氮添加下 2021 年土壤呼吸速率与植物群落特征和土壤性质的相关性

因子	土壤呼吸速率	因子	土壤呼吸速率
PCB	0.444 **	EC	0.344 **
R	0.573 **	NH_4^+-N	−0.403 **
H'	0.707 **	NO_3^--N	−0.212
E	0.535 **	AP	−0.368 **
D	0.687 **	BG	0.125

续表

因子	土壤呼吸速率	因子	土壤呼吸速率
STP	−0.103	CBH	0.253
SBD	0.103	NAG	−0.020
ST	−0.092	LAP	0.272*
SWC	0.451**	AKP	0.311*
pH	−0.342**		

注：PCB、R、H'、E、D 分别代表植物群落生物量、Patrick 丰富度指数、Shannon-Wiener 多样性指数、Pielou 均匀度指数、Simpson 优势度指数。STP、SBD、ST、SWC、pH、EC、NH₄⁺-N、NO₃⁻-N、AP、BG、CBH、NAG、LAP、AKP 分别代表土壤总孔隙度、容重、温度、pH、电导率、NH_4^+-N、NO_3^--N、速效磷、β-1,4-葡萄糖苷酶活性、纤维二糖水解酶活性、β-1,4-N-乙酰基氨基葡萄糖苷酶活性、亮氨酸氨基肽酶活性、碱性磷酸酶活性。* 和 ** 分别表示显著性水平小于 0.05 和 0.01。

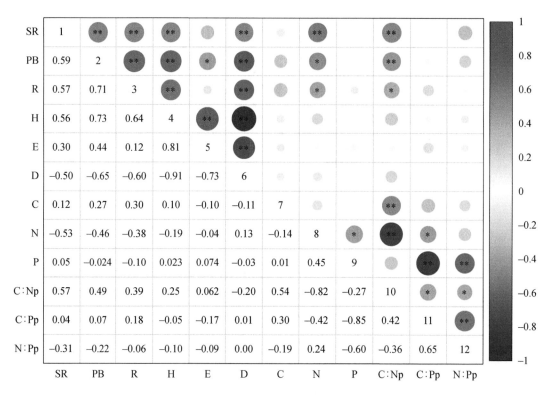

	SR	PB	R	H	E	D	C	N	P	C:Np	C:Pp	N:Pp
SR	1											
PB	0.59	2										
R	0.57	0.71	3									
H	0.56	0.73	0.64	4								
E	0.30	0.44	0.12	0.81	5							
D	−0.50	−0.65	−0.60	−0.91	−0.73	6						
C	0.12	0.27	0.30	0.10	−0.10	−0.11	7					
N	−0.53	−0.46	−0.38	−0.19	−0.04	0.13	−0.14	8				
P	0.05	−0.024	−0.10	0.023	0.074	−0.03	0.01	0.45	9			
C:Np	0.57	0.49	0.39	0.25	0.062	−0.20	0.54	−0.82	−0.27	10		
C:Pp	0.04	0.07	0.18	−0.05	−0.17	0.01	0.30	−0.42	−0.85	0.42	11	
N:Pp	−0.31	−0.22	−0.06	−0.10	−0.09	0.00	−0.19	0.24	−0.60	−0.36	0.65	12

图 7-5　降水量变化及氮添加下 2022 年土壤呼吸速率与植物群落特征的相关性

注：PB、R、H、E、D、C、N、P、C：Np、C：Pp、N：Pp 分别代表植物群落生物量、Patrick 丰富度指数、Shannon-Wiener 多样性指数、Pielou 均匀度指数、Simpson 优势度指数、全碳、全氮、全磷、C：N、C：P、N：P。红色圆圈和蓝色圆圈分别代表正相关和负相关。* 和 ** 分别代表显著相关（$P<0.05$）和极显著相关（$P<0.01$）。

7.3.1.2 土壤呼吸速率与植物群落多样性的关系

降水量变化下（图 7-6），土壤呼吸速率仅与 Patrick 丰富度指数有极显著正的线性关系（$P<0.01$），与其他三个多样性指数没有显著的线性关系（$P>0.05$）。

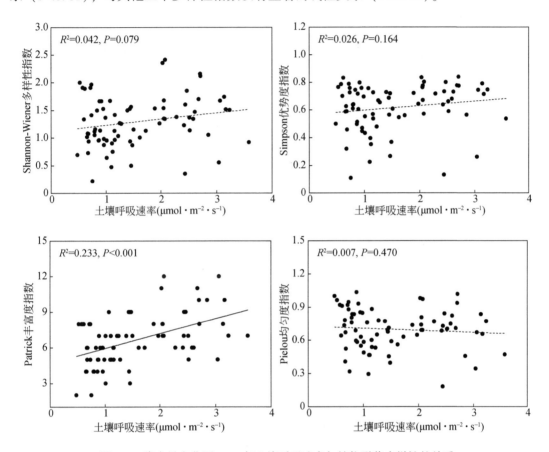

图 7-6　降水量变化下 2020 年土壤呼吸速率与植物群落多样性的关系

降水量变化及氮添加下，2021 年（表 7-7），土壤呼吸速率与 4 个植物多样性指数均显著正相关；然而，2022 年土壤呼吸速率与 Patrick 丰富度指数和 Shannon-Wiener 多样性指数显著正相关（$P<0.05$，图 7-5），与 Simpson 优势度指数显著负相关（$P<0.01$）。

7.3.1.3 土壤呼吸速率与植物群落 C：N：P 生态化学计量特征的关系

降水量变化下（图 7-7），土壤呼吸速率与植物 C：N：P 生态化学计量特征各指标均无显著的线性关系（$P>0.05$）。

降水量变化及氮添加下（图 7-5），土壤呼吸速率与植物群落 C：N 极显著正相关（$P<0.01$），与全氮极显著负相关（$P<0.01$）。

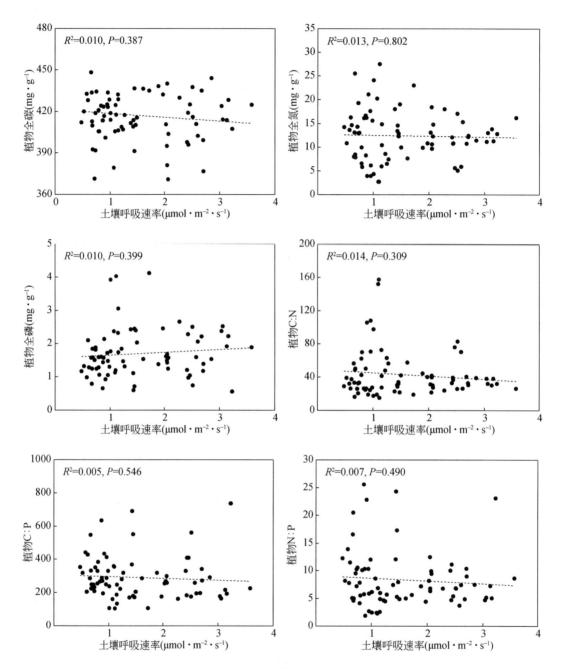

图 7-7　降水量变化下 2020 年土壤呼吸速率与植物 C∶N∶P 生态化学计量特征的关系

7.3.2 土壤呼吸速率与土壤性质的关系

7.3.2.1 土壤呼吸速率与土壤物理性质的关系

（1）土壤呼吸速率与土壤含水量及温度的关系

降水量变化下（图7-8和图7-9），整个生长季，随土壤含水量和温度增加，土壤呼吸速率呈显著的指数或线性增加趋势（$P<0.05$）。

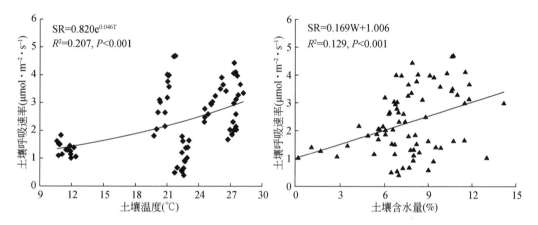

图7-8 降水量变化下2019年土壤呼吸速率与土壤含水量及温度的关系

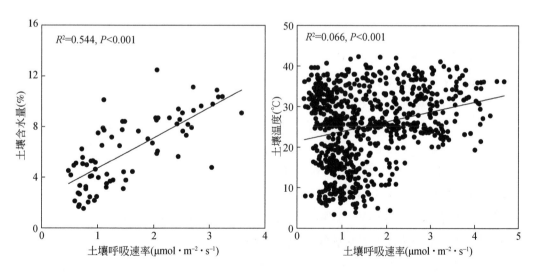

图7-9 降水量变化下2020年土壤呼吸速率与土壤含水量及温度的关系

降水量变化及氮添加下（图7-10），整个生长季，随土壤含水量增加，土壤呼吸速率呈线性增加（$P<0.001$）；随土壤温度增加，土壤呼吸速率呈指数下降（$P<0.001$）。

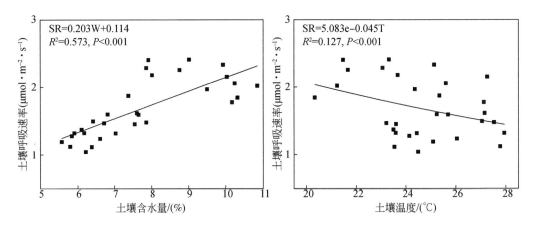

图7-10　降水量变化及氮添加下2022年土壤呼吸速率与土壤含水量及温度的关系

注：SR、W和T分别代表土壤呼吸速率、温度和含水量。

降水量变化及氮添加下（表7-7和图7-11），土壤呼吸速率与土壤含水量极显著正相关（$P<0.01$），与土壤温度无显著的相关性（$P>0.05$）。

（2）土壤呼吸速率与土壤容重及孔隙度的关系

由图7-12可知，降水量变化下，土壤呼吸速率与土壤容重、总孔隙度、毛管孔隙度和非毛管孔隙度均无显著的线性关系（$P>0.05$）。

7.3.2.2　土壤呼吸速率与土壤化学性质的关系

（1）土壤呼吸速率与土壤pH及电导率的关系

降水量变化下（图7-13），土壤呼吸速率与土壤pH无显著的线性关系（$P>0.05$），与电导率存在极显著的正线性关系（$P<0.01$）。

降水量变化及氮添加下，2021年，土壤呼吸速率与土壤pH显著负相关（$P<0.01$，表7-7），与电导率显著正相关（$P<0.01$）；然而，2022年土壤呼吸速率与土壤电导率极显著正相关（$P<0.01$），与pH无显著的相关性（$P>0.05$，图7-11）。

（2）土壤呼吸速率与土壤速效养分的关系

降水量变化下（图7-14），土壤呼吸速率与土壤 NO_3^--N 存在显著的负线性关系（$P<0.05$），与 NH_4^+-N 和速效P无显著线性关系（$P>0.05$）。

降水量变化及氮添加下，2021年土壤呼吸速率与土壤 NH_4^+-N 和速效磷显著负相关（$P<0.01$），与 NO_3^--N 无显著的相关系（$P>0.05$，表7-7）；2022年土壤呼吸速率与土壤无机氮和速效磷均无显著的相关性（$P>0.05$，图7-11）。

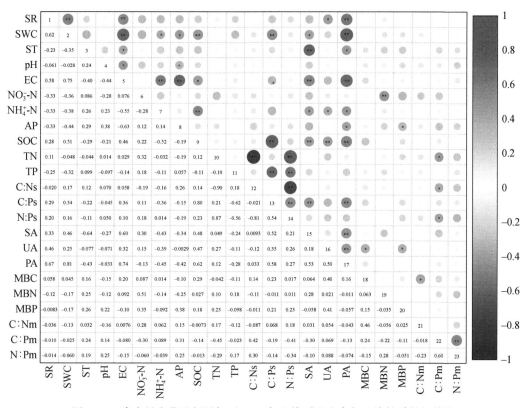

图 7-11　降水量变化及氮添加下 2022 年土壤呼吸速率与土壤性质的相关性

注：SWC、ST、pH、EC、NO₃⁻-N、NH₄⁺-N、AP、SOC、TN、TP、C∶Ns、C∶Ps、N∶Ps、SA、UA、PA、MBC、MBN、MBP、C∶Nm、C∶Pm、N∶Pm 分别代表土壤含水量、温度、pH、电导率、硝态氮、铵态氮、速效磷、有机碳、全氮、全磷、C∶N、C∶P、N∶P、蔗糖酶活性、脲酶活性、磷酸酶活性、微生物量碳、微生物量氮、微生物量磷、微生物量 C∶N、微生物量 C∶P、微生物量 N∶P。红色圆圈和蓝色圆圈分别代表正相关和负相关。＊和＊＊分别代表显著相关（P<0.05）和极显著（相关 P<0.01）。

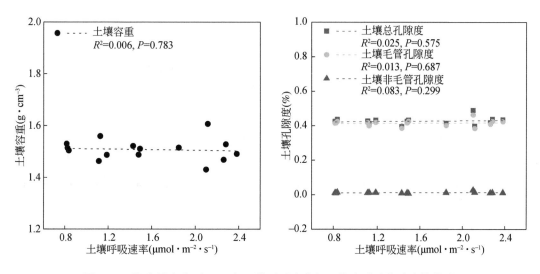

图 7-12　降水量变化下 2020 年土壤呼吸速率与土壤容重及孔隙度的关系

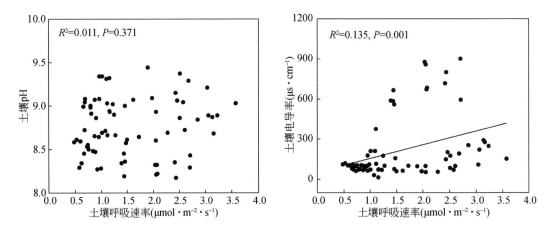

图 7-13　降水量变化下 2020 年土壤呼吸速率与土壤 pH 及电导率的关系

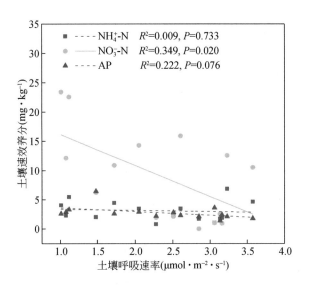

图 7-14　降水量变化及氮添加下 2020 年土壤呼吸速率与土壤速效养分的关系

注：NH_4^+-N、NO_3^--N 和 AP 分别代表土壤铵态氮、硝态氮和速效磷。

(3) 土壤呼吸速率与土壤 C∶N∶P 生态化学计量特征的关系

降水量变化下（图 7-15），土壤呼吸速率与土壤 C∶N 有极显著的正线性关系（$P<$ 0.01），与有机碳和 C∶P 有显著的正线性关系（$P<0.05$），与全氮、全磷含量、N∶P 无显著的线性关系（$P>0.05$）。

降水量变化及氮添加下（图 7-11），土壤呼吸速率与土壤 C∶N∶P 生态化学计量特征各指标均无显著的相关性（$P>0.05$）。

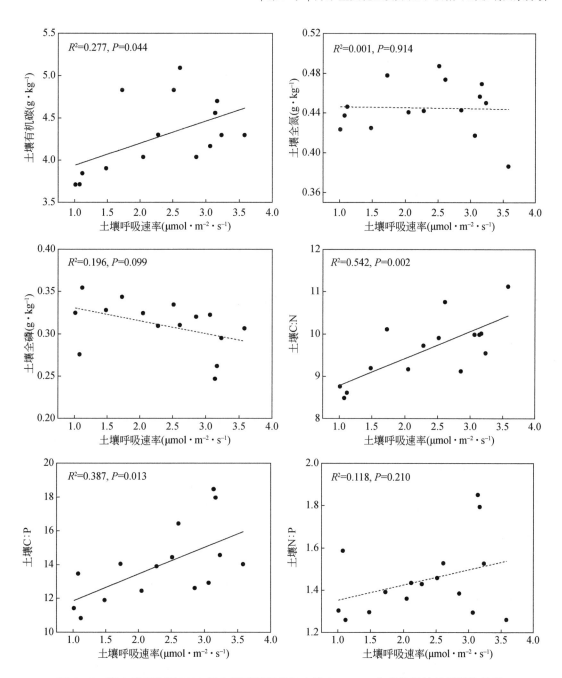

图 7-15 降水量变化下 2020 年土壤呼吸速率与土壤 C：N：P 生态化学计量特征的关系

7.3.2.3 土壤呼吸速率与土壤生物学性质的关系

(1) 土壤呼吸速率与土壤酶活性的关系

降水量变化下（图 7-16），土壤呼吸速率与土壤蔗糖酶和磷酸酶活性有显著的正线性关系（$P<0.05$），与脲酶活性有极显著的正线性关系（$P<0.01$）。

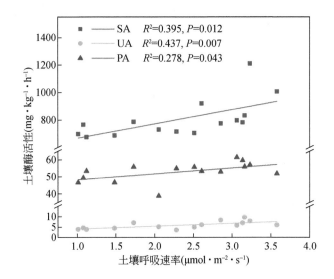

图 7-16　降水量变化下 2020 年土壤呼吸速率与土壤酶活性的关系

注：SA、UA 和 PA 分别代表土壤蔗糖酶、脲酶和磷酸酶活性。

降水量变化及氮添加下（表 7-7 和图 7-11），土壤呼吸速率与土壤磷酸酶、亮氨酸氨基肽酶、碱性磷酸酶活性极显著正相关（$P<0.01$），与脲酶活性显著正相关（$P<0.05$），与蔗糖酶、葡萄糖苷酶、纤维二糖水解酶、β-1,4-N-乙酰基氨基葡萄糖苷酶、亮氨酸氨基肽酶、碱性磷酸酶活性无显著的相关性（$P>0.05$）。

（2）土壤呼吸速率与微生物量 C：N：P 生态化学计量特征的关系

降水量及氮添加下（图 7-11 和图 7-17），土壤呼吸速率与微生物量 C：N：P 生态化学计量特征各指标均无显著的相关性（$P>0.05$）。

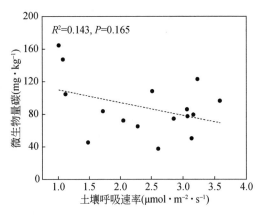
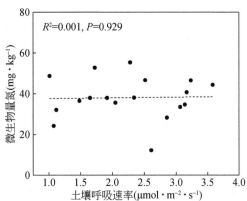

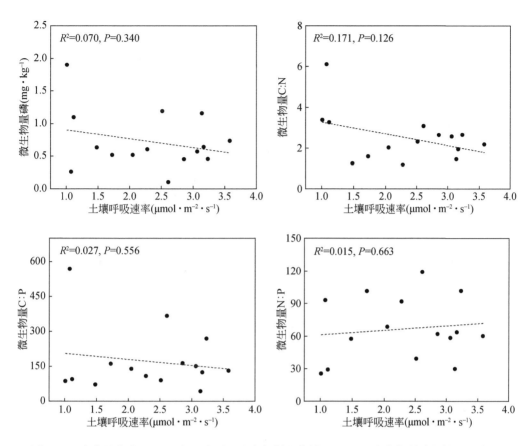

图 7-17　降水量变化下 2020 年土壤呼吸速率与微生物量 C：N：P 生态化学计量特征的关系

7.3.3　土壤呼吸速率的影响因素分析

7.3.3.1　降水量变化下

采用变差分解和结构方程模型，分析了降水量变化下 2019 年土壤呼吸速率的主要影响因素。其中，方差分解结果显示（图 7-18），被土壤性质和植物多样性所解释的土壤呼吸速率方差总 R^2 为 0.84。各组环境因子中，X1 独立的解释量较大，X2 独立的解释量较小。三组环境因子两两共同解释量较小，但三组环境因子共同解释部分 R^2 较大，表明在对土壤呼吸速率的影响方面，土壤理化性质与土壤生物学性质及植物多样性高度相关。

结构方程模型结果显示（图 7-19），降水量既可以直接正向影响土壤呼吸速率（$P<0.05$），又可以通过土壤生物学性质间接影响土壤呼吸速率，即降水量通过对土壤生物学性质的正向影响间接负向影响土壤呼吸速率（$P<0.01$），或通过土壤生物学性质对植物生

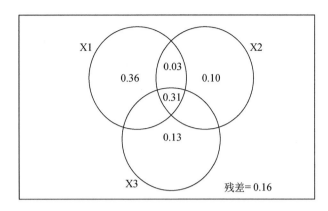

图 7-18 降水量变化下 2019 年环境因子组合对土壤呼吸速率的方差分解

注：X1 组包括土壤温度、含水量、pH、有机碳、硝态氮和铵态氮。X2 组包括土壤蔗糖酶活性和微生物量（碳、氮、磷）。X3 组包括 Shannon-Wiener 多样性指数和 Pielou 均匀度指数。单个圆圈内数字代表该环境因子组合能解释的方差。圆圈重合部分内数字代表几个环境因子组合共同解释的方差。小于 0 的数值未显示。

物量的正向影响间接正向影响土壤呼吸速率（$P<0.001$）。

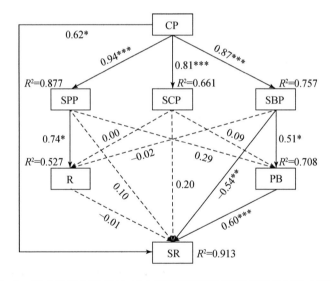

图 7-19 降水量变化下 2019 年土壤呼吸速率与环境因子的结构方程模型

注：CP，降水量. SR，土壤呼吸速率。SPP，土壤物理性质（含水量和温度）。SCP，土壤化学性质（pH、电导率、有机碳、速效磷）。SBP，土壤生物学性质（蔗糖酶活性、脲酶活性、磷酸酶活性、微生物量碳）。PB，植物群落生物量。R，Patrick 丰富度指数。黑色实线和虚线分别表示显著（$P<0.05$）和不显著（$P>0.05$）路径。箭头上数字为标准化的路径系数（*，$P<0.05$；**，$P<0.01$；***，$P<0.001$）。模型拟合总结：$\chi^2=5.709$，$P=0.457$，$df=6$；拟合优度指数（GFI）= 0.998；标准化残差均方根（RMSEA）= 0.000；相对配适指数（SRMR）= 0.035。

2020 年，选择与土壤呼吸速率有显著关系的植物和土壤因子进行回归分析（表 7-9）。其中，土壤呼吸速率与植物群落特征和土壤因子的回归模型 R^2 值为 0.646，意味着土壤含水量、温度和电导率等 12 个植物和土壤因子可以解释土壤呼吸速率的 64.6% 的变化原因。其中，植物生物量、Patrick 丰富度指数、土壤含水量、土壤 C：N 会对土壤呼吸速率产生极显著的正向影响（$P<0.01$），解释率分别为 21.4%、11.1%、20.7% 和 9.3%；土壤蔗糖酶活性会对土壤呼吸速率产生显著的正向影响（$P<0.05$），解释率为 7.5%；土壤温度、电导率、NO_3^--N 浓度、有机碳含量、C：P、脲酶活性和磷酸酶活性未对土壤呼吸速率产生显著的影响（$P>0.05$）。

表 7-9　降水量变化下 2020 年土壤呼吸速率与植物群落特征和土壤性质的回归分析

解释变量	系数	t	P	解释变量	系数	t	P
植物群落生物量	0.214**	7.828	<0.001	土壤有机碳	0.008	0.270	0.788
Patrick 丰富度指数	0.111**	3.230	0.002	土壤 C：N	0.093**	2.973	0.004
土壤含水量	0.207**	6.353	<0.001	土壤 C：P	0.031	0.967	0.337
土壤温度	0.058	1.576	0.120	土壤蔗糖酶活性	0.075*	2.234	0.029
土壤电导率	−0.011	−0.326	0.746	土壤脲酶活性	0.050	1.528	0.132
土壤硝态氮	−0.044	−1.307	0.196	土壤磷酸酶活性	0.024	0.679	0.500

注：* 和 ** 分别代表显著性水平小于 0.05 和 0.01。模型结果：$R^2=0.646$；$F=9.423$；$P<0.001$。

7.3.3.2　降水量变化及氮添加下

采用变差分解和结构方程模型分析了降水量变化及氮添加下 2019 ~ 2021 年土壤呼吸速率与环境因子的关系。环境因子（气象因子、植物群落特征、微生物量 C：N：P 生态化学计量特征、土壤性质）共同解释了土壤呼吸速率 65.6% 的方差（图 7-20）。各组环境因子对土壤呼吸速率的独立解释量均较小，但四组环境因子的共同解释部分 R^2 较大，其次是 X2 与 X3 的共同作用。表明植物群落特征、微生物量 C：N：P 生态化学计量特征对土壤呼吸速率的影响与气象因子和土壤性质高度相关，其中植物群落特征和土壤性质之间的交互作用影响最大。

降水量变化及氮添加下，环境因子对土壤呼吸速率共同解释了 75.0% 的土壤呼吸速率变异 [图 7-21（a）]。降水量可直接正向影响土壤呼吸速率，也可通过影响土壤含水量和植物 C：N 间接正向影响土壤呼吸速率（$P<0.05$）。N 添加可直接负向影响土壤呼吸速率（$P<0.05$）。月平均降水量通过正向影响土壤含水量和微生物量碳含量间接正向影响土壤呼吸速率（$P<0.05$），月平均气温通过负向影响植物 C：N 间接正向影响土壤呼吸速率（$P<0.01$）。

进一步分析各环境因子对土壤呼吸速率的标准化总影响 [图 7-21（b）]，发现月平均降水量是主要影响因素，其次是降水量，影响最小的是土壤磷酸酶活性。

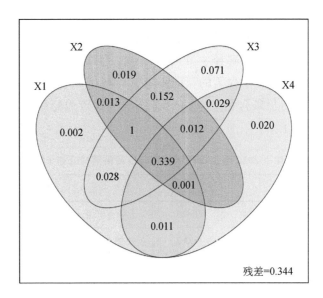

图 7-20　降水量变化及氮添加下 2019～2021 年土壤呼吸速率与环境因子的变差分解

注：小于 0 的数值未显示。单个圆圈内数字代表该环境因子组合能解释的变差，圆圈重合部分内数字代表几个环境因子组合共同解释的变差。X1 组为气象因素，包括月平均降水量和月平均气温。X2 组为植物群落特征，包括生物量、多样性指数、C：N：P 生态化学计量特征。X3 组为土壤性质，包括含水量、温度、pH、电导率、$NO_3^- $-N、$NH_4^+$-N、速效磷、C：N：P 生态化学计量特征、蔗糖酶活性、脲酶活性、磷酸酶活性。X3 组微生物量 C：N：P 生态化学计量特征，包括生物量碳、氮、磷、C：N、C：P、N：P。

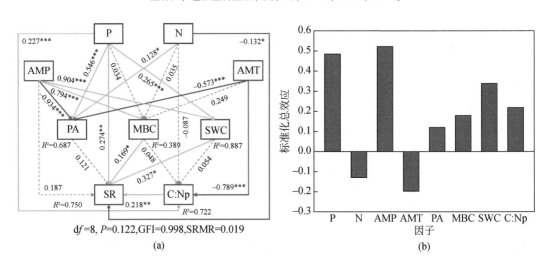

图 7-21　降水量变化及氮添加下 2019～2021 年土壤呼吸速率与环境因子的结构
方程模型和环境因子对土壤呼吸速率的标准化总影响

注：SR，土壤呼吸速率。P，降水量。N，氮添加。AMP，月平均降水量。AMT，月平均温度。SWC，土壤含水量。PA，土壤磷酸酶活性。MBC，微生物量碳含量。C：Np，植物 C：N。蓝色和红色线分别代表显著正和负的关系（$P<0.05$。灰色虚线代表不显著途径（$P>0.05$）。线上数值为标准化途径系数（＊，$P<0.05$。＊＊，$P<0.01$。＊＊＊，$P<0.001$）。

采用结构方程模型结合相关分析法，探讨了 2021 年土壤呼吸速率的主要影响因素。其中，相关分析表明（表 7-10），土壤呼吸速率与植物群落生物量、Patrick 丰富度指数、土壤含水量和土壤电导率极显著正相关（$P<0.01$），与 Shannon-Wiener 多样性指数、土壤亮氨酸氨基肽酶活性和土壤碱性磷酸酶活性显著正相关（$P<0.05$），与土壤 pH、NH_4^+-N 和速效磷极显著负相关（$P<0.01$）；

表 7-10　降水量变化及氮添加下 2021 年土壤呼吸速率与植物群落特征和土壤性质的相关性

因子	土壤呼吸速率	因子	土壤呼吸速率
PCB	0.444**	EC	0.344**
R	0.573**	NH_4^+-N	−0.403**
H'	0.707**	NO_3^--N	−0.212
E	0.535**	AP	−0.368**
D	0.687**	BG	0.125
STP	−0.103	CBH	0.253
SBD	0.103	NAG	−0.02
ST	−0.092	LAP	0.282*
SWC	0.451**	AKP	0.311*
pH	−0.342**		

注：PCB、R、H'、E、D 分别代表植物群落生物量、Patrick 丰富度指数、Shannon-Wiener 多样性指数、Pielou 均匀度指数、Simpson 优势度指数。STP、SBD、ST、SWC、pH、EC、NH_4^+-N、NO_3^--N、AP、BG、CBH、NAG、LAP、AKP 分别代表土壤总孔隙度、容重、温度、含水量、pH、电导率、NH_4^+-N、NO_3^--N、速效磷、β-1,4-葡萄糖苷酶活性、纤维二糖水解酶活性、β-1,4-N-乙酰基氨基葡萄糖苷酶活性、亮氨酸氨基肽酶活性、碱性磷酸酶活性。

由土壤呼吸速率的结构方程模型可知（表 7-11 和图 7-22），降水量未对土壤呼吸速率产生直接影响，但通过对植物群落特征的负影响而间接作用于土壤呼吸速率。降水量直接对土壤物理性质产生正效应而间接作用于土壤生物学性质，进而影响土壤呼吸速率。N 添加未对土壤呼吸速率产生直接影响，但通过对土壤生物学性质的正影响，以及土壤生物学性质对植物群落特征的负影响而间接作用于土壤呼吸速率。

表 7-11　降水量变化及氮添加下 2021 年土壤呼吸速率的结构方程模型中各组分包含的因子

组分	因子				
PCC	PCB	R	H'	E	D
SP	SWC	—	—	—	—
SC	pH	EC	NH_4^+-N	AP	
SB	LAP	AKP	—	—	

注：PCC、PCB、R、H'、E、D 分别代表植物群落特征、生物量、Patrick 丰富度指数、Shannon-Wiener 多样性指数、Pielou 均匀度指数、Simpson 优势度指数。SP、SWC 分别代表土壤物理性质和含水量。SC、pH、EC、NH_4^+-N、AP 分别代表土壤化学性质、pH、电导率、NH_4^+-N 和速效磷。SB、LAP、AKP 分别代表土壤生物学性质、亮氨酸氨基肽酶活性和碱性磷酸酶活性。

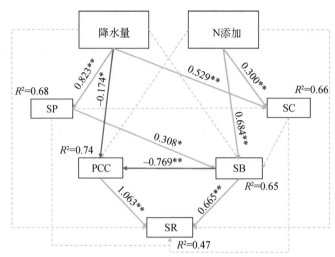

$P = 0.815, df = 3$
$\chi^2 = 0.942, GFI = 0.998, RMSEA < 0.05$

图 7-22　降水量变化及氮添加下 2021 年土壤呼吸速率的结构方程模型

注：SR 代表土壤呼吸速率。PCC、SP、SC、SB 分别代表植物群落特征、土壤物理性质、化学性质和生物学性质。数字表示标准化路径系数。R^2 为模型对该变量的解释量。

采用方差分解和结构方程模型，分析了降水量变化及氮添加下 2022 年土壤呼吸速率的主要影响因素（表 7-12）。其中，方差分解结果显示（图 7-23），土壤性质、微生物量 C∶N∶P 生态化学计量特征和植物群落特征共同解释了 37% 的方差。土壤性质、微生物量 C∶N∶P 生态化学计量特征和植物群落特征对土壤呼吸速率单独解释率均较低（≤6%）。土壤性质与植物群落特征的共同解释部分对土壤呼吸速率的影响最大（60%），其次是植物群落特征的单独解释率（22%）。此外，三者之间无共同解释力（0%）。以上结果表明，降水量变化及氮添加下，土壤呼吸速率主要受到土壤性质与植物群落特征共同作用的影响。

表 7-12　降水量变化及氮添加下 2022 年土壤酶活性主成分分析

因子	脲酶	磷酸酶
PC1 得分	1.688	1.688
累积（%）	74.81%	

进一步的结构模型结果显示（图 7-24），降水量一方面会直接正向影响土壤呼吸速率（$P < 0.05$），另一方面通过正向影响土壤酶活性而间接正向影响土壤呼吸速率（$P < 0.05$）。降水量亦正向影响植物生物量、土壤含水量、土壤电导率（$P < 0.05$），但三者均未直接反馈于土壤呼吸速率（$P > 0.05$）。氮添加未显著影响土壤呼吸速率（$P > 0.05$）。

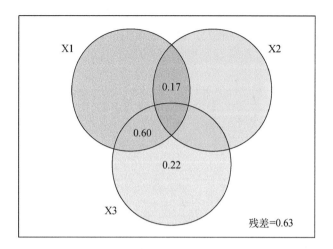

图 7-23　降水量变化及氮添加下 2022 年环境因子对土壤呼吸速率的方差分解

注：X1 代表土壤性质（含水量、温度、pH、电导率、铵态氮、硝态氮、速效磷、有机碳、全氮、全磷、蔗糖酶活性、脲酶活性、磷酸酶活性）。X2 代表微生物量 C∶N∶P 生态化学计量特征。X3 代表植物群落特征（生物量、Patrick 丰富度指数、Shannon-Wiener 多样性指数、Simpson 优势度指数、全碳、全氮、全磷、C∶N、N∶P）。

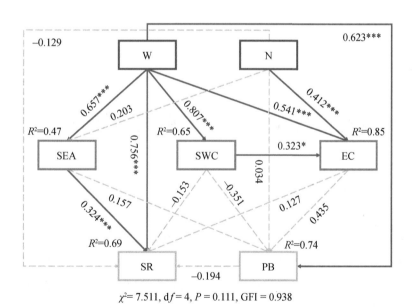

$\chi^2 = 7.511$, d$f = 4$, $P = 0.111$, GFI $= 0.938$

图 7-24　降水量变化及氮添加下 2022 年土壤呼吸速率与环境因子的结构方程模型

注：W 代表降水量。N 代表氮添加。SR 代表土壤呼吸速率。SWC 代表土壤含水量。EC 代表土壤电导率。SEA 代表土壤酶活性（脲酶活性和磷酸酶活性）。PB 代表植物生物量。红色实线代表显著关系（$P<0.05$），灰色虚线表示不显著路径（$P>0.05$）。箭头上数字为标准化的路径系数（*，$P<0.05$；***，$P<0.001$）。

此外，分析了环境因子影响土壤呼吸速率的标准化总效应，结果显示（图 7-25），降水量对土壤呼吸速率影响的总效应最大，其次土壤酶活性，氮添加、土壤含水量和土壤电导率的总效应均较小。

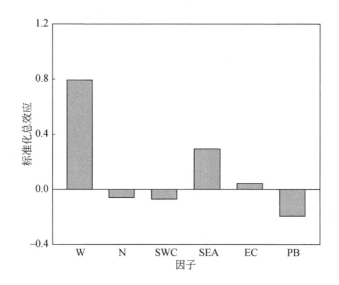

图 7-25　降水量变化及氮添加下 2022 年环境因子影响土壤呼吸速率的标准化总效应

注：W 代表降水量。N 代表氮添加。SWC 代表土壤含水量。EC 代表土壤电导率。SEA 代表土壤酶活性（脲酶活性和磷酸酶活性）。PB 代表植物群落生物量。

7.4　降水量变化及氮添加下碳循环的影响机制分析

7.4.1　植物地上碳库

植被光合碳固定是调控碳输入至陆地生态系统的主要过程之一。在过去的半个世纪，陆地植被吸收了 25% ~ 30% 的人为 CO_2 排放，并分别储存在植被和土壤中（Reichstein et al.，2013）。了解植物固碳能力及其主要影响因素是碳循环研究的重要领域。本章研究中，降水量直接对植物群落全碳产生负效应，或通过对植物群落特征的正影响而间接作用于植物群落全碳。说明降水量改变了土壤湿度和养分有效性，调控着植物元素利用策略，从而影响植物固碳能力。氮添加直接对植物群落全碳产生负效应。可能是降水量调控着氮添加对植物群落全碳的影响（张晓琳等，2018）。在湿润条件下，氮添加对植物群落全碳起促进作用，干旱条件下则起抑制作用。本研究中，降水量通过对植物群落特征的正影响而间接作用于植物地上碳储量。植物生物量是反映群落或生态系统功能强弱的重要指标，其累积量可以作为评价植被碳储量的重要依据（高丽等，2017）。随着降水量增加，植物物种数增加，植物群落光合作用增强，植被生产力提高（朱湾湾，2020），植物碳储量随之增大。

7.4.2 土壤有机碳库

土壤碳库分为有机碳库和无机碳库。其中，土壤有机碳库是地表最活跃的碳库，也是全球碳循环中主要的流通路径。目前，大多数研究也是通过土壤有机碳库的变化趋势来表征草原土壤碳库及其动态变化（李学斌等，2014）。探索土壤碳库功能及其主要影响因素，对于调控全球碳汇具有重要意义。结构方程模型显示，降水量和氮添加直接对土壤有机碳储量产生负效应。一方面，降水量变化引起的土壤干湿交替影响土壤团聚体稳定性，从而对土壤有机碳矿化产生影响（周莉等，2005）。另一方面，降水量改变土壤通气状况和温度等性质，影响微生物对有机碳的转化分解（Davidson et al.，2000）。氮添加则会增加土壤有机质含量，刺激植物和微生物对土壤养分的利用和竞争，提高土壤呼吸速率，有助于土壤中碳释放回大气（沈芳芳等，2012）。因此，降水量变化及氮添加对土壤有机碳储量产生直接影响。

本章研究中，降水量直接对土壤有机碳及其组分产生正效应，或通过对土壤化学和生物学性质的负影响而间接影响土壤有机碳组分。一方面，降水量对植物群落生物量和结构产生积极作用，促进植物光合作用。另一方面，降水量改善土壤水分状况，减缓土壤养分限制，增加植物养分利用效率，提高生态系统生产力（Niu et al.，2009；刁励玮等，2018）。这使得光合作用产物输送至植物根部，刺激根系生长、增加根系分泌物及其积累、提高根际呼吸作用，促进土壤碳素输出（杨红飞等，2012）。减少降水量则会表现出相反的结果。氮添加直接影响土壤有机碳及其组分，同时还通过对土壤化学和生物学性质的负影响间接影响土壤有机碳及其组分。这可能是因为，氮添加调控着土壤微环境，改变了植物群落组成，降低了植物群落生物量，从而对土壤有机碳及其组分产生负面影响。基于生态化学计量学理论，土壤养分有效性及元素输入调控着土壤有机碳的存储能力和积累速度（王绍强和于贵瑞，2008）。氮添加可能改变了土壤 C：N 和化学元素的可矿化量，增强了微生物活性，加快了土壤有机碳分解矿化，从而降低了其含量（周莉等，2005）。

7.4.3 土壤呼吸

7.4.3.1 降水量变化下

全球变化背景下，降水量变化不可避免地会影响生态系统中植物、微生物和土壤，进而影响到土壤呼吸组分和土壤总呼吸（Liu et al.，2016），即降水格局改变下土壤呼吸作用受生物和非生物因素的共同调节（杨青霄等，2017）。

（1）土壤呼吸速率与植物群落特征的关系

植物作为整个碳循环过程的纽带，与生态系统碳固定、水分平衡以及养分循环等生态过程都有重要联系。本章研究中，植物生物量对土壤呼吸速率有极显著的正向影响。在干旱生态系统，为了能最大限度地提高吸收土壤水分和养分的能力，植物在生长季会向地下部分分配更多的碳用于根系生长，同时会促进根际微生物活性来获取更多的养分，从而促进土壤呼吸（Liu et al., 2007）。

不同植物种对土壤水分和养分的吸收利用能力不同，对外界环境变化的响应也呈现出不同的格局。因此，降水量变化在改变植物生物量的同时，对植物群落多样性也有一定影响，进而影响土壤碳收支和生态系统碳源汇功能（Koerner & Collins, 2014）。本章研究中，土壤呼吸速率与 Patrick 丰富度指数有显著正的线性关系，且后者对土壤呼吸速率有显著的正向影响。一方面，随着植物种类的增多，植物群落光合作用增强、生产力提高，植物根系以及微生物呼吸作用的底物随之增多，土壤呼吸速率加快（赵威和李琳，2018）。另一方面，Patrick 丰富度指数一定程度上可以反映植物光合作用强度、植被生产力以及生态系统稳定性，从而调控着生态系统呼吸，进而直接影响到土壤呼吸作用（Cui et al., 2020）。

（2）土壤呼吸速率与土壤性质的关系

土壤作为植物根系和微生物的外部环境载体，其水分、温度、元素含量、酶活性的变化与植物生长和微生物生命活动密切相关，进而会影响土壤碳释放（贾丙瑞等，2005）。

土壤水分是植物和微生物活动的直接水分来源。土壤水分含量变化引起的干湿交替对土壤呼吸动态变化有显著影响（赵慢等，2016；葛怡情等，2019；李新鸽等，2019）。在受水分限制的荒漠草原，降水量变化主要通过改变土壤水分来改变生态系统碳循环（侯建峰等，2014；Knapp et al., 2017）。本章研究中，土壤呼吸速率随土壤含水量增加而增加，证实土壤含水量是影响土壤呼吸速率的重要因素（Zhang et al., 2019b；韩丹等，2021）。研究区土壤长期处于干旱状态，过低的土壤含水量引起可溶性底物扩散受阻，植物生长和微生物活性受到抑制，导致 CO_2 排放减少（范凯凯等，2022）；适量增加降水量增强了土壤水分有效性（郭文章等，2021），从而调节了土壤通气性（范凯凯等，2022）、提高了植物生物量和多样性（蒿廉伊等，2021）、促进了微生物细胞裂解而释放更多的有机态物质（Huang et al., 2015）、刺激了微生物活动和酶活性（杨青霄等，2017）、提高了土壤有机质水平（呼吸底物）（Arredondo et al., 2018；李新鸽等，2019），进而刺激了土壤呼吸作用和 CO_2 排放；然而，当土壤湿度大于一定阈值时，土壤水分增加会引起土壤通透性降低，可能会引起植物根系呼吸和微生物呼吸作用减弱、增大 CO_2 在土壤中扩散的阻力（Fa et al., 2015）。本章研究未发现土壤呼吸速率随土壤含水量增加而降低的现象，意味着本文涉及的降水增加量尚未达到研究区土壤水分饱和阈值。

研究表明，土壤温度降低可能会导致植物光合作用产物减少，分配到根系的光合作用产物相应减少，从而自养呼吸受到抑制，土壤呼吸速率随之降低（Wertin et al., 2017）；

相反，土壤温度升高对植物地上生物量、微生物活性和凋落物分解都有促进作用（Chen & Chen，2017），进而可能会提高土壤呼吸速率（Wagle & Kakani，2014）；此外，土壤温度的增加一定程度会降低土壤含水量，从而导致微生物活性下降。而当土壤含水量下降至一个阈值时，会对土壤呼吸产生负效应（Shi et al.，2012）。本文发现，土壤呼吸速率随土壤温度呈指数增加，证实土壤温度亦是影响土壤呼吸速率的重要因素。研究区所处纬度较高，冬季漫长，土壤温度长期处于较低水平。随着生长季的到来，土壤温度逐渐升高，这不仅刺激了植物地下部分生长和微生物活动，而且加速了酶的分泌和有机物的分解、提高了微生物呼吸底物水平，进而促使土壤呼吸速率升高（窦韦强等，2022；郭艳萍和李洪建，2022）。本章研究发现增加降水量对土壤温度影响较小，减少降水量对土壤温度影响较大，但未呈现出一致的规律，与张亚峰等（2013）得出的土壤温度随降水量增加而下降的结论不同，表明降水量变化下土壤温度不但受土壤湿度的影响，同时是土壤热容量和上覆植被等因素综合作用的结果（张慧智等，2009；王忠武等，2020；郭艳萍和李洪建，2022）。

土壤孔隙度一定程度上可以反映土壤呼吸通道的顺畅程度，与土壤容重密切相关。有研究结果显示，土壤呼吸速率与土壤容重有一定的负相关关系（徐洪灵等，2012）。本章研究中，土壤呼吸速率与土壤容重和孔隙度没有显著相关关系。这可能是因为短期的模拟降水量变化试验还没有对土壤容重和孔隙度等物理性质产生显著影响，因此土壤呼吸速率与土壤容重、孔隙度未表现出明显的相关性。

土壤碳、氮、磷含量为植物根系和微生物提供养分，其平衡关系可通过直接影响植物根系生长和微生物活性对土壤呼吸过程产生影响（秦淑琦等，2022）。本章研究中，土壤呼吸速率与土壤有机碳、C∶N 和 C∶P 有显著正的线性关系，与 NO_3^--N 有显著负的线性关系。在降水量变化下，减少 50% 降水量处理显著降低了土壤有机碳和 C∶N，增加降水量处理下土壤有机碳、C∶N 和 C∶P 高于减少降水量处理。一方面，在适度增加降水量条件下，短期内土壤水分限制得到缓解，刺激了植物和微生物对土壤养分的利用以及竞争，植物根系和微生物的物增加，促进了植物根系和微生物呼吸作用（Kuzyakov & Xu，2013）。另一方面，有研究表明，土壤有机碳含量较高时，土壤呼吸底物的可利用性也会较高，从而促进土壤呼吸作用，提高土壤呼吸速率。因此，土壤呼吸速率与土壤有机碳含量具有正相关关系（Lee et al.，2012；Zheng et al.，2009）。

土壤呼吸是一个酶促反应过程，因此土壤酶活性的强弱对土壤呼吸有着重要影响（贾丙瑞等，2005）。本章研究中，降水量变化下，土壤呼吸速率与蔗糖酶、脲酶和磷酸酶活性均有显著正的线性关系。这可能是因为，降水量的增加会促进土壤微生物的增长，有利于酶活性的提高，增加了地上和地下腐殖质含量，能为植物根部、菌类等提供丰富的碳源（张玉革等，2021）。因此，土壤呼吸速率随着酶活性的增大而增大。

（3）土壤呼吸速率的影响因素分析

2019 年结构方程模型结果显示，降水量既可直接正向影响土壤呼吸速率，也可通过影响土壤生物学性质间接影响土壤呼吸速率。一方面，土壤生物学性质通过直接正向影响植物生物量进而间接正向影响土壤呼吸速率，与其他研究结果一致（蒿廉伊等，2021；Zhang et al.，2021c）。在荒漠草原，土壤水分增多刺激了土壤酶分泌和酶活性、加速了土壤 C 矿化过程（郭文章等，2021）、促进了微生物元素固持（徐敏等，2020）和植物地下部分生命活动（宋晓辉等，2019），从而提高了植物地上生物量积累（Ru et al.，2018）。高的植物地上生物量为植物地下部分输送了多的光合产物，从而提高了后者呼吸强度（崔海和张亚红，2016；范凯凯等，2022），反应了植物–酶–微生物之间的正反馈调节关系（王长庭等，2010；高明华等，2016）。另一方面，土壤生物学性质直接负向影响土壤呼吸速率，与崔羽等（2019）研究结果相反。这在一定程度上也反映了适量增加降水量有助于促进微生物代谢和土壤呼吸，但过量增加降水量降低了土壤透气性、影响了土壤中可溶性底物扩散，从而限制了植物–微生物代谢活动，导致土壤呼吸速率下降（李新鸽等，2019；郭文章等，2021）。此外，研究发现植物多样性影响着根系呼吸和微生物呼吸底物来源，从而直接调节着土壤呼吸速率（Chen & Chen，2019）。本章研究中，降水量通过影响土壤物理性质改变了植物多样性，但后者未显著影响土壤呼吸速率，有待进一步深入研究。

降水格局改变可通过直接或间接改变生态系统初级生产力、土壤理化性质、微生物活动和底物可利用性来调控土壤呼吸（李笒笒等，2018）。本文 2020 年的数据的回归分析结果表明，土壤含水量、C∶N、蔗糖酶活性、植物生物量以及 Patrick 丰富度指数对土壤呼吸速率有显著的正向影响，其中土壤含水量和植物生物量的解释率达到了 20% 以上。说明降水量变化下，土壤含水量和植物生物量能较好地解释土壤呼吸速率的变化。减少降水量条件下，土壤呼吸速率变化较小，但土壤 C∶N 的降低可能会影响土壤酶活性及呼吸底物的可利用性，进而抑制土壤呼吸（Kuzyakov & Xu，2013）。随着降水量的增加，土壤含水量提高，水分限制得到缓解，植物生物量积累得到促进，植物向地下部分的碳分配以及群落物种丰富度的提高。当草原初级生产力及群落物种丰富度提高时，生态系统稳定性增强，一定程度上可以促进土壤碳排放（韩其飞等，2018）。此外，植物根系生长的同时会促进根际微生物活性来获取更多的养分，从而可以提高土壤呼吸速率（丁杰萍等，2015）。荒漠草原是一个复杂的整体，植物、微生物和土壤在调节土壤呼吸对降水量变化的响应上有着错综复杂的联系，还需进一步将降水量变化下三者的变化与土壤呼吸的响应更好地结合起来，从而更加科学地揭示土壤呼吸对降水格局改变的响应机制。

7.4.3.2 降水量变化及氮添加下

（1）土壤呼吸速率与植物群落特征的关系

土壤呼吸是陆地生态系统与大气之间主要的碳交换途径，其过程所产生的碳损失约占陆地生态系统的三分之二（Zhang et al.，2022）。土壤呼吸速率对周围环境变化的响应极为敏感，因此，研究驱动土壤呼吸速率变化的环境因素十分重要（Chen et al.，2011）。水分和养分作为植物生长活动的重要物质基础，其变化会改变植物群落特征，影响植物根系生长和土壤碳输入，从而影响土壤呼吸速率（秦淑琦等，2022）。5 年降水量变化和氮添加下，土壤呼吸速率随着植物群落生物量的增加而增强，这与其他研究结果一致（彭大庆等，2022）。这是因为生长季中期降水量增多和温度升高，土壤可溶性底物扩散增强，促进了植物生长和微生物活动对土壤水分和养分的吸收利用，从而增强了土壤呼吸速率（Zhang et al.，2022；郭艳萍和李洪建，2022）。

植物多样性在维持生态系统功能中起着重要的作用（朱桂丽等，2017）。本文中，土壤呼吸速率与 Patrick 丰富度指数、Shannon-Wiener 多样性指数显著正相关，与 Simpson 优势度指数负相关，与 Dias 等（2010）研究结果相似。随着降水量和氮添加增加，土壤水分和养分限制得以缓解，植物生长得到促进，植物根系和微生物呼吸底物增多，从而提高了土壤呼吸速率。此外，土壤呼吸速率与植物全氮浓度负相关，与 C∶N 正相关。可能是增加降水量改善了土壤水分含量，加速了土壤氮淋溶作用（叶贺等，2020），促进了植物生长、枯落物及根系分泌物（井光花等，2021），进而提高土壤呼吸速率。

（2）土壤呼吸速率与土壤性质的关系

降水量和氮添加通过改变土壤温度、含水量等土壤性质间接影响植物生长和微生物活动，从而影响土壤呼吸速率（李寅龙等，2015；贺云龙等，2017b；陶冬雪等，2022）。本章研究中，土壤呼吸速率随土壤含水量增加呈线性增加，证实土壤含水量是影响土壤呼吸速率的重要因素（Zhang et al.，2019b；李寅龙等，2015）。一方面，研究区土壤长期处于干旱状态，过低的土壤含水量阻碍可溶性底物扩散，植物生长和微生物活性受到抑制，导致 CO_2 排放减少（范凯凯等，2022）。另一方面，适量增加降水量可以增强土壤水分和养分有效性（郭文章等，2021），从而土壤通气性增加，提高了植物生长、微生物活动和酶活性（杨青霄等，2017）、促进了土壤有机质水平（呼吸底物）（Arredondo et al.，2018；李新鸽等，2019），进而刺激了土壤呼吸作用和 CO_2 排放。也有研究表明，当土壤水分超到阈值时，土壤透气性下降，抑制了植物生长和微生物活动，从而阻碍 CO_2 的传输、降低土壤呼吸速率（管超等，2017；李仪，2020）。然而，本研究中，土壤呼吸速率没有随土壤含水量增加而降低，表明研究区土壤含水量尚未达到阈值。

其他土壤性质中，土壤温度对土壤呼吸速率的影响起决定性作用（郝晨阳等，2022）。本研究中，土壤呼吸速率随土壤温度的增加呈指数下降，但相关性较低。可能是土壤表层温度过高，抑制了植物地下部分生长和微生物活动、减弱了土壤 CO_2 排放（Reichmann & Sala，2014），从而土壤呼吸速率降低（李晓菌等，2022）。土壤电导率是评价土壤水溶性盐的重要指标之一，影响着土壤养分有效性、微生物组成等（姚世庭等，2020）。本研究中，土壤呼吸速率与土壤电导率显著正相关。这可能是因为，土壤电导率增强了土壤养分转化，促进了微生物活动（曲艳等，2021），从而提高了土壤呼吸速率。此外，已有研究发现，土壤酶活性随土壤水分增加而增加，直到土壤变为厌氧环境，从而限制了底物扩土壤散和氧气含量、抑制了微生物代谢活动和土壤酶活性（Moyano et al.，2013；朱义族等，2019），最终降低了土壤 CO_2 排放。本研究中，土壤呼吸速率与脲酶活性、磷酸酶活性显著正相关。这可能是在干旱的荒漠草原，极端增加降水量未达到土壤含水量阈值，从而随着降水量的增加，土壤水分和养分有效性增强，促进了植物生长和微生物活动、刺激了土壤酶活性（闫钟清等，2017b），进而加快了土壤 CO_2 排放。

（3）土壤呼吸速率的影响因素分析

在受水分限制的荒漠草原，土壤呼吸受到温度、含水量、土壤理化性状等非生物因素和微生物、植物根系、生物量等生物因素的共同调控（杨青霄等，2017；范凯凯等，2022；郭艳萍和李洪建，2022）。因此，探讨植物群落特征和土壤性质对土壤呼吸速率的综合影响，便于更加深入地探讨降水量变化和氮添加下土壤呼吸的响应机制。

4年降水量变化及氮添加下，降水量通过对植物群落特征的负效应而间接作用于土壤呼吸速率。可能是降水量改变了植被生产力和植物种数，影响了植物光合固定作用和根系以及微生物呼吸作用的底物（朱湾湾等，2021a），从而对土壤呼吸速率产生影响。降水量通过对土壤物理性质的正效应而间接作用于土壤化学性质和生物学性质，进而影响土壤呼吸速率。可能是在水分亏缺的环境中，增加降水量提高了土壤酶活性、缓解了干旱对植物的限制，有助于植物和微生物更好地利用土壤养分，促进了植物根系和微生物呼吸（Kuzyakov & Xu，2013）。本章研究中，氮添加通过对土壤生物学性质的正影响而间接作用与土壤呼吸速率。可能是短期氮添加一方面可以刺激植物生长和有机碳输入促进土壤酶活性，对土壤呼吸产生积极影响（Zhang et al.，2022）。另一方面可以改变土壤元素组成、解除土壤养分限制、增加土壤呼吸底物，从而促进微生物分解和植物根系呼吸（温超等，2020）。

5年降水量变化及氮添加下，土壤呼吸速率主要受到土壤性质与植物群落特征共同作用的影响。这可能是因为土壤水分和养分含量得以缓解，土壤底物扩散和有机质流动性增强，促进了植物生长对于水分和养分的吸收利用，从而刺激了土壤呼吸作用（李寅龙等，2015；张晓琳等，2018）。表明降水量变化和氮添加下土壤呼吸是非生物因素和生物因素共同作用的结果（杨青霄等，2017）。另外，降水量变化及氮添加下，降水量一方面会直接正向影响土壤呼吸速率；另一方面，降水量通过对土壤酶活性正向影响间接正向影响土壤呼吸速率，与大多数研究结果相似（杨青霄等，2017；苗百岭等，2019；图纳热等，2023）。可能是随着降水量增加，增强了植物生长和微生物活动（王军锋等，2020）、刺激了酶活性（朱义族等，2019），从而加速了土壤 CO_2 排放、促进了土壤呼吸速率。此外，氮添加对土壤呼吸速率的影响不显著，还需进行长期的野外模拟试验进一步探讨氮添加对土壤呼吸的影响。

7.5 小 结

本章分析了降水量变化及氮添加下 2019～2022 生长季植物地上碳库、土壤有机碳库、土壤呼吸速率与植物群落特征（生物量、多样性、C∶N∶P 生态化学计量特征）和土壤性质（物理、化学、生物学）的关系，主要结果如下。

7.5.1 植物地上碳库

降水量及氮添加两因素作用下，降水量直接对植物群落全碳产生负效应，或通过对植物群落特征的正影响而间接作用于植物群落全碳。氮添加直接对植物群落全碳产生负效应。降水量未对植物地上碳储量产生直接影响，但通过对植物群落特征的正影响而间接作用于植物地上碳储量。氮添加未对植物地上储量产生直接影响。

7.5.2 土壤有机碳库

降水量及氮添加两因素作用下，降水量和氮添加直接对土壤有机碳储量产生正效应。降水量和氮添加直接对土壤有机碳及其组分产生正效应，或通过对土壤化学和生物学性质的负影响而间接作用于土壤有机碳及其组分。土壤物理性质对土壤有机碳及其组分直接产生正效应，或通过对土壤化学性质的正影响、对生物学性质的负影响而间接作用于土壤有机碳及其组分。

7.5.3 土壤呼吸

7.5.3.1 降水量单因素作用下

3年降水量变化下，土壤呼吸速率与土壤性质的关系随因子不同而异。具体来说，土壤呼吸速率与土壤含水量、温度、电导率、有机碳、C：N、C：P、蔗糖酶活性、脲酶活性、磷酸酶活性存在显著的正线性关系，与 NO_3^--N 浓度存在显著的负线性关系，与土壤容重、孔隙度、pH、NH_4^+-N、速效磷、全氮、全磷、N：P 及微生物量 C：N：P 生态化学计量特征无显著的线性关系；土壤呼吸速率与植物群落生物量的关系较强，与多样性及 C：N：P 生态化学计量特征的关系较弱。其中，土壤呼吸速率与植物群落生物量和 Patrick 丰富度指数存在显著正的线性关系，与 Shannon-Wiener 多样性指数、Simpson 丰富度指数、Pielou 均匀度指数以及 C：N：P 无显著的线性关系；进一步的回归分析结果表明，土壤含水量、土壤 C：N、土壤蔗糖酶活性、植物群落生物量和 Patrick 丰富度指数会对土壤呼吸速率产生显著的正向影响。

7.5.3.2 降水量及氮添加两因素作用下

4年降水量变化及氮添加下，降水量未对土壤呼吸速率产生直接影响，但通过对植物群落特征的负影响而间接作用于土壤呼吸速率。氮添加未对土壤呼吸速率产生直接影响，但通过对土壤生物学性质的正影响，以及土壤生物学性质对植物群落特征的负影响而间接作用于土壤呼吸速率。

　　5 年降水量变化及氮添加下，土壤呼吸速率与植物生物量和多样性的相关性较强，与 C∶N∶P 生态化学计量特征的相关性较弱。其中，土壤呼吸速率与植物生物量、Patrick 丰富度指数、Shannon-Wiener 多样性指数和 C∶N 显著正相关，与 Simpson 优势度指数、全氮浓度显著负相关；整个生长季土壤呼吸速率随土壤含水量的增加呈线性增加，随土壤温度的增加呈指数下降。土壤呼吸速率与土壤含水量、电导率、脲酶活性、磷酸酶活性显著正相关；方差分解结果显示，土壤性质与植物群落特征的共同解释部分对土壤呼吸速率的影响最大，其次是土壤性质与微生物量 C∶N∶P 生态化学计量特征的共同解释部分，表明土壤呼吸速率主要受到土壤性质与植物群落特征共同作用的影响。进一步的结构方程模型结果发现，降水量一方面直接影响土壤呼吸速率，另一方面通过土壤脲酶活性和磷酸酶活性间接影响土壤呼吸速率。综合来看，降水量、土壤脲酶活性和磷酸酶活性是影响土壤呼吸速率的主要驱动因子。

第8章 | 存在问题和未来研究展望

8.1 增设全球变化多因子交互试验

全球变化不仅包括降水格局改变和大气氮沉降增加，还伴随着 CO_2 浓度升高、气候变暖、土地利用方式改变等。本书仅针对降水格局改变和氮沉降增加进行了交互作用研究，未研究二者与 CO_2 浓度倍增、温度升高等其他全球变化因子的交互作用。

在今后的研究中，可增设降水量、氮沉降与其他全球变化因子的交互试验，有助于深入研究碳循环关键过程对土壤水分、养分、温度等因子综合作用的响应格局，研究成果对于准确揭示未来全球变化背景下荒漠草原碳循环的响应机制有着重要的现实意义。

8.2 优化降水量变化和氮添加野外试验设计

降水和氮是荒漠草原植物生长和微生物活动的两个主要限制因子。因此，已有大量学者采用野外模拟试验研究了降水格局改变和氮沉降增加的生态效应，然而相关研究在试验处理方法方面尚未形成统一的模式。降水格局改变，不仅涉及了降水总量的变化，也体现在极端降水事件增多等方面。另外，氮饱和假说认为，低氮情景下生态系统过程随氮输入量增加呈增加趋势，并在氮输入达到饱和点时出现峰值。本书试验设计中，主区为5个降水量处理，考虑了降水量的极端增加和极端减少，未考虑降水频率和降水方式等；副区为 0 和 $5g \cdot m^{-2} \cdot a^{-1}$ 的氮添加处理，未考虑氮沉降梯度和沉降形式（组成、频率等），无法明确碳循环过程的氮饱和阈值。

今后进行相关研究时，需在充分考虑降水格局改变（频率和方式等）和氮沉降形式的基础上，增设氮添加水平，明确影响碳源、碳汇相互转变的氮饱和阈值，以便更加深入探讨降水格局改变和氮沉降增加交互作用下荒漠草原碳汇功能的响应格局。

8.3 完善碳循环关键参数动态监测

生态系统碳循环主要包括碳固定与碳排放两个过程，其中植物和土壤碳库是反映植被-土壤系统碳固持的重要指标。本书的碳固持参数选取上，涉及了植物地上碳库，未涉及植物地下碳库，而后者在植被碳库中占有较大比例，是反映植被碳固持的重要参数；涉及了土壤有机碳库，未涉及土壤无机碳，而在土壤富含 $CaCO_3$ 的碱性荒漠草原，土壤无机碳是荒漠草原重要的碳汇。

因此，在研究环境变化下植被–土壤系统碳固持能力时，还需将植物地下碳库和土壤无机碳库考虑进来，以便更加科学地评估全球变化下荒漠草原碳汇功能。

8.4　细化土壤呼吸组分和时间动态监测

土壤呼吸是 CO_2 自土壤向大气排放的重要途径，主要由植物自养呼吸和微生物异养呼吸组成。受植物地下部分和微生物活动周期影响，该过程存在明显的时间动态，在昼夜间、季节间、年际间存在较大差异。本书采用浅环法研究了 2019～2022 年生长季土壤总呼吸速率的动态变化，未区分自养呼吸和异养呼吸；监测了土壤呼吸速率时间动态，月动态监测间隔约为每月 3 次，日动态的测定时段为 7～8 月每次测定的 7：00～9：30、9：30～12：00、12：00～14：30、14：30～17：00、17：00～19：30，未监测当年 11 月至次年 4 月土壤呼吸速率动态，也未监测夜晚土壤呼吸速率变化。

今后进行相关研究时，可采用深浅环相结合的方法对自养呼吸和异养呼吸加以区分，增加夜间和非生长季土壤呼吸速率的动态监测，分析自养呼吸和异养呼吸对土壤总呼吸速率的贡献，比较昼夜间、生长季和非生长季间土壤呼吸速率的差异，以便更深入理解降水格局改变和氮沉降增加对荒漠草原生态系统碳排放特征的影响。

此外，土壤碳矿化、生态系统碳交换等过程也是碳循环的重要参数。然而，受经费和人力限制，本书未涉及这些方面，有待在今后的研究中补充完善。

参 考 文 献

敖小蔓．2021．氮、磷添加对呼伦贝尔草甸草原碳循环关键过程的影响．呼和浩特：内蒙古大学硕士学位论文．

白春利，阿拉塔，陈海军，等．2013．氮素和水分添加对短花针茅荒漠草原植物群落特征的影响．中国草地学报，35（2）：69-75．

白永飞，黄建辉，郑淑霞，等．2014．草地和荒漠生态系统服务功能的形成与调控机制．植物生态学报，38：93-102．

白致威，冯德泰，丁剑宏，等．2015．红河流域土壤理化性质变化特征及其环境主控因子分析．云南地理环境研究，27（4）：63-70，78．

鲍芳，周广胜．2010．中国草原土壤呼吸作用研究进展．植物生态学报，34（6）：713-726．

鲍士旦．2000．土壤农化分析（第三版）．北京：中国农业出版社．

曹丛丛，齐玉春，董云社，等．2014．氮沉降对陆地生态系统关键有机碳组分的影响．草业学报，23（2）：323-332．

车力木格，刘新平，何玉惠，等．2020．半干旱沙地草本植物群落特征对短期降水变化的响应．草业学报，29（4）：19-28．

陈骥，曹军骥，刘玉，等．2013．氮素添加对土壤呼吸影响的研究进展．草原与草坪，33（6）：87-93．

陈骥．2015．模拟增温和围栏封育对青海湖北岸高寒草甸化草原生态系统碳交换影响．西安：中国科学院大学（地球环境研究所）博士学位论文．

陈亮，刘子亭，韩广轩，等．2016．环境因子和生物因子对黄河三角洲滨海湿地土壤呼吸的影响．应用生态学报，27（6）：1795-1803．

陈林，曹萌豪，宋乃平，等．2021．中国荒漠草原的研究态势与热点分析——基于文献计量研究．生态学报，41（24）：9990-10000．

陈琳，曾冀，李华，等．2020．全球降水格局变化下土壤氮循环研究进展．生态学报，40（20）：7543-7551．

陈敏玲，张兵伟，任婷婷，等．2016．内蒙古半干旱草原土壤水分对降水格局变化的响应．植物生态学报，40（7）：658-668．

陈荣荣，刘全全，王俊，等．2016．人工模拟降水条件下旱作农田土壤"Birch效应"及其响应机制．生态学报，36（2）：306-317．

陈香碧，王嫒华，胡乐宁，等．2014．红壤丘陵区水田和旱地土壤可溶性有机碳矿化对水分的响应．应用生态学报，25（3）：752-758．

陈小梅，刘菊秀，邓琦，等．2010．降水变率对森林土壤有机碳组分与分布格局的影响．应用生态学报，21（5）：1210-1216．

陈晓莹，陈林，宋乃平，等．2020．荒漠草原两种类型土壤的水分动态对比．应用生态学报，31（5）：

1560-1570.

陈阳，周俊杰，陈志飞，等．2021. 氮磷添加下黄土丘陵区退耕草地土壤呼吸速率日变化特征．中国环
境科学，41（12）：5779-5792.

陈友余，杨国姣，梁潇洒，等．2022. 氮素输入对呼伦贝尔草甸草原植物群落氮磷化学计量特征的影响．
生态学杂志，41（8）：1517-1524.

程积民，程杰，杨晓梅，等．2012. 黄土高原草地植被碳密度的空间分布特征．生态学报，32（1）：
226-237.

崔夺，李玉霖，王新源，等．2011. 北方荒漠及荒漠化地区草地地上生物量空间分布特征．中国沙漠，
31：868-872.

崔海，张亚红．2016. 不同封育年限荒漠草原土壤呼吸日、季动态变化及其影响因子．环境科学，37
（4）：1507-1515.

崔羽，严思维，吴建召，等．2019. 汶川地震受损区恢复初期植物与微生物生物量、土壤酶活性对土壤
呼吸的影响．应用与环境生物学报，25：215-224.

戴尔阜，黄宇，吴卓，等．2016. 内蒙古草地生态系统碳源/汇时空格局及其与气候因子的关系．地理学
报，1：21-34.

刁励玮，李平，刘卫星，等．2018. 草地生态系统生物量在不同气候及多时间尺度上对氮添加和增雨处
理的响应．植物生态学报，42（8）：818-830.

丁杰萍，罗永清，周欣，等．2015. 植物根系呼吸研究方法及影响因素研究进展．草业学报，24（5）：
206-216.

丁金枝，来利明，赵学春，等．2011. 荒漠化对毛乌素沙地土壤呼吸及生态系统碳固持的影响．生态学
报，31：1594-1603.

丁一汇．2016. 中国的气候变化及其预测．北京：气象出版社．

董闯，尹航，黄世臣，等．2018. 春季解冻过程对长白山森林土壤颗粒有机碳构成的影响．土壤通报，
49：336-342.

董茹月，彭琴，贺云龙，等．2021. 冻融期温带草地土壤呼吸和土壤异养呼吸的日变化特征及对水氮添
加的响应．土壤通报，52（5）：1129-1139.

董正武，玉米提·哈力克，李生宇，等．2020. 古尔班通古特沙漠西南缘怪柳沙包的土壤化学计量特征．
生态学报，40（20）：7389-7400.

窦韦强，田乐乐，肖波，等．2022. 黄土高原藓结皮土壤呼吸速率对降雨量变化的响应．生态学报，42：
1703-1715.

杜珊珊，丁新宇，杨倩，等．2016. 黄土旱塬区免耕玉米田土壤呼吸对降雨的响应．生态学报，36（9）：
2570-2577.

杜雪，王海燕．2022. 中国森林土壤有机碳活性组分及其影响因素．世界林业研究，35（1）：76-81.

杜懿，王大洋，阮俞理，等．2020. 中国地区近40年降水结构时空变化特征研究．水力发电，46（8）：
19-23.

杜忠毓，安慧，王波，等．2020. 养分添加和降水变化对荒漠草原植物群落物种多样性和生物量的影响．
草地学报，28（4）：1100-1110.

杜忠毓，安慧，文志林，等．2021. 荒漠草原植物群落结构及其稳定性对增水和增氮的响应．生态学报，
41（6）：2359-2371.

段雷,郝吉明,谢绍东,等.2002.用稳态法确定中国土壤的硫沉降和氮沉降临界负荷.环境科学,23(2):7-12.

范凯凯,李淑贞,陈金强,等.2022.呼伦贝尔草原土壤呼吸作用空间异质性分析.草地学报,30(1):205-211.

方华军,耿静,程淑兰.2019.氮磷富集对森林土壤碳截存的影响研究进展.土壤学报,56:1-11.

方精云,耿晓庆,赵霞,等.2018.我国草地面积有多大?科学通报,63:1731-1739.

方精云,郭兆迪,朴世龙,等.2007.1981~2000年中国陆地植被碳汇的估算.中国科学:D辑,37(6):804-812.

方精云,杨元合,马文红,等.2010.中国草地生态系统碳库及其变化.中国科学:生命科学,7:566-576.

付伟,武慧,赵爱花,等.2020.陆地生态系统氮沉降的生态效应:研究进展与展望.植物生态学报,44(5):475-493.

高继卿,杨晓光,董朝阳,等.2015.气候变化背景下中国北方干湿区降水资源变化特征分析.农业工程学报,31(12):99-110.

高江平,赵锐锋,张丽华,等.2021.降雨变化对荒漠草原植物群落多样性与土壤C∶N∶P生态化学计量特征的影响.环境科学,42(2):977-987.

高丽,朱清芳,闫志坚,等.2017.放牧对鄂尔多斯高原油蒿草场生物量及植被-土壤碳密度的影响.生态学报,37(9):3074-3083.

高明华,乌仁其其格,巴特尔,等.2016.放牧对植物群落特征和土壤微生物及酶活性的影响.水土保持通报,36:62-65.

葛怡情,闫玉龙,梁艳,等.2019.模拟降水氮沉降对藏北高寒草甸土壤呼吸的影响.中国农业气象,40(4):214-221.

顾峰雪,黄玫,张远东,等.2016.1961~2010年中国区域氮沉降时空格局模拟研究.生态学报,36(12):3591-3600.

管超,张鹏,李新荣.2017.腾格里沙漠东南缘生物结皮土壤呼吸对水热因子变化的响应.植物生态学报,41(3):301-310.

郭群.2019.草原生态系统生产力对降水格局响应的研究进展.应用生态学报,30(7):2201-2210.

郭文章,井长青,王公鑫,等.2021.天山北坡荒漠草原土壤呼吸和生态系统呼吸对降水的响应.草地学报,29(9):2031-2039.

郭艳萍,李洪建.2022.天龙山灌丛生态系统土壤呼吸对水热和植被因子的响应.中国土壤与肥料,4:131-139.

郭永盛,李鲁华,危常州,等.2011.施氮肥对新疆荒漠草原生物量和土壤酶活性的影响.农业工程学报,27(S1):249-256.

郭永盛.2011.施氮肥对新疆荒漠草原生物多样性的影响.石河子:石河子大学硕士学位论文.

哈斯木其尔,张学耀,牛国祥,等.2018.氮素添加对内蒙古草甸草原生态系统CO_2交换的影响.植物学报,53(1):27-41.

韩丹,李玉霖,杨红玲,等.2021.模拟增温和改变降雨频率对干旱半干旱区土壤呼吸的影响.中国沙漠,41:100-108.

韩其飞,陆研,李超凡.2018.气候变化对中亚草地生态系统碳循环的影响研究.干旱区地理,41(6):

1351-1357.

蒿廉伊，张丽华，谢忠奎，等．2021．降水变化对荒漠草原土壤呼吸的影响．环境科学，42：4527-4537.

蒿廉伊．2022．控制降水对黄土高原西部荒漠草原土壤有机碳组分及其稳定性的影响．兰州：西北师范大学硕士学位论文．

郝晨阳，马秀枝，李长生，等．2022．短期增温对内蒙古大青山油松人工林土壤呼吸的影响．东北林业大学学报，50（11）：72-77.

何远政，黄文达，赵昕，等．2021．气候变化对植物多样性的影响研究综述．中国沙漠，41（1）：59-66.

贺纪正，张丽梅．2013．土壤氮素转化的关键微生物过程及机制．微生物学通报，40（1）：98-108.

贺云龙，齐玉春，彭琴，等．2018a．外源碳氮添加对草地碳循环关键过程的影响．中国环境科学，38（3）：1133-1141.

贺云龙，齐玉春，彭琴，等．2018b．外源碳和氮输入对降水变化下土壤呼吸的短期影响．环境科学，39（4）：1934 1942.

赫凤彩，张婧斌，邢鹏飞，等．2019．围封对晋北赖草草地土壤碳氮磷生态化学计量特征的影响及其与植被多样性的关系．草地学报，27（3）：644-650.

洪江涛，吴建波，王小丹．2013．全球气候变化对陆地植物碳氮磷生态化学计量学特征的影响．应用生态学报，24（9）：2658-2665.

侯建峰，吕晓涛，王超，等．2014．中国北方草地土壤呼吸的空间变异及成因．应用生态学报，25：2840-2846.

侯琳，雷瑞德，王得祥，等．2006．森林生态系统土壤呼吸研究进展．土壤通报，3：589-594.

胡小文，王彦荣，武艳培．2004．荒漠草原植物抗旱生理生态学研究进展．草业学报，13（3）：9-15.

黄菊莹，余海龙，刘吉利，等．2018．控雨对荒漠草原植物、微生物和土壤C、N、P化学计量特征的影响．生态学报，38（15）：5362-5373.

黄菊莹，余海龙．2016．四种荒漠草原植物的生长对不同氮添加水平的响应．植物生态学报，40（2）：165-176.

黄小燕，李耀辉，冯建英，等．2015．中国西北地区降水量及极端干旱气候变化特征．生态学报，35（5）：1359-1370.

黄绪梅，张翼，李建平．2022．毛乌素荒漠草原植被特征对降水变化的响应．草地学报，30（1）：178-187.

贾丙瑞，周广胜，王风玉，等．2005．土壤微生物与根系呼吸作用影响因子分析．应用生态学报，16（8）：1547-1552.

贾丙瑞．2019．凋落物分解及其影响机制．植物生态学报，43（8）：648-657.

贾彦龙，王秋凤，朱剑兴，等．2019．1996—2015年中国大气无机氮湿沉降时空格局数据集．中国科学数据（中英文网络版），4（1）：8-17.

贾彦龙，王秋凤，朱剑兴，等．2021．2006—2015年中国大气无机氮干沉降时空格局数据集．中国科学数据，6.

姜沛沛，曹杨，陈云明．2016．陕西省森林群落乔灌草叶片和凋落物CNP生态化学计量特征．应用生态学报，27：365-372.

靳宇曦，刘芳，张新杰，等．2018．短花针茅荒漠草原生态系统净碳交换对载畜率的响应．生态环境学报，27：643-650.

井光花，陈智坤，路强强，等．2021．半干旱黄土区不同管理措施下草地群落结构对短期氮、水添加的响应．生态学报，41（20）：8192-8201．

井艳丽，袁凤辉．2013．氮沉降对土壤呼吸影响研究进展．世界林业研究，26（4）：25-31．

孔锋，史培军，方建，等．2017．全球变化背景下极端降水时空格局变化及其影响因素研究进展和展望．灾害学，32（2）：165-174．

雷石龙，廖李容，王杰，等．2023．高寒草地植物多样性与 Godron 群落稳定性关系及其环境驱动因素．草业学报，32（3）：1-12．

李冰，朱湾湾，韩翠，等．2023．降水量变化下荒漠草原土壤呼吸及其影响因素研究．植物生态学报，https://kns.cnki.net/kcms/detail/11.3397.Q.20230329.1354.002.html.［2023-8-17］

李博文，王奇，吕汪汪，等．2021．增温增水对草地生态系统碳循环关键过程的影响．生态学报，41：1668-1679．

李长斌，彭云峰，赵殿智，等．2016．降水变化和氮素添加对青藏高原高寒草原群落结构和物种多样性的影响．水土保持研究，23（6）：185-191．

李成，王让会，李兆哲，等．2021．中国典型农田土壤有机碳密度的空间分异及影响因素．环境科学，42（5）：2432-2439．

李聪，肖子牛，张晓玲．2012．近 60 年中国不同区域降水的气候变化特征．气象，38（4）：419-424．

李富，臧淑英，刘赢男，等．2019．冻融作用对三江平原湿地土壤活性有机碳及酶活性的影响．生态学报，39：7938-7949．

李红琴，李英年，张法伟，等．2013．高寒草甸植被耗水量及生物量积累与气象因子的关系．干旱区资源与环境，27（9）：176-181．

李慧星，夏自强，马广慧．2007．含水量变化对土壤温度和水分交换的影响研究．河海大学学报（自然科学版），2：172-175．

李健．2015．贝加尔针茅草甸草原土壤水解酶活性对增氮增雨的响应．长春：东北师范大学硕士学位论文．

李静，红梅，闫瑾，等．2020．短花针茅荒漠草原植被群落结构及生物量对水氮变化的响应．草业学报，29（9）：38-48．

李明，孙洪泉，苏志诚．2021．中国西北气候干湿变化研究进展．地理研究，40（4）：1180-1194．

李强，周道玮，陈笑莹．2014．地上枯落物的累积，分解及其在陆地生态系统中的作用．生态学报，34（14）：3807-3819．

李瑞新．2017．内蒙古草原群落多样性格局及其与生产力的关系——基于物种与功能性状维度．呼和浩特：内蒙古大学博士学位论文．

李笪笪，周贵尧，胡嘉琪，等．2018．陆地生态系统土壤呼吸对全球气候变化响应的研究进展．亚热带资源与环境学报，13（2）：72-78．

李文娇，刘红梅，赵建宁，等．2015．氮素和水分添加对贝加尔针茅草原植物多样性及生物量的影响．生态学报，35（19）：6460-6469．

李文宇，张扬建，沈若楠，等．2021．氮磷共限制青藏高原高寒草甸生态系统碳吸收．应用生态学报，33（1）：51-58．

李香云，岳平，郭新新，等．2020．荒漠草原植物群落光合速率对水氮添加的响应．中国沙漠，40（1）：116-124．

李晓菡, 邹俊亮, 武菊英, 等. 2022. 土壤呼吸和有机碳对增温的响应及其影响因素分析. 地球与环境, 50（4）：471-480.

李新鸽, 韩广轩, 朱连奇, 等. 2019. 降雨引起的干湿交替对土壤呼吸的影响：进展与展望. 生态学杂志, 38（2）：567-575.

李学斌, 樊瑞霞, 刘学东. 2014. 中国草地生态系统碳储量及碳过程研究进展. 生态环境学报, 23（11）：1845-1851.

李岩, 干珠扎布, 胡国铮, 等. 增温对青藏高原高寒草原生态系统碳交换的影响. 生态学报, 39（6）：2004-2012.

李仪. 2020. 降水减少和施氮对亚热带山地森林土壤有机碳含量和微生物群落的影响. 武汉：中国科学院大学（中国科学院武汉植物园）硕士学位论文.

李寅龙, 红梅, 白文明, 等. 2015. 水、氮控制对短花针茅草原土壤呼吸的影响. 生态学报, 35（6）：1727-1733.

李周园, 叶小洲, 王少鹏. 2021. 生态系统稳定性及其与生物多样性的关系. 植物生态学报, 45（10）：1127-1139.

凌小莉, 史宝库, 崔海莹, 等. 2021. 氮磷添加对松嫩草地土壤团聚体结构及其碳含量的影响. 中国草地学报, 43：54-63.

刘骅, 佟小刚, 马兴旺, 等. 2010. 长期施肥下灰漠土矿物颗粒结合有机碳的含量及其演变特征. 应用生态学报, 21（1）：84-90.

刘凯, 聂格格, 张森. 2020. 中国 1951～2018 年气温和降水的时空演变特征研究. 地球科学进展, 35（11）：1113-1126.

刘珂, 姜大膀. 2015. RCP4.5 情景下中国未来干湿变化预估. 大气科学, 39（3）：489-502.

刘立新, 董云社, 齐玉春. 2004. 草地生态系统土壤呼吸研究进展. 地理科学进展, 4：35-42.

刘丝雨, 李晓兵, 李梦圆, 等. 2021. 内蒙古典型草原植被和土壤特性对放牧强度的响应. 中国草地学报, 43：23-31.

刘涛, 张永贤, 许振柱, 等. 2012. 短期增温和增加降水对内蒙古荒漠草原土壤呼吸的影响. 植物生态学报, 36（10）：1043-1053.

刘伟, 程积民, 高阳, 等. 2012. 黄土高原草地土壤有机碳分布及其影响因素. 土壤学报, 49（1）：68-76.

刘向培, 佟晓辉, 贾庆宇, 等. 2021. 1960—2017 年中国降水集中程度特征分析. 水科学进展, 32（1）：10-19.

卢珊, 胡泽勇, 王百朋, 等. 2020. 近 56 年中国极端降水事件的时空变化格局. 高原气象, 39（4）：683-693.

鲁如坤. 2020. 土壤农业化学分析方法. 北京：中国农业科技出版社.

吕超群, 田汉勤, 黄耀. 2007. 陆地生态系统氮沉降增加的生态效应. 植物生态学报, 2：205-218.

吕晓敏, 王玉辉, 周广胜, 等. 2015. 温度与降水协同作用对短花针茅生物量及其分配的影响. 生态学报, 35（3）：752-760.

马生花, 谢应忠, 胡海英, 等. 2019. 荒漠草原 2 种典型群落类型下土壤含水量与土壤粒径分布的关系. 中国水土保持, 7：61-65.

马文红, 方精云, 杨元合, 等. 2010. 中国北方草地生物量动态及其与气候因子的关系. 中国科学：生命科学, 7: 632-641.

马玉亮, 张建伟. 2017. 水和氮调控对草场土壤微生物学特性影响研究. 山西大学学报（自然科学版），40 (2): 380-387.

马志良, 赵文强, 刘美, 等. 2018. 土壤呼吸组分对气候变暖的响应研究进展. 应用生态学报, 29 (10): 3477-3486.

毛伟, 李玉霖, 孙殿超, 等. 2016. 养分和水分添加后沙质草地不同功能群植物地上生物量变化对群落生产力的影响. 中国沙漠, 36 (1): 27-33.

孟倩. 2019. 氮、磷养分添加下的内蒙古呼伦贝尔草甸草原净生态系统 CO_2 交换. 呼和浩特: 内蒙古大学硕士学位论文.

苗百岭, 梁存柱, 史亚博, 等. 2019. 降水变化对内蒙古典型草原地上生物量的影响. 植物生态学报, 43 (7): 557-565.

母娅霆, 刘子琦, 李渊, 等. 2021. 喀斯特地区土壤温度变化特征及其与环境因子的关系. 生态学报, 41 (7): 2738-2749.

穆少杰, 周可新, 陈奕兆, 等. 2014. 草地生态系统碳循环及其影响因素研究进展. 草地学报, 22 (3): 439-447.

潘庆民, 白永飞, 韩兴国, 等. 2005. 氮素对内蒙古典型草原羊草种群的影响. 植物生态学报, 29 (2): 311-317.

裴广廷, 马红亮, 高人, 等. 2013. 模拟氮沉降对森林土壤速效磷和速效钾的影响. 中国土壤与肥料, 4: 16-20, 87.

彭大庆, 王海, 塔娜, 等. 2022. 降水变化和氮素添加对荒漠草原土壤碳通量的影响. 中国草地学报, 44 (11): 1-8.

朴世龙, 张新平, 陈安平, 等. 2019. 极端气候事件对陆地生态系统碳循环的影响. 中国科学: 地球科学, 49 (9): 1321-1334.

齐玉春, 彭琴, 董云社, 等. 2015. 不同退化程度羊草草原碳收支对模拟 N 沉降变化的响应. 环境科学, 36 (2): 625-635.

祁瑜, Mulder J, 段雷, 等. 2015. 模拟氮沉降对克氏针茅草原土壤有机碳的短期影响. 生态学报, 35 (4): 1104-1113.

乔磊磊, 李袁泽, 翟珈莹, 等. 2019. 黄土丘陵区植被恢复模式对土壤碳组分的影响. 水土保持研究, 26 (5): 14-20.

秦淑琦, 彭琴, 董云社, 等. 2022. 土壤呼吸对降雨变化和氮沉降交互作用响应的研究进展. 应用生态学报, 33 (4): 1145-1152.

曲艳, 宋倩, 杨合龙, 等. 2021. 呼伦贝尔草原不同利用方式对土壤微生物群落结构的影响. 草地学报, 29 (8): 1621-1627.

任国玉, 封国林, 严中伟. 2010. 中国极端气候变化观测研究回顾与展望. 气候与环境研究, 15 (4): 337-353.

任国玉, 任玉玉, 战云健, 等. 2015. 中国大陆降水时空变异规律—Ⅱ. 现代变化趋势. 水科学进展, 26 (4): 451-465.

珊丹, 韩国栋, 赵萌莉, 等. 2009. 控制性增温和施氮对荒漠草原土壤呼吸的影响. 干旱区资源与环境, 23 (9): 106-112.

沈芳芳，刘影，罗昌泰，等．2019．陆地生态系统植物和土壤微生物群落多样性对全球变化的响应与适应研究进展．生态环境学报，28（10）：2129-2140.

沈芳芳，袁颖红，樊后保，等．2012．氮沉降对杉木人工林土壤有机碳矿化和土壤酶活性的影响．生态学报，32（2）：517-527.

沈豪，董世魁，李帅，等．2019．氮添加对高寒草甸植物功能群数量特征和光合作用的影响．生态学杂志，38（5）：1276-1284.

盛基峰，李垚，于美佳，等．2022．氮磷添加对高寒草地土壤养分和相关酶活性的影响．生态环境学报，31（12）：2302-2309.

师广旭，耿浩林，王云龙，等．2008．克氏针茅（*Stipa krylovii*）草原土壤呼吸及其影响因子．生态学报，28（7）：3408-3416.

淑新，张丽华，郭笃发．2010．草地生态系统碳通量研究进展．环境科学与管理，35（7）：146-149.

舒子倩，刘勋垲，姚宁，等．2021．典型温带针阔叶混交林碳收支对温度的响应特征．中低纬山地气象，45：63-69.

宋晓辉，王悦骅，王占文，等．2019．不同放牧强度和水分处理下荒漠草原土壤呼吸与群落地下生物量的关系．草地学报，27：962-968.

苏洁琼，李新荣，鲍婧婷．2014．施氮对荒漠化草原土壤理化性质及酶活性的影响．应用生态学报，25（3）：664-670.

苏卓侠，苏冰倩，上官周平．2020．黄土高原刺槐叶片−土壤生态化学计量参数对降雨量的响应特征．生态学报，40（19）：7000-7008.

孙军，张福青．2017．中国日极端降水和趋势．中国科学：地球科学，47（12）：1469-1482.

孙良杰，齐玉春，董云社，等．2012．全球变化对草地土壤微生物群落多样性的影响研究进展．地理科学进展，31：1715-1723.

孙小丽，康萨如拉，张庆，等．2015．荒漠草原物种多样性、生产力与气候因子和土壤养分之间关系的研究．草业学报，24（12）：10-19.

孙晓芳，岳天祥，范泽孟，等．2013．全球植被碳储量的时空格局动态．资源科学，35（4）：782-791.

孙学凯，林力涛，于占源，等．2019．施氮对沙质草地生态系统碳交换特征的影．生态学杂志，38（1）：104-112.

孙岩，何明珠，王立．2018．降水控制对荒漠植物群落物种多样性和生物量的影响．生态学报，38（7）：2425-2433.

孙一梅，田青，吕朋，等．2021．科尔沁沙地沙质草地与固定沙丘植物群落结构对极端干旱的响应．中国沙漠，41（1）：129-136.

谭向平，申卫军．2021．降水变化和氮沉降影响森林叶根凋落物分解研究进展．生态学报，41（2）：444-455.

陶冬雪，李文瑾，杨恬，等．2022．降水变化和养分添加对呼伦贝尔草甸草原土壤呼吸的影响．生态学杂志，41（3）：465-472.

田地，严正兵，方精云．2021．植物生态化学计量特征及其主要假说．植物生态学报，45（7）：682-713.

图纳热，红梅，闫瑾，等．2023．降水变化和氮沉降对荒漠草原土壤细菌群落结构及酶活性的影响．农业环境科学学报，42（2）：403-413.

王斌，黄刚，马健，等．2016．5种荒漠短命植物养分再吸收对水氮添加的响应．中国沙漠，36（2）：

415-422.

王长庭, 龙瑞军, 王根绪, 等. 2010. 高寒草甸群落地表植被特征与土壤理化性状、土壤微生物之间的相关性研究. 草业学报, 19: 25-34.

王长庭, 王启基, 沈振西, 等. 2003. 模拟降水对高寒矮嵩草草甸群落影响的初步研究. 草业学报, 12 (2): 25-29.

王澄海, 张晟宁, 李课臣, 等. 2021. 1961~2018 年西北地区降水的变化特征. 大气科学, 45 (4): 713-724.

王怀海, 黄文达, 何远政, 等. 2022. 短期增温和降水减少对沙质草地土壤微生物量碳氮和酶活性的影响. 中国沙漠, 42 (3): 274-281.

王娇, 关欣, 黄苛, 等. 2023. 酸雨和根系去除对杉木和火力楠人工林土壤有机碳的影响. 应用生态学报, DOI: 10.13287/j.1001-9332.202304.016.

王杰, 李刚, 修伟明, 等. 2014. 贝加尔针茅草原土壤微生物功能多样性对氮素和水分添加的响应. 草业学报, 23 (4): 343-350.

王晶, 王姗姗, 乔鲜果, 等. 2016. 氮素添加对内蒙古退化草原生产力的短期影响. 植物生态学报, 40 (10): 980-990.

王军锋, 张丽华, 赵锐锋, 等. 2020. 荒漠草原区不同生活型植物生长对降水变化的响应. 应用生态学报, 31 (3): 778-786.

王霖娇, 汪攀, 盛茂银. 2018. 西南喀斯特典型石漠化生态系统土壤养分生态化学计量特征及其影响因素. 生态学报, 38 (18): 6580-6593.

王铭, 刘兴土, 李秀军, 等. 2014. 松嫩平原西部草甸草原典型植物群落土壤呼吸动态及影响因素. 应用生态学报, 25 (1): 45-52.

王楠楠, 杨雪, 李世兰, 等. 2013. 降水变化驱动下红松阔叶林土壤真菌多样性的分布格局. 应用生态学报, 24 (7): 1985-1990.

王攀, 朱湾湾, 牛玉斌, 等. 2019. 氮添加对荒漠草原植物群落组成与微生物量生态化学计量特征的影响. 植物生态学报, 43 (5): 427-436.

王绍强, 于贵瑞. 2008. 生态系统碳氮磷元素的生态化学计量学特征. 生态学报, 28 (8): 3937-3947.

王淑平, 周广胜, 吕育财, 等. 2002. 中国东北样带 (NECT) 土壤碳、氮、磷的梯度分布及其与气候因子的关系. 植物生态学报, 26 (5): 513-517.

王伟, 刘学军. 2018. 青藏高原氮沉降研究现状及草地生态系统响应研究进展. 中国农业大学学报, 23 (5): 151-158.

王祥, 郑伟, 朱亚琼, 等. 2017. 昭苏山地草甸不同土地利用方式下的土壤呼吸特征及其水热关系的比较研究. 中国草地学报, 39 (5): 76-83.

王肖已, 姚槐应, 李杏. 2020. 草地土壤生态系统对氮沉降响应的研究进展. 武汉工程大学学报, 42 (3): 276-281.

王新源, 李玉霖, 赵学勇, 等. 2012. 干旱半干旱区不同环境因素对土壤呼吸影响研究进展. 生态学报, 32 (15): 4890-4901.

王兴, 钟泽坤, 王佳懿, 等. 2023. 黄土高原撂荒草地土壤碳库对两年增温增雨的响应. 土壤学报, 60 (2). DOI: 10.11766/trxb202106120307.

王兴, 钟泽坤, 朱玉帆, 等. 2022. 增温和增雨对黄土丘陵区撂荒草地土壤呼吸的影响. 环境科学, 43

（3）：1657-1667.

王旭, 闫玉春, 闫瑞瑞, 等. 2013. 降雨对草地土壤呼吸季节变异性的影响. 生态学报, 33（18）：5631-5635.

王艳莉, 刘立超, 高艳红, 等. 2015. 人工固沙植被区土壤水分动态及空间分布. 中国沙漠, 35（4）：942-950.

王悦骅, 王忠武, 潘占磊, 等. 2018. 载畜率和模拟降水对荒漠草原植物物种多样性的影响. 中国草地学报, 40（2）：89-94.

王赟博. 2016. 松嫩草地生态系统 CO_2 交换对氮沉降、降水增加及放牧的响应机制. 长春：东北师范大学博士学位论文.

王泽西, 陈倩妹, 黄尤优, 等. 2019. 川西亚高山森林土壤呼吸和微生物生物量碳氮对施氮的响应. 生态学报, 39（19）：7197-7207.

王珍. 2012. 增温和氮素添加对内蒙古短花针茅流漠草原植物群落、土壤及生态系统碳交换的影响. 呼和浩特：内蒙古农业大学博士学位论文.

王忠武, 宋晓辉, 王悦骅, 等. 2020. 模拟降水对短花针茅荒漠草原土壤呼吸的影响. 中国草地学报, 42（1）：111-116.

王子欣, 胡国铮, 水宏伟, 等. 2021. 不同时期干旱对青藏高原高寒草甸生态系统碳交换的影响. 草业学报, 30（4）：24-33.

尉剑飞, 王誉陶, 张翼, 等. 2022. 黄土高原典型草原植被及土壤化学计量对降水变化的响应. 草地学报, 30（3）：532-543.

魏春兰, 马红亮, 高人, 等. 2013. 模拟氮沉降对森林土壤可溶性有机碳的影响. 亚热带资源与环境学报, 8（4）：16-24.

温超, 单玉梅, 晔薷罕, 等. 2020. 氮和水分添加对内蒙古荒漠草原放牧生态系统土壤呼吸的影响. 植物生态学报, 2020, 44（1）：80-92.

文海燕, 吴淑娟, 傅华. 2019. 氮添加对黄土高原草原生态系统净碳交换的影响. 中国沙漠, 39（3）：34-40.

武倩, 韩国栋, 王忠武, 等. 2016. 模拟增温和氮素添加对荒漠草原生态系统碳交换的影响. 生态学杂志, 35（6）：1427-1434.

奚晶阳, 白炜, 尹鹏松, 等. 2019. 模拟增温对长江源区高寒沼泽草甸土壤有机碳组分与植物生物量的影响研究. 生态科学, 38：92-101.

向元彬, 黄从德, 胡庭兴, 等. 2016. 模拟氮沉降和降雨对华西雨屏区常绿阔叶林土壤呼吸的影响. 生态学报, 36（16）：5227-5235.

向元彬, 周世兴, 肖永翔, 等. 2017. 降雨量改变对常绿阔叶林干旱和湿润季节土壤呼吸的影响. 生态学报, 37（14）：4734-4742.

肖胜生, 董云社, 齐玉春, 等. 2009. 草地生态系统土壤有机碳库对人为干扰和全球变化的响应研究进展. 地球科学进展, 24（10）：1138-1148.

肖钰鑫, 王明明, 郭惠安, 等. 2022. 古尔班通古特沙漠水热梯度变化对短命植物生态化学计量特征影响. 植物科学学报, 40（4）：492-504.

熊莉, 徐振锋, 杨万勤, 等. 2015. 川西亚高山粗枝云杉人工林地上凋落物对土壤呼吸的贡献. 生态学报, 35（14）：4678-5686.

徐洪灵，张宏，张伟．2012．川西北高寒草甸土壤理化性质对土壤呼吸速率影响研究．四川师范大学学报（自然科学版），35（6）：835-841．

徐曼，余添，王富华，等．2021．紫色土旱坡地不同坡位土壤有机碳组分含量对施肥管理的响应．环境科学，42：5491-5499．

徐敏，边红枫，徐丽，等．2020．脉冲式降水对不同类型草地土壤微生物呼吸碳释放量的影响．生态学报，40（5）：1562-1571．

许华，何明珠，唐亮，等．2020．荒漠土壤微生物量碳、氮变化对降水的响应．生态学报，40（4）：1295-1304．

闫丽娟，李广，吴江琪，等．2019．黄土高原4种典型植被对土壤活性有机碳及土壤碳库的影响．生态学报，39（15）：5546-5554．

闫钟清，齐玉春，李素俭，等．2017a．降水和氮沉降增加对草地土壤微生物与酶活性的影响研究进展．微生物学通报，44（6）：1481-1490．

闫钟清，齐玉春，彭琴，等．2017b．降水和氮沉降增加对草地土壤酶活性的影响．生态学报，37（9）：3019-3027．

杨崇曜，李恩贵，陈慧颖，等．2017．内蒙古西部自然植被的物种多样性及其影响因素．生物多样性，25（12）：1303-1312．

杨红飞，穆少杰，李建龙．2012．气候变化对草地生态系统土壤有机碳储量的影响．草业科学，29（3）：392-400．

杨晶晶，陈闻，袁媛，等．2020．模拟增温对羊草生态系统土壤呼吸速率的影响．生态学报，40（17）：6202-6214．

杨倩，王娓，曾辉．2018．氮添加对内蒙古退化草地植物群落多样性和生物量的影响．植物生态学报，42（4）：430-441．

杨青霄，田大栓，曾辉，等．2017．降水格局改变背景下土壤呼吸变化的主要影响因素及其调控过程．植物生态学报，41（12）：1239-1250．

杨蓉，赵多平．2018．气候变暖背景下陕甘宁蒙接壤区1961-2015年降水变化响应特征．水土保持通报，38（3）：269-274，353．

杨晓霞，任飞，周华坤，贺金生．2014．青藏高原高寒草甸植物群落生物量对氮、磷添加的响应．植物生态学报，38（2）：159-166．

杨新宇，林笠，李颖，等．2017．青藏高原高寒草甸土壤物理性质及碳组分对增温和降水改变的响应．北京大学学报（自然科学版），53（4）：765-774．

杨阳，肖元明，李长斌，等．2022．长期氮添加和降水格局改变对高寒草原CH_4通量的影响．应用与环境生物学报，28（6）：1542-1548．

杨元合，张典业，魏斌，等．2022．草地群落多样性和生态系统碳氮循环对氮输入的非线性响应及其机制．植物生态学报，doi：10.17521/cjpe.2022.0107．

杨泽，嘎玛达尔基，谭星儒，等．2020．氮添加量和施氮频率对温带半干旱草原土壤呼吸及组分的影响．植物生态学报，44（10）：1059-1072．

姚梦雅，胡敏鹏，陈丁江．2021．1980-2015年长江流域净人为氮输入与河流氮输出动态特征．环境科学，42（12）：5777-5785．

姚世庭，芦光新，王军邦，等．2020．模拟增温对土壤电导率的影响．干旱区研究，37（3）：598-606．

姚旭阳,张明军,张宇,等.2022.中国西北地区气候转型的新认识.干旱区地理,45(3):671-683.

叶贺,红梅,赵巴音那木拉,等.2020.水氮控制对短花针茅荒漠草原根系分解的影响.应用与环境生物学报,26(5):1169-1175.

游成铭,胡中民,郭群,等.2016.氮添加对内蒙古温带典型草原生态系统碳交换的影响.生态学报,36(8):2142-2150.

于兵,吴克宁.2018.施氮对高寒草原植物生长和土壤无机氮含量的影响.江苏农业科学,46(15):214-218.

袁茂翼,叶发银,雷琳,等.2017.纤维二糖水解酶的研究进展.食品与发酵工业,43(10):248-255.

岳喜元,左小安,庚强,等.2018.降水量和短期极端干旱对典型草原植物群落及优势种羊草(Leymus chinensis)叶性状的影响.中国沙漠,38(5):1009-1016.

岳泽伟,李向义,李磊,等.2020.氮添加对昆仑山高山草地土壤、微生物和植物生态化学计量特征的影响.生态科学,39(3):1 8.

翟盘茂,潘晓华.2003.中国北方近50年温度和降水极端事件变化.地理学报,58(S1):1-10.

翟占伟,龚吉蕊,罗亲普,等.2017.氮添加对内蒙古温带草原羊草光合特性的影响.植物生态学报,41(2):196-208.

张冰,刘宣飞,郑广芬,等.2018.宁夏夏季极端降水日数的变化规律及其成因.大气科学学报,41(2):176-185.

张慧智,史学正,于东升,等.2009.中国土壤温度的季节性变化及其区域分异研究.土壤学报,46(2):227-234.

张金屯.2004.数量生态学.北京:科学出版社.

张久明,匡恩俊,刘亦丹,等.2021.有机肥替代不同比例化肥对土壤有机碳组分的影响.麦类作物学报,41(12):1534-1540.

张岚.2021.降水、氮沉降对荒漠短命植物化学计量特征的影响.乌鲁木齐:新疆农业大学硕士学位论文.

张立欣,杨劼,高清竹,等.2013.模拟增温增雨对克氏针茅草原土壤呼吸的影响.中国农业气象,34(6):629-635.

张丽华,陈亚宁,李卫红,等.2009.准噶尔盆地两种荒漠群落土壤呼吸速率对人工降水的响应.生态学报,29(6):2819-2826.

张丽华,宋长春,王德宣.2006.氮输入对沼泽湿地碳平衡的影响.环境科学,27(7):1257-1263.

张美曼,范少辉,官凤英,等.2020.竹阔混交林土壤微生物生物量及酶活性特征研究.土壤,52(1):97-105.

张世虎,张悦,马晓玉,等.2022.大气氮沉降影响草地植物物种多样性机制研究综述.生态学报,42(4):1252-1261.

张晓琳,翟鹏辉,黄建辉.2018.降水和氮沉降对草地生态系统碳循环影响研究进展.草地学报,26(2):284-288.

张晓琳,翟鹏辉,黄建辉.2019.降水和氮沉降对内蒙古半干旱草地羊草和大针茅叶片碳交换的影响.草地学报,27(4):977-986.

张晓龙,周继华,来利明,等.2020.黑河典型荒漠植被区土壤水盐和养分沿降水梯度的变化特征.应用与环境生物学报,26(6):1369-1375.

张晓雅, 胡益珩, 安菁, 等. 2018. 若尔盖泥炭沼泽土壤中可溶性有机碳含量对降水变化的响应. 湿地科学, 16 (4): 546-551.

张馨文, 安慧, 刘小平, 等. 2021. 短期氮添加对荒漠草原植物群落组成及稳定性的影响. 生态学杂志, 40 (8): 2400-2409.

张学珍, 李侠祥, 徐新创, 等. 2017. 基于模式优选的 21 世纪中国气候变化情景集合预估. 地理学报, 72 (9): 1555-1568.

张亚峰, 王新平, 虎瑞, 等. 2013. 荒漠灌丛微生境土壤温度的时空变异特征——灌丛与降水的影响. 中国沙漠, 33 (2): 536-542.

张燕, 崔学民, 樊明寿. 2007. 大气氮沉降及其对草地生物多样性的影响. 草业科学, 24 (7): 12-17.

张玉革, 刘月秀, 杨山, 等. 2021. 模拟氮沉降和降水增加对弃耕草地土壤微生物学特性的影响. 沈阳大学学报 (自然科学版), 33 (1): 10-19.

张志山, 杨贵森, 吕星宇, 等. 2022. 荒漠生态系统 C、N、P 生态化学计量研究进展. 中国沙漠, 42 (1): 48-56.

赵辉, 朱盛强, 刘贞, 等. 2021. 基于涡度相关技术的农田生态系统碳收支评估. 环境科学学报, 41 (11): 4731-4739.

赵慢, 王蕊, 李如剑, 等. 2016. 半干旱区土壤微生物呼吸对极端降水的响应. 环境科学, 37 (7): 2714-2720.

赵蓉, 李小军, 赵洋, 等. 2015. 固沙植被区土壤呼吸对反复干湿交替的响应. 生态学报, 35 (20): 6720-6727.

赵威, 李琳. 2018. 不同草地利用方式对暖性 (灌) 草丛类草地固碳能力的影响. 草业学报, 27 (11): 1-14.

赵晓琛, 皇甫超河, 刘红梅, 等. 2016. 贝加尔针茅草原土壤酶活性及微生物量碳氮对养分添加的响应. 草地学报, 24 (1): 47-53.

赵新风, 徐海量, 张鹏, 等. 2014. 养分与水分添加对荒漠草地植物群落结构和物种多样性的影响. 植物生态学报, 38 (2): 167-177.

郑丹楠, 王雪松, 谢绍东, 等. 2014. 2010 年中国大气氮沉降特征分析. 中国环境科学, 34 (5): 1089-1097.

郑红. 2011. 土壤活性有机碳的研究进展. 中国林副特产, 6: 90-94.

郑淑霞, 上官周平. 2006. 黄土高原地区植物叶片养分组成的空间分布格局. 自然科学进展, 16 (8): 965-973.

钟泽坤. 2021. 增温和降雨改变对黄土丘陵区撂荒草地土壤碳循环关键过程的影响. 杨凌: 西北农林科技大学博士学位论文.

周波, 王宝青. 2014. 动物生物学. 北京: 中国农业大学出版社.

周芙蓉, 王进鑫, 杨楠, 等. 2013. 水分和铅胁迫对土壤酶活性的影响. 草地学报, 21 (3): 479-484.

周莉, 李保国, 周广胜. 2005. 土壤有机碳的主导影响因子及其研究进展. 地球科学进展, 20 (1): 99-105.

周培, 韩国栋, 王成杰, 等. 2011. 不同放牧强度对内蒙古荒漠草地生态系统含碳温室气体交换的影响. 内蒙古农业大学学报 (自然科学版), 32 (4): 59-64.

朱桂丽, 李杰, 魏学红, 等. 2017. 青藏高寒草地植被生产力与生物多样性的经度格局. 自然资源学报,

32（2）：210-222.

朱国栋，郭娜，韩勇军，等．2021．极端干旱对内蒙古荒漠草原植物群落物种多样性和土壤性质的影响．中国草地学报，43（3）：52-59.

朱灵，张梦瑶，高永恒．2020．高寒草原土壤有机碳矿化对水氮添加的响应．水土保持通报，40（1）：30-37.

朱湾湾，王攀，樊瑾，等．2019．降水量及 N 添加对宁夏荒漠草原土壤 C：N：P 生态化学计量特征和植被群落组成的影响．草业学报，28（9）：33-44.

朱湾湾，王攀，许艺馨，等．2021b．降水量变化与氮添加下荒漠草原土壤酶活性及其影响因素．植物生态学报，45（3）：309-320.

朱湾湾，许艺馨，王攀，等．2020．降水量及 N 添加对荒漠草原植物和土壤微生物 C：N：P 生态化学计量特征的影响．西北植物学报，40（4）：676-687.

朱湾湾，许艺馨，余海龙，等．2021a．降水量与氮添加对荒漠草原生态系统碳交换的影响．生态学报，41（16）：6679-6691.

朱湾湾．2021．降水量变化及氮添加下荒漠草原生态系统碳交换研究．银川：宁夏大学硕士学位论文．

朱义族，李雅颖，韩继刚，等．2019．水分条件变化对土壤微生物的影响及其响应机制研究进展．应用生态学报，30（12）：4323-4332.

邹慧，高光耀，傅伯杰．2016．干旱半干旱草地生态系统与土壤水分关系研究进展．生态学报，36（11）：3127-3136.

左李娜，陈静，张慧，等．2022．新疆温性草原土壤 pH 特征及影响因素．草业科学，39（7）：1341-1353.

Aanderud Z T, Richards J H, Svejcar T, et al. 2010. A shift in seasonal rainfall reduces soil organic carbon storage in a cold desert. Ecosystems, 13（5）：673-682.

Aber J D, Nadelhoffer K J, Steudler P, et al. 1989. Nitrogen saturation in northern forest ecosystems. Bioscience, 39：378-286.

Aber J, Mcdowell W, Nadelhoffer K, et al. 1998. Nitrogen saturation in temperate forest ecosystems: hypotheses revisited. Bioscience, 48：921-934.

Ackerman D, Millet D B, Chen X. 2019. Global estimates of inorganic nitrogen deposition across four decades. Global Biogeochemical Cycles, 33（1）：100-107.

Adler P B, Seabloom E W, Borer E T, et al. 2011. Productivity is a poor predictor of plant species richness. Science, 333（6050）：1750-1753.

Ajami M, Heidari A, Khormali F. 2016. Environmental factors controlling soil organic carbon storage in loess soils of a subhumid region, northern Iran. Geoderma, 281（1）：1-10.

Allison S D, Lu Y, Weihe C, et al. 2013. Microbial abundance and composition influence litter decomposition response to environmental change. Ecology, 94（3）：714-725.

Allison S, Czimczik C, Treseder K. 2008. Microbial activity and soil respiration under nitrogen addition in Alaskan boreal forest. Global Change Biology, 14（5）：1156-1168.

Ambus P, Robertson G. 2006. The effect of increased N deposition on nitrous oxide, methane and carbon dioxide fluxes from unmanaged forest and grassland communities in Michigan. Biogeochemistry, 79：315-337.

Arredondo T, Delgado-Balbuena J, Huber-Sannwald E, et al. 2018. Does precipitation affects soil respiration of tropical semiarid grasslands with different plant cover types? Agriculture, Ecosystems and Environment, 251 (1): 218-225.

Austin A, Yahdjian L, Stark J, et al. 2004. Water pulses and biogeochemical cycles in arid and semiarid ecosystems. Oecologia, 141 (2): 221-235.

Bai X H, Zhao W W, Wang J, et al. 2021. Precipitation drives the floristic composition and diversity of temperate grasslands in China. Global Ecology and Conservation, 32: e01933.

Bai Y F, Han X G, Wu J G, et al. 2004. Ecosystem stability and compensatory effects in the Inner Mongolia grassland. Nature, 431: 181-184.

Bai Y F, Wu J G, Clark C M, et al. 2010. Tradeoffs and thresholds in the effects of nitrogen addition on biodiversity and ecosystem functioning: evidence from inner Mongolia Grasslands. Global Change Biology, 16 (1): 358-372.

Ballantyne A P, Alden C B, Miller J B, et al. 2021. Increase in observed net carbon dioxide uptake by land and oceans during the past 50 years. Nature, 488 (7409): 70-72.

Band N, Kadmon R, Mandel M, et al. 2022. Assessing the roles of nitrogen, biomass, and niche dimensionality as drivers of species loss in grassland communities. Proceedings of the National Academy of Sciences of the United States of America, 119: e2112010119.

Bell C, Carrillo Y, Boot C M, et al. 2014. Rhizosphere stoichiometry: are C∶N∶Pratios of plants, soils, and enzymes conserved at the plant species-level? New Phytologist, 201 (2): 505-517.

Bell C, Mcintyre N, Cox S, et al. 2008. Soil microbial responses to temporal variations of moisture and temperature in a Chihuahuan Desert grassland. Microbial Ecology, 56 (1): 153-167.

Bernacchi C J, Vanloocke A. 2015. Terrestrial ecosystems in a changing environment: a dominant role for water. Annual Review of Plant Biology, 66: 599-622.

Biederman J A, Scott R L, Bell T W, et al. 2017. CO_2 exchange and evapotranspiration across dryland ecosystems of southwestern North America. Global Chang Biology, 23 (10): 4204-4221.

Blair G J, Lefroy R D B, Lisle L. 1995. Soil carbon fractions based on their degree of oxidation, and the development of a carbon management index for agricultural systems. Crop & Pasture Science, 46 (7): 1459-1466.

Bobbink R, Hicks K, Galloway J, et al. 2010. Global assessment of nitrogen deposition effects on terrestrial plant diversity: a synthesis. Ecological Applications, 20 (1): 30-59.

Borer E T, Seabloom E W, Gruner D S, et al. 2014. Herbivores and nutrients control grassland plant diversity via light limitation. Nature, 508: 517-520.

Bossio D, Cook-Patton S, Ellis P, et al. 2020. The role of soil carbon in natural climate solutions. Nature Sustainability, 3 (5): 391-398.

Bowden R, Rullo G, Stevens G, et al. 2000. Soil fluxes of carbon dioxide, nitrous oxide, and methane at a productive temperate deciduous forest. Journal of Environmental Quality, 29 (1): 268-276.

Bradford M, Fierer N, Reynolds J. 2008. Soil carbon stocks in experimental mesocosms are dependent on the rate of labile carbon, nitrogen and phosphorus inputs to soils. Functional Ecology, 22 (6): 964-974.

Brumme R, Beese F. 1992. Effects of liming and nitrogen fertilization on emissions of CO_2 and N_2O from a temperate forest. Journal of Geophysical Research: Atmospheres, 97: 12851-12858.

Bubier J L, Moorer T R, Bledzki L A. 2007. Effects of nutrient addition on vegetation and carbon cycling in an ombrotrophic bog. Global Change Biology, 13 (6): 1168-1186.

Bunting E L, Munson S M, Villarreal M L. 2017. Climate legacy and lag effects on dryland plant communities in the southwestern US. Ecological Indicators, 74: 216-229.

Burns R G, DeForest J L, Marxsen J, et al. 2013. Soil enzymes in a changing environment: Current knowledge and future directions. Soil Biology and Biochemistry, 58: 216-227.

Chang M Y, Liu B, Martinez-Villalobos C, et al. 2020. Changes in extreme precipitation accumulations during the warm season over continental China. Journal of Climate, 33 (24): 10799-10811.

Chapin F S, Matson P A, Mooney H A, et al. 2011. Principles of Terrestrial Ecosystem Ecology. Berlin: Springer.

Chapin III F S, Mcfarland J, McGuire A D, et al. 2009. The changing global carbon cycle: linking plant-soil carbon dynamics to global consequences. Journal of Ecology, 97: 840-850.

Chen D, Li J, Lan Z, Hu S, Bai Y. 2016a. Soil acidification exerts a greater control on soil respiration than soil nitrogen availability in grasslands subjected to long-term nitrogen enrichment. Functional Ecology, 30: 658-669.

Chen H, Li D, Feng W, et al. 2018a. Different responses of soil organic carbon fractions to additions of nitrogen. European Journal of Soil Science, 69: 1098-1104.

Chen H, Li D, Gurmesa G A, et al. 2015. Effects of nitrogen deposition on carbon cycle in terrestrial ecosystems of China: A meta-analysis. Environmental Pollution, 206: 352-360.

Chen J, Luo Y, Van Groenigen K, et al. 2018b. A keystone microbial enzyme for nitrogen control of soil carbon storage. Science Advance, 4: eaaq1689. .

Chen X L, Chen H Y H. 2019. Plant diversity loss reduces soil respiration across terrestrial ecosystems. Global Change Biology, 25: 1482-1492.

Chen X L, Chen H Y H. 2018. Global effects of plant litter alterations on soil CO_2 to the atmosphere. Global Change Biology, 24 (8): 3462-3471.

Chen X, Post W M, Norby R J, et al. 2011. Modeling soil respiration and variations in source components using a multi-factor global climate change experiment. Climatic Change, 107 (3): 459-480.

Chen X, Zhang D, Liang G, et al. 2016b. Effects of precipitation on soil organic carbon fractions in three subtropical forests in southern China. Journal of Plant Ecology, 9 (1): 10-19.

Chen Y C, Ma S Q, Jiang H M, et al. 2020. Influences of litter diversity and soil moisture on soil microbial communities in decomposing mixed litter of alpine steppe species. Geoderma, 377: 114577.

Chen Y, Liu X, Hou Y H, et al. 2021. Particulate organic carbon is more vulnerable to nitrogen addition than mineral-associated organic carbon in soil of an alpine meadow. Plant and Soil, 458: 93-103.

Chen Z M, Xu Y Y, Zhou X H, et al. 2017. Extreme rainfall and snowfall alter responses of soil respiration to nitrogen fertilization: a 3-year field experiment. Global Change Biology, 23 (8): 3403-3417.

Cheng X, Luo Y, Su B, et al. 2009. Responses of net ecosystem CO_2 exchange to nitrogen fertilization in experimentally manipulated grassland ecosystems. Agricultural and Forest Meteorology, 149: 1956-1963.

Chou C, Tu J Y, Tan P H. 2007. Asymmetry of tropical precipitation change under global warming. Geophysical Research Letters, 34 (17): 17708.

Christensen L, Coughenour M B, Ellis J E, et al. 2004. Vulnerability of the Asian typical steppe to grazing and climate change. Climatic Change, 63: 351-368.

Christiansen C T, Schmidt N M, Michelsen A. 2012. High arctic dry heath CO_2 exchange during the early cold season. Ecosystems, 15: 1083-1092.

Clay G D, Worrall F, Aebischer N J. 2015. Carbon stocks and carbon fluxes from a 10-year prescribed burning chronosequence on a UK blanket peat. Soil Use and Management, 31: 39-51.

Cleveland C C, Liptzin D. 2007. C : N : Pstoichiometry in soil: is there a "Redfield ratio" for the microbial biomass? Biogeochemistry, 85: 235-252.

Coonan E C, Richardson A E, Kirkby C A. 2019. Soil carbon sequestration to depth in response to long-term phosphorus fertilization of grazed pasture. Geoderma, 338: 226-235.

Copeland S M, Harrison S P, Latimer A M, et al. 2016. Ecological effects of extreme drought on Californian herbaceous plant communities. Ecological Monographs, 86: 295-311.

Cregger M A, Mcdowell N G, Pangle R E, et al. 2014. The impact of precipitation change on nitrogen cycling in a semi-arid ecosystem. Functional Ecology, 28 (6): 1534-1544.

Cui X, Cen H, Guan C, et al. 2020. Photosynthesis capacity diversified by leaf structural and physiological regulation between upland and lowland switchgrass in different growth stages. Functional Plant Biology, 47 (1): 38-49.

Curtin D, Peterson M E, Qiu W, et al. 2020. Predicting soil pH changes in response to application of urea and sheep urine. Journal of Environmental Quality, 49 (5): 1445-1452.

Cusack D F, Torn M S, Mcdowell W H. 2010. The response of heterotrophic activity and carbon cycling to nitrogen additions and warming in two tropical soils. Global Change Biology, 16: 2555-2572.

Da G, Xiaoning S, Ronghai H. 2021. Grassland type-dependent spatiotemporal characteristics of productivity in Inner Mongolia and its response to climate factors. Science of the Total Environment, 775: 145644.

Dai E F, Huang Y, Wu Z, et al. 2016. Analysis of spatio-temporal features of a carbon source/sink and its relationship to climatic factors in the Inner Mongolia grassland ecosystem. Journal of Geographical Sciences, 26 (3): 297-312.

Daniel A, Dylan B, Xin C. 2019. Global estimates of inorganic nitrogen deposition across four decades. Global Biogeochemical Cycles, 33 (1): 100-107.

Davidson E A, Janssens I A. 2006. Temperature sensitivity of soil carbon decomposition and feedbacks to climate change. Nature, 440: 165-173.

Davidson E A, Savage K, Verchot L, et al. 2002. Minimizing artifacts and biases in chamber-based measurements of soil respiration. Agricultural and Forest Meteorology, 113 (1): 21-37.

Davidson E A, Trumbore S E, Amundson R. 2000. Soil warming and organic carbon content. Nature, 408 (6814): 789-790.

Decina S M, Hutyra L R, Templer P H. 2020. Hotspots of nitrogen deposition in the world's urban areas: a global data synthesis. Frontiers in Ecology and the Environment, 18 (2): 92-99.

DeMalach N. 2018. Toward a mechanistic understanding of the effects of nitrogen and phosphorus additions on grassland diversity. Perspectives in Plant Ecology, Evolution and Systematics, 32: 65-72.

Deng L, Peng C H, Zhu G Y, et al. 2018. Positive responses of belowground C dynamics to nitrogen enrichment in China. Science of the Total Environment, 616-617: 1035-1044.

Deng Q, Hui D F, Dennis S, et al. 2017. Responses of terrestrial ecosystem phosphorus cycling to nitrogen addition: a meta-analysis. Global Ecology and Biogeography, 26 (6): 713-728.

Dentener F, Drevet J, Lamarque J F, et al. 2006. Nitrogen and sulfur deposition on regional and global scales: A multimodel evaluation. Global Biogeochemical Cycles, 20: GB4003.

Diao H, Chen X, Zhao X, et al. 2022. Effects of nitrogen addition and precipitation alteration on soil respiration and its components in a saline-alkaline grassland. Geoderma, 406: 115541.

Dias A T C, van Ruijven J, Berendse F. 2010. Plant species richness regulates soil respiration through changes in productivity. Oecologia, 163 (3): 805-813.

Dollan I, Maggioni V, Johnston J. 2022. Investigating temporal and spatial precipitation patterns in the southern mid-atlantic United States. Frontiers in Climate, 3: 799055.

Driscoll C T, Whitall D, Aber J, et al. 2003. Nitrogen pollution in the northeastern United States: sources, effects, and management options. Bioscience, 53: 357-374.

Du E Z. 2016. Rise and fall of nitrogen deposition in the United States. Proceedings of the National Academy of Sciences of the United States of America, 113 (26): E3594-E3595.

Du W, Wu S M, Nie C, et al. 2019. Soil Respiration dynamics and influencing factors in typical steppe of Inner Mongolia under long-term nitrogen addition. Journal of Resources and Ecology, 10 (2): 155-162.

Duan Z, Chen Q, Chen C, et al. 2019. Spatiotemporal analysis of nonlinear trends in precipitation over Germany during 1951-2013 from multiple observation-based gridded products. International Journal of Climatology: A Journal of the Royal Meteorological Society, 39 (4): 2120-2135.

Elser J J, Andersen T, Baron J S, et al. 2009. Shifts in lake N: P stoichiometry and nutrient limitation driven by atmospheric nitrogen deposition. Science, 326 (5954): 835-837.

Elser J J, Bracken M E, Cleland E E, et al. 2007. Global analysis of nitrogen and phosphorus limitation of primary producers in freshwater, marine and terrestrial ecosystems. Ecology Letters, 10: 1135-1142.

Elser J J, Fagan W F, Kerkhoff A J, et al. 2010. Biological stoichiometry of plant production: metabolism, scaling and ecological response to global change. New Phytologist, 186 (3): 593-608.

Engardt M, Simpson D, Schwikowski M, et al. 2017. Deposition of sulphur and nitrogen in Europe 1900-2050. Model calculations and comparison to historical observations. Tellus B: Chemical and Physical Meteorolog, 69 (1): 1328945.

Enriquez S, Duarte C M, Sand-Jensen K. 1993. Patterns in decomposition rates among photosynthetic organisms: the importance of detritus C: N: Pcontent. Oecologia, 94 (4): 457-471.

Erisman J W, Sutton M A, Galloway J, et al. 2008. How a century of ammonia synthesis changed the world. Nature Geoscience, 1 (10): 636-639.

Eze S, Palmer S M, Chapman P J. 2018. Negative effects of climate change on upland grassland productivity and carbon fluxes are not attenuated by nitrogen status. Science of the Total Environment, 637-638: 398-407.

Fa K Y, Liu J B, Zhang Y Q, et al. 2015. CO_2 absorption of sandy soil induced by rainfall pulses in a desert e-cosystem. Hydrological Processes, 29 (8): 2043-2051.

Fang C, Li F M, Pei J Y, et al. 2018. Impacts of warming and nitrogen addition on soil autotrophic and heterotrophic respiration in a semi-arid environment. Agricultural and Forest Meteorology, 248: 449-457.

Fang F, Han X, Liu W, et al. 2020. Carbon dioxide fluxes in a farmland ecosystem of the southern Chinese

Loess Plateau measured using a chamber-based method. PeerJ, 8: e8994.

Fang H J, Cheng S L, Yu G R, et al. 2014. Nitrogen deposition impacts on the amount and stability of soil organic matter in an alpine meadow ecosystem depend on the form and rate of applied nitrogen. European Journal of Soil Science, 65 (4): 510-519.

Fang H, Cheng S, Lin E, et al. 2015. Elevated atmospheric carbon dioxide concentration stimulates soil microbial activity and impacts water-extractable organic carbon in an agricultural soil. Biogeochemistry, 122 (2): 253-267.

Fang J Y, Guo Z, Piao S L, Chen A. 2007. Terrestrial vegetation carbon sinks in China, 1981-2000. Science in China Series D: Earth Sciences, 50: 1341-1350.

Fang Y T, Gundersen P, Mo J M, et al. 2008. Input and output of dissolved organic and inorganic nitrogen in subtropical forests of South China under high air pollution. Biogeosciences, 5: 339-352.

Feng J, Wang J, Song Y. 2018. Patterns of soil respiration and its temperature sensitivity in grassland ecosystems across China. Biogeosciences, 15: 5329-5341.

Feng X , Simpson A J, Schlesinger W H. 2010. Altered microbial community structure and organic matter composition under elevated CO_2 and N fertilization in the duke forest. Global Change Biology, 16: 2104-2116.

Feng X H, Qin S Q, Zhang D Y, et al. 2022. Nitrogen input enhances microbial carbon use efficiency by altering plant-microbe-mineral interactions. Global Change Biology, 28: 4845-4860.

Fischer E, Beyerle U, Knutti R. 2013. Robust spatially aggregated projections of climate extremes. Nature Climate Change, 3 (12): 1033-1038.

Fissore C, Giardina C P, Kolka R K, et al. 2008. Soil organic carbon quality in forested mineral wetlands at different mean annual temperature. Soil Biology and Biochemistry, 41 (3): 458-466.

Flanagan L B, Wever L A, Carlson P J. 2002. Seasonal and interannual variation in carbon dioxide exchange and carbon balance in a northern temperate grassland. Global Change Biology, 8: 599-615.

Folland C K, Karl T R, Christy J R, et al. 2011. Climate Change 2001: The Scientific Basis (eds Houghton T, et al.) . Cambridge: Cambridge University Press, 99-181.

Fornara DA, Tilman D. 2012. Soil carbon sequestration in prairie grasslands increased by chronic nitrogen addition. Ecology, 93: 2030-2036.

Fu Y D, Xu W, Zhang W, et al. 2020. Enhanced atmospheric nitrogen deposition at a rural site in northwest China from 2011 to 2018. Atmospheric Research, 245: 105071.

Galloway J N, Cowling E B. 2002. Reactive nitrogen and the world: 200 years of change. Ambio: A Journal of the Human Environment, 31 (2): 64-71.

Galloway J N, Dentener F J, Capone D G, et al. 2004. Nitrogen cycles: past, present, and future. Biogeochemistry, 70 (2): 153-226.

Galloway J N, Dentener F J, Marmer E, et al. 2008a. The environmental reach of Asia. Annual Review of Environment and Resources, 33: 461-481.

Galloway J N, Townsend A R, Erisman J W, et al. 2008b. Transformation of the nitrogen cycle: recent trends, questions, and potential solutions. Science, 320: 889-892.

Gao D D, Dan L, Fan G Z, et al. 2020. Spatiotemporal variations of carbon flux and nitrogen deposition flux linked with climate change at the centennial scale in China. Science China Earth Sciences, 63 (5): 731-748.

Gao Y Z, Chen Q, Lin S, et al. 2011. Resource manipulation effects on net primary production, biomass allocation and rain-use efficiency of two semiarid grassland sites in Inner Mongolia, China. Oecologia, 165 (4): 855-864.

Gao Y, Li X, Liu L, et al. 2012. Seasonal variation of carbon exchange from a revegetation area in a Chinese desert. Agricultural & Forest Meteorology, 156: 134-142.

Geisen S F, Hu S R, dela C, et al. 2020. Protists as catalyzers of microbial litter breakdown and carbon cycling at different temperature regimes. The ISME Journal, 15 (2): 15-18.

Glaser K, Hackl E, Inselsbacher E, et al. 2010. Dynamics of ammonia-oxidizing communities in barley-planted bulk soil and rhizosphere following nitrate and ammonium fertilizer amendment. FEMS Microbiology Ecology, 74 (3): 575-591.

Goulding K W T, Bailey N J, Bradbury N J, et al. 1998. Nitrogen deposition and its contribution to nitrogen cycling and associated soil processes. New Phytologist, 139 (1): 49-58.

Grandy A S, Salam D S, Wickings K. 2013. Soil respiration and litter decomposition responses to nitrogen fertilization rate in no-till corn systems. Agriculture, Ecosystems & Environment, 179: 35-40.

Greco S, Baldocchi D D. 1996. Seasonal variations of CO_2 and water vapour exchange rates over a temperate deciduous forest. Global Change Biology, 2: 183-197.

Griffis T J, Black T A, Gaumont G D, et al. 2004. Seasonal variation and partitioning of ecosystem respiration in a southern boreal aspen forest. Agricultural and Forest Meteorology, 125 (34): 207-223.

Grimm N B, Faeth S H, Golubiewski N E, et al. 2008. Global change and the ecology of cities. Science, 319 (5864): 756-760.

Gruber N, Galloway J N. 2008. An Earth-system perspective of the global nitrogen cycle. Nature, 451 (7176): 293-296.

Guimarães D V, Gonzaga M I S, Dasilva T O. 2013. Soil organic matter pools and carbon fractions in soil under different land uses. Soil and Tillage Research, 126: 177-182.

Guo Q, Hu Z M, Li S G, et al. 2016. Exogenous N addition enhances the responses of gross primary productivity to individual precipitation events in a temperate grassland. Scientific Reports, 6: 26901.

Hagedorn F, Joos O. 2014. Experimental summer drought reduces soil CO_2 effluxes and DOC leaching in Swiss grassland soils along an elevational gradient. Biogeochemistry, 117 (2-3): 395-412.

Han H, Du Y, Hui D, et al. 2017. Long-term antagonistic effect of increased precipitation and nitrogen addition on soil respiration in a semiarid steppe. Ecology and Evolution, 7 (24): 10804-10814.

Han J, Miao C, Duan Q, et al. 2021. Changes in unevenness of wet-day precipitation over China during 1961-2020. Journal of Geophysical Research: Atmospheres, 126 (19): e34483.

Han Y G, Feng G, Swaney D P, et al. 2019. Global and regional estimation of net anthropogenic nitrogen inputs (NANI). Geoderma, 361 (C): 114066.

Hao G C, Hu Z M, Guo Q, et al. 2019. Median to strong rainfall intensity favors carbon sink in a temperate grassland ecosystem in China. Sustainability, 11 (22): 6376.

Harpole W S, Ngai J T, Cleland E E, et al. 2011. Nutrient co-limitation of primary producer communities. Ecology Letters, 14: 852-862.

Harpole W S, Potts D L, Suding K N. 2007. Ecosystem responses to water and nitrogen amendment in a California grassland. Global Change Biology, 13 (11): 2341-2348.

Harpole W S, Tilman D. 2007. Grassland species loss resulting from reduced niche dimension. Nature, 446: 791-793.

Hasi M, Zhang X, Niu G, et al. 2021. Soil moisture, temperature and nitrogen availability interactively regulate carbon exchange in a meadow steppe ecosystem. Agricultural and Forest Meteorology, 304-305: 108389.

Hautier Y, Niklaus P A, Hector A. 2009. Competition for light causes plant biodiversity loss after eutrophication. Science, 324: 636-638.

He H B, Zhang W, Zhang X D, et al. 2011. Temporal responses of soil microorganisms to substrate addition as indicated by amino sugar differentiation. Soil Biology and Biochemistry, 43 (6): 1155-1161.

Hector A, Schmid B, Beierkuhnlein C, et al. 1999. Plant diversity and productivity experiments in European grasslands. Science, 286: 1123-1127.

Held I M, Soden B J. 2006. Robust responses of the hydrological cycle to global warming. Journal of Climate, 19 (21): 5686-5699.

Holt J A, Hodgen M J, Lamb D. 1990. Soil respiration in the seasonally dry tropics near Townsville, North-Queensland. Soil Research, 28 (5): 737-745.

Horn E L, Cooledge E C, Jones D L, et al. 2021. Addition of base cations increases microbial carbon use efficiency and biomass in acidic soils. Soil Biology and Biochemistry, 161: 108392.

Hovenden M J, Newton P C D, Wills K E. 2014. Seasonal not annual rainfall determines grassland biomass response to carbon dioxide. Nature, 511: 583-589.

Hu Y, Wang L, Fu X H, et al. 2016. Salinity and nutrient contents of tidal water affects soil respiration and carbon sequestration of high and low tidal flats of Jiuduansha wetlands in different ways. Science of the Total Environment, 565: 637-648.

Huang G, Li Y, Su Y G. 2015. Effects of increasing precipitation on soil microbial community composition and soil respiration in a temperate desert, Northwestern China. Soil Biology and Biochemistry, 83: 52-56.

Huang J Y, Yu H L, Li L H, et al. 2009. Water supply changes N and P conservation in a perennial grass *Leymus chinensis*. Journal of Integrative Plant Biology, 51 (11): 1050-1056.

Huff L M, Hamerlynck E P, Potts D L. 2015. Ecosystem CO_2 exchange in response to nitrogen and phosphorus addition in a restored, temperate grassland. The American Midland Naturalist, 173: 73-87.

IPCC (Intergovernmental Panel on Climate Change) . 2013. Summary for policymakers//Stocker T F, Qin D, Plattner G K, et al, eds. Climate Change 2013: the Physical Science Basis. Contribution of Working Group I to the Fifth Assessment Report of the Intergovernmental Panel on Climate Change. Cambridge: Cambridge University Press.

IPCC (Intergovernmental Panel on Climate Change) . 2021. Summary for policymakers // Climate Change: the Physical Science Basis//Contribution of Working Group I to the Sixth Assessment Report of the Intergovernmental Panel on Climate Change. Cambridge: Cambridge University Press.

Janssens I, Dieleman W, Luyssaert S, et al. 2010. Reduction of forest soil respiration in response to nitrogen deposition. Nature Geoscience, 3: 315-322.

Jia J, Dong Y, Qi Y, et al. 2016. Effects of water and nitrogen addition on vegetation carbon pools in a semi-arid temperate steppe. Journal of Forestry Research, 27 (3): 621-629.

Jia M Q, Gao Z W, Gu H J, et al. 2021. Effects of precipitation change and nitrogen addition on the composition, diversity, and molecular ecological network of soil bacterial communities in a desert steppe. PloS One, 16 (3): e248194.

Jia Y Y, Sun Y, Zhang T, et al. 2020. Elevated precipitation alters the community structure of spring ephemerals by changing dominant species density in Central Asia. Ecology and Evolution, 10: 2196-2212.

Jiang C, Yu G, Fang H, et al. 2010. Short-term effect of increasing nitrogen deposition on CO$_2$, CH$_4$ and N$_2$O fluxes in an alpine meadow on the Qinghai-Tibetan Plateau, China. Atmospheric Environment, 44: 2920-2926.

Jiang J, Wang Y P, Liu F. 2021. Antagonistic and additive interactions dominate the responses of belowground carbon-cycling processes to nitrogen and phosphorus additions. Soil Biology and Biochemistry, 156.

Jiang J, Zong N, Song M. 2013. Responses of ecosystem respiration and its components to fertilization in an alpine meadow on the Tibetan Plateau. European Journal of Soil Biology, 56: 101-106.

Jiang L, Guo R, Zhu T, et al. 2012. Water- and plant-mediated responses of ecosystem carbon fluxes to warming and nitrogen addition on the songnen grassland in northeast China. PLoS One, 7 (9): e45205.

Jiang M, Jing X, Yun F. 2004. Litter decomposition and its responses to simulated N deposition for the major plants of Dinghushan forests in subtropical China. Acta Ecologica Sinica, 24: 1413-1420.

Johansson O, Palmqvist K, Olofsson J. 2012. Nitrogen deposition drives lichen community changes through differential species responses. Global Change Biology, 18 (8): 2626-2635.

Jones D L, Cooledge E C, Hoyle F C, et al. 2019. pH and exchangeable aluminum are major regulators of microbial energy flow and carbon use efficiency in soil microbial communities. Soil Biology and Biochemistry, 138: 107584.

Kanakidou M, Myriokefalitakis S, Daskalakis N, et al. 2016. Past, present, and future atmospheric nitrogen deposition. Journal of the Atmospheric Sciences, 73 (5): 2039-2047.

Kato T, Tang Y, Gu S, et al. 2006. Temperature and biomass influences on interannual changes in CO$_2$ exchange in an alpine meadow on the Qinghai-Tibetan Plateau. Global Change Biology, 12 (7): 1285-1298.

Kazemzadeh M, Hashemi H, Jamali S, et al. 2021. Linear and nonlinear trend analyzes in global satellite-based precipitation, 1998-2017. Earth's Future, 9 (4): e001835.

Khan S, Mulvaney R, Ellsworth T. 2007. The myth of nitrogen fertilization for soil carbon sequestration. Journal of Environmental Quality, 36: 1821-1832.

Kivimäki S K, Sheppard L J, Leith I D, et al. 2013. Long-term enhanced nitrogen deposition increases ecosystem respiration and carbon loss from a Sphagnum bog in the Scottish Borders. Environmental and Experimental Botany, 90: 53-61.

Kivlin S N, Treseder K K. 2014. Soil extracellular enzyme activities correspond with abiotic factors more than fungal community composition. Biogeochemistry, 117 (1): 23-37.

Knapp A K, Beier C, Briske D D, et al. 2008. Consequences of more extreme precipitation regimes for terrestrial ecosystems. BioScience, 58 (9), 811-821.

Knapp A K, Ciais P, Smith M D. 2017. Reconciling inconsistencies in precipitation-productivity relationships: Implications for climate change. New Phytologist, 214: 41-47.

Knapp A K, Hoover D L, Wilcox K R, et al. 2015. Characterizing differences in precipitation regimes of extreme wet and dry years: implications for climate change experiments. Global Change Biology, 21: 2624-2633.

Koerner S E, Collins S L, Blair J M, et al. 2014. Rainfall variability has minimal effects on grassland recovery from repeated grazing. Journal of Vegetation Science, 25 (1): 36-44.

Koerner S E, Collins S L. 2014. Interactive effects of grazing, drought, and fire on grassland plant communities in North America and South Africa. Ecology, 95 (1): 98-109.

Kong D, Lü X, Jiang L, et al. 2013. Extreme rainfall events can alter inter-annual biomass responses to water and N enrichment. Biogeosciences, 10 (12): 8129-8138.

Kosonen Z, Schnyder E, Hiltbrunner E, et al. 2019. Current atmospheric nitrogen deposition still exceeds critical loads for sensitive, semi-natural ecosystems in Switzerland. Atmospheric Environment, 211: 214-225.

Kuzyakov Y, Xu X. 2013. Competition between roots and microorganisms for nitrogen: mechanisms and ecological relevance. New Phytologist, 198 (3): 656-669.

Kuzyakov Y. 2006. Sources of CO_2 efflux from soil and review of partitioning methods. Soil Biology and Biochemistry, 38: 425-448.

Kuzyakov Y. 2002. Factors affecting rhizosphere priming effects. Journal of Plant Nutrition and Soil Science, 165 (4): 382-396.

Kübret A, Götz M, Kuester E, et al. 2019. Nitrogen loading enhances stress impact of drought on a semi-natural temperate grassland. Frontiers in Plant Science, 10: 1051.

Lange M, Eisenhauer N, Sierra C A, et al. 2015. Plant diversity increases soil microbial activity and soil carbon storage. Nature Communications, 6 (1): 1-8.

Le Quéré C, Andrew R M, Canadell J G, et al. 2016. Global carbon budget 2016. Earth System Science Data, 8 (2): 605-649.

LeBauer D S, Treseder K K. 2008. Nitrogen limitation of net primary productivity in terrestrial ecosystems is globally distributed. Ecology, 89 (2): 371-379.

Lee H, Schuur E A G, Inglett K S, et al. 2012. The rate of permafrost carbon release under aerobic and anaerobic conditions and its potential effects on climate. Global Change Biology, 18 (2): 515-527.

Lee M S, Nakane K, Nakatsubo T, et al. 2002. Effects of rainfall events on soil CO_2 flux in a cool temperate deciduous broad-leaved forest. Ecological Research, 17 (3): 401-409.

Levy P E, Gray A. 2015. Greenhouse gas balance of a semi-natural peatbog in northern Scotland. Environmental Research Letters, 10 (9): 4019.

Lewandowski T E, Forrester J A, Mladenoff D J. 2019. Long term effects of intensive biomass harvesting and compaction on the forest soil ecosystem. Soil Biology and Biochemistry, 137: 107572.

Li H, Xu Z W, Yang S, et al. 2016. Responses of soil bacterial communities to nitrogen deposition and precipitation increment are closely linked with aboveground community variation. Microbial Ecology, 71 (4): 974-989.

Li H, Yang S, Xu Z W, et al. 2017. Responses of soil microbial functional genes to global changes are indirectly influenced by aboveground plant biomass variation. Soil Biology and Biochemistry, 104: 18-29.

Li J, Huang Y, Xu F, et al. 2018b. Responses of growing-season soil respiration to water and nitrogen addition as affected by grazing intensity. Functional Ecology, 32 (7): 1890-1901.

Li J, Xu W, Cheng Z, et al. 2012. Spatial-temporal changes of climate and vegetation cover in the semi-arid and arid regions of China during 1982-200. Ecology and Environmental Sciences, 21 (2): 268-272.

Li J, Yang C, Zhou H, et al. 2020. Responses of plant diversity and soil microorganism diversity to water and nitrogen additions in the Qinghai-Tibetan Plateau. Global Ecology and Conservation, 22: e01003.

Li K, Liu X, Song W, et al. 2013. Atmospheric nitrogen deposition at two sites in an arid environment of central Asia. PloS One, 8 (6): e67018.

Li S, Qiu L, Zhang X. 2010. Mineralization of soil organic carbon and its relations with soil physical and chemical properties on the Loess Plateau. Acta Ecologica Sinica, 30 (5): 1217-1226.

Li W, Wang J L, Zhang X J, et al. 2018a. Effect of degradation and rebuilding of artificial grasslands on soil respiration and carbon and nitrogen pools on an alpine meadow of the Qinghai-Tibetan Plateau. Ecological Engineering, 111: 134-142.

Li X, Shi H, Xu W, et al. 2015. Seasonal and spatial variations of bulk nitrogen deposition and the impacts on the carbon cycle in the arid/semiarid grassland of Inner Mongolia, China. PLoS One, 10: e0144689.

Li Z, Peng Q, Dong Y, et al. 2021. Response of soil respiration to water and nitrogen addition and its influencing factors: a four-year field experiment in a temperate steppe. Plant and Soil, 471 (1): 427-442.

Liang C, Schimel J P, Jastrow J D. 2017. The importance of anabolism in microbial control over soil carbon storage. Nature Microbiology, 2: 17105.

Liu F, Zhang Y, Luo J. 2018b. The effects of experimental warming and CO_2 concentration doubling on soil organic carbon fractions of a montane coniferous forest on the eastern Qinghai-Tibetan Plateau. European Journal of Forest Research, 137: 211-221.

Liu J, Liu H, Huang S, et al. 2010a. Nitrogen efficiency in long-term wheat-maize cropping systems under diverse field sites in China. Field Crops Research, 118: 145-151.

Liu J, Wang B, Cane M A, et al. 2013a. Divergent global precipitation changes induced by natural versus anthropogenic forcing. Nature, 493 (7434): 656-659.

Liu J, Wu D, Li Y, et al. 2021. Spatiotemporal variation of precipitation on a global scale from 1960 to 2016 in a new normalized daily precipitation dataset. International Journal of Climatology, 42 (7): 3648-3665.

Liu L L, Wang X, Lajeunesse M J, et al. 2016. A cross-biome synthesis of soil respiration and its determinants under simulated precipitation changes. Global Change Biology, 22 (4): 1394-1405.

Liu L, Greaver T L. 2010. A global perspective on belowground carbon dynamics under nitrogen enrichment. Ecology Letters, 13: 819-828.

Liu M Y, Li P, Liu M M. et al. 2020. The trend of soil organic carbon fractions related to the successions of different vegetation types on the tableland of the Loess Plateau of China. Journal of Soils and Sediments, 21: 203-214.

Liu W X, Qiao C L, Yang S, et al. 2018c. Microbial carbon use efficiency and priming effect regulate soil carbon storage under nitrogen deposition by slowing soil organic matter decomposition. Geoderma, 332: 37-44.

Liu W X, Xu W H, Yi Han, et al. 2007. Responses of microbial biomass and respiration of soil to topography, burning, and nitrogen fertilization in a temperate steppe. Biology and Fertility of Soils, 44 (2): 259-268.

Liu W, Lü X, Xu W F, et al. 2018a. Effects of water and nitrogen addition on ecosystem respiration across three types of steppe: The role of plant and microbial biomass. Science of the Total Environment, 619-620: 103-111.

Liu X J, Duan L, Mo J M, et al. 2011. Nitrogen deposition and its ecological impact in China: an overview.

Environment Pollution, 159（10）: 2251-2264.

Liu X J, Song L, Chune H E, et al. 2010b. Nitrogen deposition as an important nutrientfrom the environment and its impact onecosystems in China. Journal of Arid Land, 2: 137-143.

Liu X J, Zhang Y, Han W X, et al. 2013b. Enhanced nitrogen deposition over China. Nature, 494（7438）: 459-462.

Liu Y C, Liu S R, Wang J X, et al. 2014. Variation in soil respiration under the tree canopy in a temperate mixed forest, central China, under different soil water conditions. Ecological Research, 29（2）: 133-142.

Lopatin J, Araya-Lopez R, Galleguillos M, et al. 2022. Disturbance alters relationships between soil carbon pools and aboveground vegetation attributes in an anthropogenic peatland in Patagonia. Ecology and Evolution, 12: e8694.

Lu M, Yang Y, Luo Y, et al. 2011b. Responses of ecosystem nitrogen cycle to nitrogen addition: a meta-analysis. New Phytologist, 189（4）: 1040-1050.

Lu M, Zhou X, Luo Y, et al. 2011a. Minor stimulation of soil carbon storage by nitrogen addition: a meta-analysis. Agriculture, Ecosystems & Environment, 140（1-2）: 234-244.

Lu S, Hu Z, Yu H, et al. 2021b. Changes of extreme precipitation and its associated mechanisms in Northwest China. Advances in Atmospheric Sciences, 38（10）: 1665-1681.

Lu X F, Hou E Q, Guo J Y, et al. 2021a. Nitrogen addition stimulates soil aggregation and enhances carbon storage in terrestrial ecosystems of China: a meta-analysis. Global Change Biology, 27: 2780-2792.

Lu X K, Mao Q G, Gilliam F S, et al. 2014. Nitrogen deposition contributes to soil acidification in tropical ecosystems. Global Change Biology, 20（12）: 3790-3801.

Lu X K, Vitousek P M, Mao Q G, et al. 2018. Plant acclimation to long-term high nitrogen deposition in an N-rich tropical forest. Proceedings of the National Academy of Sciences of the United States of America, 115（20）: 5187-5192.

Luo N, Guo Y. 2021. Impact of model resolution on the simulation of precipitation extremes over China. Sustainability, 14（1）: 25.

Luo Q, Gong J, Yang L. 2017. Impacts of nitrogen addition on the carbon balance in a temperate semiarid grassland ecosystem. Biology and Fertility of Soils, 53: 911-927.

Luo Q, Gong J, Zhai Z, et al. 2016. The responses of soil respiration to nitrogen addition in a temperate grassland in northern China. Science of the Total Environment, 569: 1466-1477.

Luo W T, Nelson P N, Li M H, et al. 2015. Contrasting pH buffering patterns in neutral-alkaline soils along a 3600 km transect in northern China. Biogeosciences, 12（23）: 7047-7056.

Luo Y, Weng E. 2011. Dynamic disequilibrium of the terrestrial carbon cycle under global change. Trends in Ecology & Evolution, 26（2）: 96-104.

Lü C Q, Tian H Q, Liu M, et al. 2012. Effect of nitrogen deposition on China's terrestrial carbon uptake in the context of multifactor environmental changes. Ecological Applications, 22: 53-75.

Lü C Q, Tian H Q. 2007. Spatial and temporal patterns of nitrogen deposition in China: Synthesis of observational data. Journal of Geophysical Research: Atmospheres, 112（D22）: D22S05.

Lü X T, Kong D L, Pan Q M, et al. 2012. Nitrogen and water availability interact to affect leaf stoichiometry in a semiarid grassland. Oecologia, 168（2）: 301-310.

Ma F F, Zhang F Y, Quan Q, et al. 2021. Common species stability and species asynchrony rather than richness determine ecosystem stability under nitrogen enrichment. Ecosystems, 24: 686-698.

Ma S, Zhou T, Dai A, et al. 2015. Observed changes in the distributions of daily precipitation frequency and amount over China from 1960 to 2013. Journal of Climate, 28 (17): 6960-6978.

Ma Z Y, Liu H Y, Mi Z R, et al. 2017. Climate warming reduces the temporal stability of plant community biomass production. Nature Communications, 8: 15378.

Mack M C, Schuur E A, Bret-Harte M S, et al. 2004. Ecosystem carbon storage in arctic tundra reduced by long-term nutrient fertilization. Nature, 431: 440-443.

Magill A H, Aber J D, Hendricks J J. 1997. Biogeochemical response of forest ecosystems to simulated chronic nitrogen deposition. Ecological Applications, 7: 402-415.

Majid K, Hossein H, Sadegh J, et al. 2021. Linear and nonlinear trend analyzes in global satellite-based precipitation, 1998-2017. Earth's Future, 9 (4): e2020EF001835.

Manzoni S, Taylor P, Richter A, et al. 2012. Environmental and stoichiometric controls on microbial carbon-use efficiency in soils. New Phytologist, 196: 79-91.

Manzoni S, Čapek P, Mooshammer M, et al. 2017. Optimal metabolic regulation along resource stoichiometry gradients. Ecology Letters, 20: 1182-1191.

Marvel K, Bonfils C. 2013. Identifying external influences on global precipitation. Proceedings of the National Academy of Sciences of the United States of America, 110 (48): 19301-19306.

McNicol G, Silver W L. 2014. Separate effects of flooding and anaerobiosis on soil greenhouse gas emissions and redox sensitive biogeochemistry. Journal of Geophysical Research, 119 (4): 557-566.

Midolo G, Alkemade R, Schipper A M, et al. 2019. Impacts of nitrogen addition on plant species richness and a-bundance: A global meta-analysis. Global Ecology and Biogeography, 28 (3): 398-413.

Migliavacca M, Musavi T, Mahecha M D, et al. 2021. The three major axes of terrestrial ecosystem function. Nature, 598: 468-472.

Milcu A, Roscher C, Gessler A, et al. 2014. Functional diversity of leaf nitrogen concentrations drives grassland carbon fluxes. Ecology Letters, 17: 435-444.

Milne E, Banwart S A, Noellemeyer E, et al. 2015. Soil carbon, multiple benefits. Environmental Development, 13: 33-38.

Moinet G Y, Cieraad E, Rogers G N, et al. 2016. Addition of nitrogen fertiliser increases net ecosystem carbon dioxide uptake and the loss of soil organic carbon in grassland growing in mesocosms. Geoderma, 266: 75-83.

Mooshammer M, Wanek W, Zechmeister-Boltenstern S, et al. 2014. Stoichiometric imbalances between terrestrial decomposer communities and their resources: mechanisms and implications of microbial adaptations to their resources. Frontiers in Microbiology, 5: 22.

Moyano F E, Manzoni S, Chenu C. 2013. Responses of soil heterotrophic respiration to moisture availability: An exploration of processes and models. Soil Biology and Biochemistry, 59: 72-85.

Muhammad K, Li H, Jun N. 2021. Effect of reduced mineral fertilization (NPK) combined with green manure on aggregate stability and soil organic carbon fractions in a fluvo-aquic paddy soil. Soil and Tillage Research, 211: 105005.

Muqier H, Xueyao Z, Guoxiang N. 2021. Soil moisture, temperature and nitrogen availability interactively regulate carbon exchange in a meadow steppe ecosystem. Agricultural and Forest Meteorology, 304-305.

Myhre G, Alterskjær K, Stjern C, et al. 2019. Frequency of extreme precipitation increases extensively with event rareness under global warming. Scientific Reports, 9 (1): 16063.

Neff J C, Townsend A R, Gleixner G, et al. 2002. Variable effects of nitrogen additions on the stability and turnover of soil carbon. Nature, 419: 915-917.

Ni J. 2002. Carbon storage in grasslands of China. Journal of Arid Environments, 50: 205-218.

Ning Q, Hättenschwiler S, Lü X T, et al. 2021. Carbon limitation overrides acidification in mediating soil microbial activity to nitrogen enrichment in a temperate grassland. Global Change Biology, 27: 5976-5988.

Niu D C, Yuan X, Cease A, et al. 2018. The impact of nitrogen enrichment on grassland ecosystem stability depends on nitrogen addition level. Science of the Total Environment, 618: 1529-1538.

Niu S L, Classen AT, Dukes JS, et al. 2016. Global patterns and substrate-based mechanisms of the terrestrial nitrogen cycle. Ecology Letters, 19: 697-709.

Niu S L, Wu M Y, Han Y, et al. 2008. Water-mediated responses of ecosystem carbon fluxes to climatic change in a temperate steppe. New Phytologist, 177 (1): 209-219.

Niu S L, Wu M Y, Han Y, et al. 2010. Nitrogen effects on net ecosystem carbon exchange in a temperate steppe. Global Change Biology, 16 (1): 144-155.

Niu S L, Yang H, Zhang Z, et al. 2009. Non-additive effects of water and nitrogen addition on ecosystem carbon exchange in a temperate steppe. Ecosystems, 12 (6): 915-926.

Nobrega S, Grogan P. 2008. Landscape and ecosystem-level controls on net carbon dioxide exchange along a natural moisture gradient in Canadian low arctic tundra. Ecosystems, 11: 377-396.

Nogueira C, Werner C, Rodrigues A, et al. 2019. A prolonged dry season and nitrogen deposition interactively affect CO_2 fluxes in an annual Mediterranean grassland. Science of the Total Environment, 654: 978-986.

Ondier J O, Okach D O, Onyango J C, et al. 2021. Ecosystem productivity and CO_2 exchange response to the interaction of livestock grazing and rainfall manipulation in a Kenyan savanna. Environmental and Sustainability Indicators, 9: 100095.

Pan Y, Birdsey R A, Fang J, et al. 2011. A large and persistent carbon sink in the world's forests. Science, 333 (6045): 988-993.

Pang D B, Cui M, Liu Y G, et al. 2019. Responses of soil labile organic carbon fractions and stocks to different vegetation restoration strategies in degraded karst ecosystems of southwest China. Ecological Engineering, 138: 391-402.

Parton W J, Schimel D S, Cole C V, et al. 1987. Analysis of factors controlling soil organic matter levels in Great Plains grasslands. Soil Science Society of America Journal, 51 (5): 1173-1179.

Payne R J, Dise N B, Field C D, et al. 2017. Nitrogen deposition and plant biodiversity: past, present, and future. Frontiers in Ecology and the Environment, 15 (8): 431-436.

Peng Y, Chen H Y, Yang Y. 2020. Global pattern and drivers of nitrogen saturation threshold of grassland productivity. Functional Ecology, 34: 1979-1990.

Peng Y, Li F, Zhou G, et al. 2017a. Nonlinear response of soil respiration to increasing nitrogen additions in a Tibetan alpine steppe. Environmental Research Letters, 12: 024018.

Peng Y, Li F, Zhou G, et al. 2017b. Linkages of plant stoichiometry to ecosystem production and carbon fluxes with increasing nitrogen inputs in an alpine steppe. Global Change Biology, 23: 5249-5259.

Pepper D A, Del Grosso S J, McMurtrie R E, et al. 2005. Simulated carbon sink response of shortgrass steppe, tallgrass prairie and forest ecosystems to rising [CO_2], temperature and nitrogen input. Global Biogeochemical Cycles, 19 (1): GB1004 .

Peñuelas J, Ardans J S, Rivasubach A, et al. 2012. The human-induced imbalance between C, N and P in Earth's life system. Global Change Biology, 18 (1): 3-6.

Peñuelas J, Poulter B, Sardans J, et al. 2013. Human-induced nitrogen-phosphorus imbalances alter natural and managed ecosystems across the globe. Nature Communications, 4: 2934.

Pfisterer A B, Schmid B. 2002. Diversity-dependent production can decrease the stability of ecosystem functioning. Nature, 416: 84-86.

Phillips R P, Fahey T J. 2007. Fertilization effects on fineroot biomass, rhizosphere microbes and respiratory fluxes in hardwood forest soils. New Phytologist, 176: 655-664.

Phoenix G K, Emmett B A, Britton A J, et al. 2012. Impacts of atmospheric nitrogen deposition: responses of multiple plant and soil parameters across contrasting ecosystems in long-term field experiments. Global Change Biology, 18 (4): 1197-1215.

Piao J, Chen W, Chen S, et al. 2021. Mean states and future projections of precipitation over the monsoon transitional zone in China in CMIP5 and CMIP6 models. Climatic Change, 169 (3-4): 35.

Piao S L, Fang J Y, Ciais P, et al. 2009. The carbon balance of terrestrial ecosystems in China. Nature, 458 (7241): 1009-1013.

Picek T, Kaštovská E, Edwards K, et al. 2008. Short term effects of experimental eutrophication on carbon and nitrogen cycling in two types of wet grassland. Community Ecology, 9: 81-90.

Pisani O, Frey SD, Simpson AJ. 2015. Soil warming and nitrogen deposition alter soil organic matter composition at the molecular-level. Biogeochemistry, 123: 391-409.

Potts D L, Suding K N, Winston G C, et al. 2012. Ecological effects of experimental drought and prescribed fire in a southern California coastal grassland. Journal of Arid Environments, 81: 59-66.

Prager C M, Naeem S, Boelman N T, et al. 2017. A gradient of nutrient enrichment reveals nonlinear impacts of fertilization on Arctic plant diversity and ecosystem function. Ecology and Evolution , 7: 2449-2460.

Pregitzer K S, Burton A J, Zak D R, et al. 2008. Simulated chronic nitrogen deposition increases carbon storage in Northern Temperate forests. Global Change Biology, 14: 142-153.

Qiao X, Shu X, Tang Y, et al. 2021. Atmospheric deposition of sulfur and nitrogen in the West China rain zone: Fluxes, concentrations, ecological risks, and source apportionment. Atmospheric Research, 256: 105569.

Quinn T R, Canham C D, Weathers K C, et al. 2010. Increased tree carbon storage in response to nitrogen deposition in the US. Nature Geoscience, 3 (1): 13-17.

Ram J, Singh S, Singh J. 1991. Effect of fertilizer on plant biomass distribution and net accumulation rate in an alpine meadow in central Himalaya, India. Rangeland Ecology & Management/Journal of Range Management Archives, 44: 140-143.

Ramesh T, Bolan N S, Kirkham M B. 2019. Soil organic carbon dynamics: Impact of land use changes and management practices: A review. Advances in Agronomy. Academic Press, Chapter One: 1-107.

Raposo E, Brito L F, Janusckiewicz E R, et al. 2020. Greenhouse gases emissions from tropical grasslands affected by nitrogen fertilizer management. Agronomy Journal, 112: 4666-4680.

Rattan L. 2018. Accelerated soil erosion as a source of atmospheric CO_2. Soil & Tillage Research, 188: 452-455.

Reich P B, Hobbie S E, Lee T D, et al. 2020. Synergistic effects of four climate change drivers on terrestrial carbon cycling. Nature Geoscience, 13 (12): 787-793.

Reichmann L G, Sala O E. 2014. Differential sensitivities of grassland structural components to changes in precipitation mediate productivity response in a desert ecosystem. Functional Ecology, 28 (5): 1292-1298.

Reichstein M, Bahn M, Ciais P, et al. 2013. Climate extremes and the carbon cycle. Nature, 500 (7462): 287-295.

Ren C J, Chen J, Lu X J, et al. 2018. Responses of soil total microbial biomass and community compositions to rainfall reductions. Soil Biology and Biochemistry, 116: 4-10.

Ren H Y, Xu Z W, Isbell F, et al. 2017. Exacerbated nitrogen limitation ends transient stimulation of grassland productivity by increased precipitation. Ecological Monographs, 87 (3): 457-469.

Richter A, Burrows J P, Nüß H, et al. 2005. Increase in tropospheric nitrogen dioxide over China observed from space. Nature, 437: 129-132.

Riggs C E, Hobbie S E, Bach E M, et al. 2015. Nitrogen addition changes grassland soil organic matter decomposition. Biogeochemistry, 125 (2): 203-219.

Riggs C E, Hobbie S E. 2016. Mechanisms driving the soil organic matter decomposition response to nitrogen enrichment in grassland soils. Soil Biology and Biochemistry, 99: 54-65.

Ru J Y, Zhou Y Q, Hui D F, et al. 2018. Shifts of growing-season precipitation peaks decrease soil respiration in a semiarid grassland. Global Change Biology, 24: 1001-1011.

Russow R W, Bahme F, Neue H U. 2001. A new approach to determine the total airborne N input into the soil/ plant system using ^{15}N isotope dilution (ITNI): Results for agricultural areas in Central Germany. The Scientific World Journal, 1: 255-260.

Santonja M, Milcu A, Fromin N, et al. 2019. Temporal shifts in plant diversity effects on carbon and nitrogen dynamics during litter decomposition in a Mediterranean shrubland exposed to reduced precipitation. Ecosystems, 22 (5): 939-954.

Sarmiento J L, Gloor M, Gruber N, et al. 2010. Trends and regional distributions of land and ocean carbon sinks. Biogeosciences, 7 (8): 2351-2367.

Schaap M, Banzhaf S, Scheuschner T, et al. 2017. Atmospheric nitrogen deposition to terrestrial ecosystems across Germany. Biogeosciences Discussions. [preprint], https://doi. org/10. 5194/bg-2017-491.

Schneider M K, Lüscher A, Richter M, et al. 2004. Ten years of free-air CO_2 enrichment altered the mobilization of N from soil in *Lolium perenne* L. swards. Global Change Biology, 10: 1377-1388.

Schuur E A G. 2003. Productivity and global climate revisited: the sensitivity of tropical forest growth to precipitation. Ecology, 84 (5): 1165-1170.

Sello S, Meneghesso A, Alboresi A, et al. 2019. Plant biodiversity and regulation of photosynthesis in the natural environment. Planta, 249 (4): 1217-1228.

Sherman C, Sternberg M, Steinberger Y. 2012. Effects of climate change on soil respiration and carbon processing in Mediterranean and semi-arid regions: an experimental approach. European Journal of Soil Biology, 52:

48-58.

Shi B, Wang Y, Meng B. 2018. Effects of nitrogen addition on the drought susceptibility of the *Leymus chinensis* meadow ecosystem vary with drought duration. Frontiers in Plant Science, 9: 254.

Shi F S, Chen H, Chen H F, et al. 2012. The combined effects of warming and drying suppress CO_2 and N_2O emission rates in an alpine meadow of the eastern Tibetan Plateau. Ecological Research, 27 (4): 725-733.

Shi J, Gong J, Baoyin T T, et al. 2021. Short-term phosphorus addition increases soil respiration by promoting gross ecosystem production and litter decomposition in a typical temperate grassland in northern China. Catena, 197: 104952.

Shi Z, Thomey M, Mowll W, et al. 2014. Differential effects of extreme drought on production and respiration: synthesis and modeling analysis. Biogeosciences, 11 (3): 621-633.

Sillmann J, Kharin V, W Zwiers F, et al. 2013. Climate extremes indices in the CMIP5 multimodel ensemble: Part 2. Future climate projections. Journal of Geophysical Research: Atmospheres, 118 (6): 2473-2493.

Song B, Niu S L, Li L, et al. 2014. Soil carbon fractions in grasslands respond differently to various levels of nitrogen enrichments. Plant and Soil, 384: 401-412.

Song B, Niu S L, Zhang Z, et al. 2012. Light and heavy fractions of soil organic matter in response to climate warming and increased precipitation in a temperate steppe. PloS One, 7 (3): e33217.

Song J, Wan S Q, Piao S L, et al. 2019. A meta-analysis of 1119 manipulative experiments on terrestrial carbon-cycling responses to global change. Nature Ecology & Evolution, 3 (9): 1309-1320.

Song Y, Zhai J, Zhang J. 2021. Forest management practices of *Pinus tabulaeformis* plantations alter soil organic carbon stability by adjusting microbial characteristics on the Loess Plateau of China. Science of the Total Environment, 766: 144209.

Spinoni J, Vogt J V, Naumann G, et al. 2018. Will drought events become more frequent and severe in Europe? International Journal of Climatology, 38 (4): 1718-1736.

Steenbergh A K, Bodelier P L E, Hoogveld H L, et al. 2011. Phosphatases relieve carbon limitation of microbial activity in Baltic Sea sediments along a redox-gradient. Limnology and Oceanography, 56 (6): 2018-2026.

Stephen M, Lucy R, Pamela H. 2020. Hotspots of nitrogen deposition in the world's urban areas: a global data synthesis. Frontiers in Ecology and the Environment, 18 (2): 92-100.

Sterner R W, Elser J J. 2002. Ecological Stoichiometry: the Biology of Elements from Molecules to the Biosphere. Princeton: Princeton University Press.

Steudler P A, Melillo J M, Bowden R D. 1991. The effects of natural and human disturbances on soil nitrogen dynamics and trace gas fluxes in Puerto Rican wet forest. Biotropica, 23: 356-363.

Stevens C J, David T I, Storkey J. 2018. Atmospheric nitrogen deposition in terrestrial ecosystems: Its impact on plant communities and consequences across trophic levels. Functional Ecology, 32 (7): 1757-1769.

Stevens C J, Lind E M, Hautier Y, et al. 2015. Anthropogenic nitrogen deposition predicts local grassland primary production worldwide. Ecology, 96: 1459-1465.

Stocker T F, Qin D, Plattner G, et al. 2013. Contribution of working group I to the fifth assessment report of the intergovernmental panel on climate change. Climate Change, 5: 1-1552.

Strachan I B, Pelletier L, Bonneville M C. 2016. Inter-annual variability in water table depth controls net ecosystem carbon dioxide exchange in a boreal bog. Biogeochemistry, 127: 99-111.

Su F, Wang F, Li Z, et al. 2020b. Predominant role of soil moisture in regulating the response of ecosystem carbon fluxes to global change factors in a semi- arid grassland on the Loess Plateau. Science of the Total Environment, 738: 139746.

Su Y F, Zhao C F, Wang Y, et al. 2020a. Spatiotemporal variations of precipitation in China using surface gauge observations from 1961 to 2016. Atmosphere, 11 (3): 303.

Sui Y, Jiang D, Tian Z. 2013. Latest update of the climatology and changes in the seasonal distribution of precipitation over China. Theoretical and Applied Climatology, 113 (3): 599-610.

Sullivan T P, Sullivan D S. 2018. Influence of nitrogen fertilization on abundance and diversity of plants and animals in temperate and boreal forests. Environmental Reviews, 26 (1): 26-42.

Tagesson T, Ardoe J, Guiro I, et al. 2016. Very high CO_2 exchange fluxes at the peak of the rainy season in a West African grazed semi- arid savanna ecosystem. Geografisk Tidsskrift- Danish Journal of Geography, 116: 93-109.

Taibanganba W, Ritika S, Subrata N, et al. 2020. Environmental control on carbon exchange of natural and planted forests in Western Himalayan foothills of India. Biogeochemistry, 151: 291-311.

Tan J N, Fu J S, Dentener F, et al. 2018. Multi-model study of HTAP II on sulfur and nitrogen deposition. Atmospheric Chemistry and Physics, 18 (9): 6847-6866.

Tang Z S, Deng L, An H, et al. 2017. The effect of nitrogen addition on community structure and productivity in grasslands: A meta-analysis. Ecological Engineering, 99: 31-38.

Tian D S, Niu S L, Pan Q M, et al. 2016a. Nonlinear responses of ecosystem carbon fluxes and water- use efficiency to nitrogen addition in Inner Mongolia grassland. Functional Ecology, 30 (3): 490-499.

Tian D S, Niu S L. 2015. A global analysis of soil acidification caused by nitrogen addition. Environmental Research Letters, 10: 24019.

Tian H Q, Chen G S, Zhang C, et al. 2010. Pattern and variation of C : N : P ratios in China's soils: A synthesis of observational data. Biogeochemistry, 98 (1/2/3): 139-151.

Tian J H, Wei K, Condron L M, et al. 2016b. Impact of land use and nutrient addition on phosphatase activities and their relationships with organic phosphorus turnover in semi- arid grassland soils. Biology and Fertility of Soils, 52 (5): 675-683.

Tian Q, Lu P, Zhai X, et al. 2022. An integrated belowground trait-based understanding of nitrogen-driven plant diversity loss. Global Change Biology, 28: 3651-3664.

Tilman D, Reich P B, Knops J M. 2006. Biodiversity and ecosystem stability in a decade- long grassland experiment. Nature, 441: 629-632.

Tilman D, Wedin D, Knops J. 1996. Productivity and sustainability influenced by biodiversity in grassland ecosystems. Nature, 379: 718-720.

Tilman D, Wedin D. 1991. Dynamics of nitrogen competition between successional grasses. Ecology, 72: 1038-1049.

Treseder K K. 2008. Nitrogen additions and microbial biomass: a meta- analysis of ecosystem studies. Ecology Letters, 11: 1111-1120.

Turner M M, Henry H A L. 2009. Interactive effects of warming and increased nitrogen deposition on ^{15}N tracer retention in a temperate old field: seasonal trends. Global Change Biology, 15 (12): 2885-2893.

Valentini R, Matteucci G, Dolman A J, et al. 2000. Respiration as the main determinant of carbon balance in European forests. Nature, 404 (6780): 861-865.

Vargas R, Collins S L, Thomey M L, et al. 2012. Precipitation variability and fire influence the temporal dynamics of soil CO_2 efflux in an arid grassland. Global Change Biology, 18 (4): 1401-1411.

Vet R, Artz R S, Carou S, et al. 2014. A global assessment of precipitation chemistry and deposition of sulfur, nitrogen, sea salt, base cations, organic acids, acidity and pH, and phosphorus. Atmospheric Environment, 93 (SI): 3-100.

Veum K S, Goyne K W, Motavalli P P, et al. 2009. Runoff and dissolved organic carbon loss from a paired-watershed study of three adjacent agricultural watersheds. Agriculture, Ecosystems & Environment, 130 (3-4): 115-122.

Vicca S, Bahn M, Estiarte M, et al. 2014. Can current moisture responses predict soil CO_2 efflux under altered precipitation regimes? A synthesis of manipulation experiments. Biogeosciences, 11 (12): 3307-3008.

Vidon P, Marchese S, Welsh M, et al. 2016. Impact of precipitation intensity and riparian geomorphic characteristics on greenhouse gas emissions at the soil-atmosphere interface in a water-limited riparian zone. Water, Air, & Soil Pollution, 227 (1): 8.

Virkkala A M, Virtanen T, Lehtonen A, et al. 2018. The current state of CO_2 flux chamber studies in the Arctic tundra: A review. Progress in Physical Geography-Earth and Environment, 42: 162-184.

Vitousek P M, Howarth R W. 1991. Nitrogen limitation on land and in the sea: how can it occur? Biogeochemistry, 13: 87-115.

Vourlitis G L, Priante Filho N, Hayashi M M S, et al. 2001. Seasonal variations in the net ecosystem CO_2 exchange of a mature Amazonian transitional tropical forest (cerradão). Functional Ecology, 15: 388-395.

Wagle P, Kakani V G. 2014. Confounding effects of soil moisture on the relationship between ecosystem respiration and soil temperature in switchgrass. Bioenergy Research, 7 (3): 789-798.

Waldrop M P, Zak D R, Sinsabaugh R L. 2004. Microbial community response to nitrogen deposition in northern forest ecosystems. Soil Biology Biochemistry, 36: 1443-1451.

Wan C G, Yilmaz I, Sosebee R E. 2001. Seasonal soil-water availability influences snakeweed root dynamics. Journal of Arid Environments, 51 (2): 255-264.

Wang C, Ren F, Zhou X H, et al. 2020b. Variations in the nitrogen saturation threshold of soil respiration in grassland ecosystems. Biogeochemistry, 148: 311-324.

Wang H Y, Wang Z W, Ding R, et al. 2018. The impacts of nitrogen deposition on community N : P stoichiometry do not depend on phosphorus availability in a temperate meadow steppe. Environmental Pollution, 242: 82-89.

Wang J, Gao Y, Zhang Y, et al. 2019a. Asymmetry in above- and belowground productivity responses to N addition in a semi-arid temperate steppe. Global Change Biology, 25 (9): 2958-2969.

Wang J, Song B, Ma F F, et al. 2019b. Nitrogen addition reduces soil respiration but increases the relative contribution of heterotrophic component in an alpine meadow. Functional Ecology, 33 (11): 2239-2253.

Wang P, Xie D, Zhou Y, et al. 2014a. Estimation of net primary productivity using a process-based model in Gansu Province, Northwest China. Environmental Earth Sciences, 71 (2): 647-658.

Wang Q, Tian P, Liu S, et al. 2017. Inhibition effects of N deposition on soil organic carbon decomposition was mediated by N types and soil nematode in a temperate forest. Applied Soil Ecology, 120: 105-110.

Wang W Y, Wang Q J, Wang C Y, et al. 2010. The effect of land management on carbon and nitrogen status in plants and soils of alpine meadows on the Tibetan plateau. Land Degradation & Development, 16 (5): 405-415.

Wang X G, Li C S, Luo Y, et al. 2016. The impact of nitrogen amendment and crop growth on dissolved organic carbon in soil solution. Journal of Mountain Science, 13 (1): 95-103.

Wang Y B, Jiang Q, Yang Z M, et al. 2015. Effects of water and nitrogen addition on ecosystem carbon exchange in a meadow steppe. PLoS One, 10 (5): e0127695.

Wang Y T, Xie Y Z, Rapson G, et al. 2021. Increased precipitation enhances soil respiration in a semi-arid grassland on the Loess Plateau, China. PeerJ, 9: e10729.

Wang Y, Hao Y, Cui X Y, et al. 2014b. Responses of soil respiration and its components to drought stress. Journal of Soils and Sediments 14 (1): 99-109.

Wang Y, Luo W, Zeng G, et al. 2020a. Characteristics of carbon, water, and energy fluxes on abandoned farmland revealed by critical zone observation in the karst region of southwest China. Agriculture, Ecosystems and Environment, 292: 106821.

Wang Z P, Mckenna T P, Schellenberg M P, et al. 2019c. Soil respiration response to alterations in precipitation and nitrogen addition in a desert steppe in northern China. Science of the Total Environment, 688: 231-242.

Wang Z, Ji L, Hou X, et al. 2016. Soil respiration in semiarid temperate grasslands under various land management. PloS One, 11 (1): e0147987.

Ward D, Kirkman K, Hagenah N, et al. 2017. Soil respiration declines with increasing nitrogen fertilization and is not related to productivity in long-term grassland experiments. Soil Biology and Biochemistry, 115: 415-422.

Wen Z, Xu W, Li Q, et al. 2020. Changes of nitrogen deposition in China from 1980 to 2018. Environment International, 144: 106022.

Wertin T M, Belnap J, Reed S C. 2017. Experimental warming in a dryland community reduced plant photosynthesis and soil CO_2 efflux although the relationship between the fluxes remained unchanged. Functional Ecology, 31 (2): 297-305.

Westra S, Fowler H J, Evans J P, et al. 2014. Future changes to the intensity and frequency of short duration extreme rainfall. Reviews of Geophysics, 52 (3): 522-555.

Wilcots M E, Schroeder K M, DeLancey L C, et al. 2022. Realistic rates of nitrogen addition increase carbon flux rates but do not change soil carbon stocks in a temperate grassland. Global Change Biology, 28 (16): 4819-4831.

Wilcox K R, Blair J M, Smith M D, et al. 2016. Does ecosystem sensitivity to precipitation at the site-level conform to regional-scale predictions? Ecology, 97 (3): 561-568.

Wolf S, Eugster W, Potvin C, et al. 2011. Carbon sequestration potential of tropical pasture compared with afforestation in Panama. Global Change Biology, 17: 2763-2780.

Worrall F, Burt T, Howden N, et al. 2009. Fluvial flux of nitrogen from Great Britain 1974-2005 in the context of the terrestrial nitrogen budget of Great Britain. Global Biogeochemical Cycles, 23 (3): GB3017.

Wright L P, Zhang L M, Cheng I, et al. 2018. Impacts and effects indicators of atmospheric deposition of major pollutants to various ecosystems- A review. Aerosol and Air Quality Research, 18 (8): 1953-1992.

Wu Q, Ren H, Bisseling T, et al. 2021a. Long-term warming and nitrogen addition have contrasting effects on ecosystem carbon exchange in a desert steppe. Environmental Science & Technology, 55: 7256-7265.

Wu S, Hu Z, Wang Z, et al. 2021b. Spatiotemporal variations in extreme precipitationon the middle and lower reaches of the Yangtze River Basin (1970-2018). Quaternary International, 592: 80-96.

Wu Y, Wu S Y, Wen J, et al. 2016. Changing characteristics of precipitation in China during 1960-2012. International Journal of Climatology, 36 (3): 1387-1402.

Wu Z, Dijkstra P, Koch G W, et al. 2011. Responses of terrestrial ecosystems to temperature and precipitation change: a Meta-analysis of experimental manipulation. Global Change Biology, 17 (2): 927-942.

Xia J Y, Niu S L, Wan S Q. 2009. Response of ecosystem carbon exchange to warming and nitrogen addition during two hydrologically contrasting growing seasons in a temperate steppe. Global Change Biology, 15: 1544-1556.

Xia J Y, Wan S Q. 2008. Global response patterns of terrestrial plant species to nitrogen addition. New Phytologist, 179 (2): 428-439.

Xiao L, Zhang Y, Li P. 2019. Effects of freeze-thaw cycles on aggregate-associated organic carbon and glomalin-related soil protein in natural-succession grassland and Chinese pine forest on the Loess Plateau. Geoderma, 334: 1-9.

Xiao W J, Chen X, Jing X, et al. 2018. A meta-analysis of soil extracellular enzyme activities in response to global change. Soil Biology and Biochemistry, 123: 21-32.

Xu C, Xu X, Ju C, et al. 2021a. Long-term, amplified responses of soil organic carbon to nitrogen addition worldwide. Global Change Biology, 27: 1170-1180.

Xu W, Luo X, Pan Y, et al. 2015. Quantifying atmospheric nitrogen deposition through a nationwide monitoring network across China. Atmospheric Chemistry and Physics, 15 (21): 12345-12360.

Xu W, Zhang L, Liu X. 2019. A database of atmospheric nitrogen concentration and deposition from the nationwide monitoring network in China. Scientific Data, 6 (1): 1-6.

Xu X, Liu H, Wang W. 2021. Effects of manipulated precipitation on aboveground net primary productivity of grassland fields: Controlled rainfall experiments in Inner Mongolia, China. Land Degrandation & Development, 32: 1981-1992.

Xu Y, Fan J, Ding W. 2017. Characterization of organic carbon in decomposing litter exposed to nitrogen and sulfur additions: Links to microbial community composition and activity. Geoderma, 286: 116-124.

Xu Z W, Li M H, Zimmerman N E, et al. 2018. Plant functional diversity modulates global environmental change effects on grassland productivity. Journal of Ecology, 108 (5): 1941-1951.

Yan L M, Chen S P, Huang J H, et al. 2011. Increasing water and nitrogen availability enhanced net ecosystem CO_2 assimilation of a temperate semiarid steppe. Plant and Soil, 349 (1/2): 227-240.

Yan L M, Chen S P, Huang J H. 2010. Differential responses of auto- and heterotrophic soil respiration to water and nitrogen addition in a semiarid temperate steppe. Global Change Biology, 16: 2345-2357.

Yan P, Zhang J H, He N P, et al. 2023. Functional diversity and soil nutrients regulate the interannual variability in gross primary productivity. Journal of Ecology, 111, doi: 10.1111/1365-2745.14082.

Yan W D, Chen X Y, Peng Y Y, et al. 2020. Response of soil respiration to nitrogen addition in two subtropical forest types. Pedosphere, 30 (4): 478-486.

Yang G J, Hautier Y, Zhang Z J, et al. 2022a. Decoupled responses of above- and below-ground stability of productivity to nitrogen addition at the local and larger spatial scale. Global Change Biology, 28: 2711-2720.

Yang H L, Xiao H, Guo C W, et al. 2020. Innovative trend analysis of annual and seasonal precipitation in Ningxia, China. Atmospheric and Oceanic Science Letters, 13 (4): 308-315.

Yang S, Liu W, Qiao C, et al. 2019. The decline in plant biodiversity slows down soil carbon turnover under increasing nitrogen deposition in a temperate steppe. Functional Ecology, 33: 1362-1372.

Yang Y H, Fang J Y, Ji C J, et al. 2014. Stoichiometric shifts in surface soils over broad geographical scales: evidence from China's grasslands. Global Ecology and Biogeography, 23 (8): 947-955.

Yang Y, Li T, Pokharel P, et al. 2022b. Global effects on soil respiration and its temperature sensitivity dependon nitrogen addition rate. Soil Biology and Biochemistry, 174: 108814.

Yao J Q, Chen Y N, Chen J, et al. 2020. Intensification of extreme precipitation in arid Central Asia. Journal of Hydrology, 598: 125760.

Ye C, Chen D, Hall S J, et al. 2018. Reconciling multiple impacts of nitrogen enrichment on soil carbon: plant, microbial and geochemical controls. Ecology Letters, 21: 1162-1173.

Ye J, Reynolds J, Maestre F, et al. 2016. Hydrological and ecological responses of ecosystems to extreme precipitation regimes: A test of empirical-based hypotheses with an ecosystem model. Perspectives in Plant Ecology, Evolution and Systematics, 22: 36-46.

Yoon T K, Noh N J, Han S, et al. 2014. Soil moisture effects on leaf litter decomposition and soil carbon dioxide efflux in wetland and upland forests. Soil Science Society of America Journal, 78 (5): 1804-1816.

Yu C Q, Wang J W, Shen Z X, et al. 2019b. Effects of experimental warming and increased precipitation on soil respiration in an alpine meadow in the Northern Tibetan Plateau. Science of the Total Environment, 647: 1490-1497.

Yu G R, Jia Y L, He N P, et al. 2019a. Stabilization of atmospheric nitrogen deposition in China over the past decade. Nature Geoscience, 12 (6): 424-429.

Yu H L, He N P, Wang Q F, et al. 2017. Development of atmospheric acid deposition in China from the 1990s to the 2010s. Environmental Pollution, 231: 182-190.

Yuan X, Niu D, Gherardi LA, et al. 2019. Linkages of stoichiometric imbalances to soil microbial respiration with increasing nitrogen addition: evidence from a long-term grassland experiment. Soil Biology and Biochemistry, 138: 107580.

Yuan Z Y, Chen H Y H. 2015. Decoupling of nitrogen and phosphorus in terrestrial plants associated with global changes. Nature Climate Change, 5 (5): 465-469.

Yuan Z Y, Jiao F, Shi X, et al. 2017. Experimental and observational studies find contrasting responses of soil nutrients to climate change. Elife, 6: e23255.

Yue K, Peng Y, Peng C, et al. 2016. Stimulation of terrestrial ecosystem carbon storage by nitrogen addition: a meta-analysis. Scientific Reports, 6: 19895.

Zeng D H, Li L J, Fahey T J. 2010. Effects of nitrogen addition on vegetation and ecosystem carbon in a semi-arid grassland. Biogeochemistry, 98: 185-193.

Zeng Q C, Li X, Dong Y H, et al. 2016. Soil and plant components ecological stoichiometry in four steppe communities in the Loess Plateau of China. Catena, 147: 481-488.

Zhan X, Bo Y, Zhou F, et al. 2017. Evidence for the importance of atmospheric nitrogen deposition to eutrophic Lake Dianchi, China. Environmental Science & Technology, 51 (12): 6699-6708.

Zhang A, Zhao X. 2022. Changes of precipitation pattern in China: 1961- 2010. Theoretical and Applied Climatology, 148 (3-4): 1005-1019.

Zhang B W, Li W J, Chen S P, et al. 2019a. Changing precipitation exerts greater influence on soil heterotrophic than autotrophic respiration in a semiarid steppe. Agricultural and Forest Meteorology, 271: 413-421.

Zhang D, Peng Y, Li F, et al. 2021d. Changes in above-/below-ground biodiversity and plant functional composition mediate soil respiration response to nitrogen input. Functional Ecology, 35: 1171-1182.

Zhang H, Tang J, Liang S. 2018b. Early thawing after snow removal and no straw mulching accelerates organic carbon cycling in a paddy soil in Northeast China. Journal of Environmental Management, 209: 336-345.

Zhang J J, Ru J Y, Song J, et al. 2022. Increased precipitation and nitrogen addition accelerate the temporal increase in soil respiration during 8- year old- field grassland succession. Global Change Biology, 28, 12: 3944-3959.

Zhang K, Yan Z, Li M, et al. 2021b. Divergent responses of CO_2 and CH_4 fluxes to changes in the precipitation regime on the Tibetan Plateau: Evidence from soil enzyme activities and microbial communities. Science of the Total Environment, 801: 149604.

Zhang L H, Xie Z K, Zhao R F, et al. 2018a. Plant, microbial community and soil property responses to an experimental precipitation gradient in a desert grassland. Applied Soil Ecology, 127: 87-95.

Zhang L, Song C, Nkrumah P N. 2013a. Responses of ecosystem carbon dioxide exchange to nitrogen addition in a freshwater marshland in Sanjiang Plain, Northeast China. Environmental Pollution, 180: 55-62.

Zhang Q, Li J, Singh V, et al. 2013b. Copula-based spatio-temporal patterns of precipitation extremes in China. International Journal of Climatology, 33 (5): 1140-1152.

Zhang Q, Li Y, Wang M, et al. 2021a. Atmospheric nitrogen deposition: A review of quantification methods and its spatial pattern derived from the global monitoring networks. Ecotoxicology and Environmental Safety, 216: 112180.

Zhang R, Schellenberg M P, Tian D, et al. 2021e. Shifting community composition determines the biodiversity-productivity relationship under increasing precipitation and N deposition. Journal of Vegetation Science, 32 (2): e12998.

Zhang R, Zhao X Y, Zuo X A, et al. 2019b. Effect of manipulated precipitation during the growing season on soil respiration in the desert-grasslands in Inner Mongolia, China. Catena, 176: 73-80.

Zhang T A, Chen H Y, Ruan H. 2018c. Global negative effects of nitrogen deposition on soil microbes. The ISME Journal, 12: 1817-1825.

Zhang X B, Zwiers F W, Hegerl G C, et al. 2007. Detection of human influence on twentieth- century precipitation trends. Nature, 448 (7152): 461-464.

Zhang X, Tan Y, Li A, et al. 2015. Water and nitrogen availability co- control ecosystem CO_2 exchange in a semiarid temperate steppe. Scientific Reports, 5: 15549.

Zhang X, Tan Y, Zhang B, et al. 2017. The impacts of precipitation increase and nitrogen addition on soil respiration in a semiarid temperate steppe. Ecosphere, 8 (1): e01655.

Zhang Y, Xie Y Z, Ma H B, et al. 2021c. The responses of soil respiration to changed precipitation and increased temperature in desert grassland in northern China. Journal of Arid Environments, 193: 104579.

Zhao C, Miao Y, Yu C, et al. 2016. Soil microbial community composition and respiration along an experimental precipitation gradient in a semiarid steppe. Scientific Reports, 6 (1): 24317.

Zhao G Y, Liu J S, Wang Y, et al. 2009. Effects of elevated CO_2 concentration and nitrogen supply on biomass and active carbon of freshwater marsh after two growing seasons in Sanjiang Plain, Northeast China. Journal of Environmental Sciences, 21 (10): 1393-1399.

Zhao H C, Jia Z S, Wang H S, et al. 2019. Seasonal and interannual variations in carbon fluxes in East Asia semi-arid grassland. Science of the Total Environment, 668: 1128-1138.

Zhao M, Guo S, Wang R. 2021. Diverse soil respiration responses to extreme precipitation patterns in arid and semiarid ecosystems. Applied Soil Ecology, 163: 103928.

Zhao M, Zhang H X, Baskin C C, et al. 2022. Intra-annual species gain overrides species loss in determining species richness in a typical steppe ecosystem after a decade of nitrogen enrichment. Journal of Ecology, 110: 1942-1956.

Zhao Y, Duan L, Xing J, et al. 2009. Soil acidification in China: Is controlling SO_2 emissions nnough? Environmental Science & Technology, 43 (21): 8021-8026.

Zheng B, Tong D, Li M, et al. 2018. Trends in China's anthropogenic emissions since 2010 as the consequence of clean air action. Atmospheric Chemistry and Physics, 18 (19): 14095-14111.

Zheng X H, Fu C B, Xu X K, et al. 2002. The Asian nitrogen cycle case study. Ambio: A Journal of the Human Environment, 31 (2): 79-87.

Zheng Z M, Yu G R, Fu Y L, et al. 2009. Temperature sensitivity of soil respiration is affected by prevailing climatic conditions and soil organic carbon content: A trans-China based case study. Soil Biology and Biochemistry, 41 (7): 1531-1540.

Zhong M X, Song J, Zhou Z X, et al. 2019. Asymmetric responses of plant community structure and composition to precipitation variabilities in a semi arid steppe. Oecologia, 191: 697-708.

Zhong Y, Yan W, Shangguan Z. 2015. Soil carbon and nitrogen fractions in the soil profile and their response to long-term nitrogen fertilization in a wheat field. Catena, 135: 38-46.

Zhong Z K, Li W J, Lu X Q, et al. 2020. Adaptive pathways of soil microorganisms to stoichiometric imbalances regulate microbial respiration following afforestation in the Loess Plateau, China. Soil Biology and Biochemistry, 151: 108048.

Zhou J J, Chen Z F, Yang Q, et al. 2021. N and P addition increase soil respiration butdecrease contribution of heterotrophic respiration in semiarid grassland. Agriculture Ecosystem and Environment, 318: 107493.

Zhou L Y, Zhou X H, Zhang B C, et al. 2014. Different responses of soil respiration and its components to nitrogen addition among biomes: a meta-analysis. Global Change Biology, 20 (7): 2332-2343.

Zhou X H, Zhou L Y, Nie Y Y, et al. 2016. Similar responses of soil carbon storage to drought and irrigation in terrestrial ecosystems but with contrasting mechanisms: A meta-analysis. Agriculture, Ecosystems and Environment, 228: 70-81.

Zhou X, Chen C, Wang Y, et al. 2013. Soil extractable carbon and nitrogen microbial biomass and microbial metabolic activity in response to warming and increased precipitation in a semiarid Inner Mongolian grassland. Geoderma, 206 (9): 24-31.

Zhou X, Talley M, Luo Y. 2009. Biomass, litter, and soil respiration along a precipitation gradient in southern Great Plains, USA. Ecosystems, 12 (8): 1369-1380.

Zhou Z H, Wang C, Zheng M, et al. 2017. Patterns and mechanisms of responses by soil microbial communities to nitrogen addition. Soil Biology and Biochemistry, 115: 433-441.

Zhu C, Ma Y P, Wu H H, et al. 2016. Divergent effects of nitrogen addition on soil respiration in a semiarid grassland. Scientific reports, 6 (1): 33541.

Zhu J X, Chen Z, Wang Q B, et al. 2020. Potential transition in the effects of atmospheric nitrogen deposition in China. Environmental Pollution, 258: 113739.

Zhu J X, He N P, Wang Q B, et al. 2015. The composition, spatial patterns, and influencing factors of atmospheric wet nitrogen deposition in Chinese terrestrial ecosystems. Science of the Total Environment, 511: 777-785.

Zhu J X, Wang Q B, He N P, et al. 2021. Effect of atmospheric nitrogen deposition and its components on carbon flux in terrestrial ecosystems in China. Environmental Research, 202: 111787.

Ziter C, MacDougall A S. 2013. Nutrients and defoliation increase soil carbon inputs in grassland. Ecology, 94: 106-116.

Zuo X A, Cheng H, Zhao S L, et al. 2020. Observational and experimental evidence for the effect of altered precipitation on desert and steppe communities. Global Ecology and Conservation, 21: e00864.

Zuo X A, Zhang J, Lü P, et al. 2016. Plant functional diversity mediates the effects of vegetation and soil properties on community-level plant nitrogen use in the restoration of semiarid sandy grassland. Ecological Indicators, 64: 272-280.